农产品安全生产技术丛书

肉兔安全生产技术指南

熊家军 编著

中国农业出版社

图书在版编目（CIP）数据

肉兔安全生产技术指南/熊家军编著．—北京：中国农业出版社，2012.6

（农产品安全生产技术丛书）

ISBN 978-7-109-16777-3

Ⅰ.①肉…　Ⅱ.①熊…　Ⅲ.①肉用兔—饲养管理—指南　Ⅳ.①S829.1-62

中国版本图书馆 CIP 数据核字（2012）第 094710 号

中国农业出版社出版

（北京市朝阳区农展馆北路 2 号）

（邮政编码 100125）

责任编辑　肖邦

中国农业出版社印刷厂印刷　　新华书店北京发行所发行

2012 年 6 月第 1 版　　2013 年 2 月北京第 2 次印刷

开本：850mm×1168mm 1/32　　印张：9.25

字数：230 千字　　印数：4 001～6 500 册

定价：18.50 元

本书有关用药的声明

兽医科学是一门不断发展的学问。用药安全注意事项必须遵守，但随着最新研究及临床经验的发展，知识也不断更新，治疗方法及用药也必须或有必要做相应的调整。建议读者在使用每一种药物之前，参阅厂家提供的产品说明以确认推荐的药物用量、用药方法、用药的时间及禁忌等。医生有责任根据经验和对患病动物的了解决定用药量及选择最佳治疗方案。出版社和作者对任何在治疗中所发生的，对患病动物和/或财产所造成的损害不承担任何责任。

中国农业出版社

前 言

近些年来，随着我国农业产业结构的调整和社会主义新农村建设的深入，畜牧业在大农业中的地位越来越突出。实践证明，畜牧业可以促进农业产业及相关产业的发展、出口创汇、促进农民增收、提高农民的生活质量。我国是农业大国，粮食产量较高，农作物秸秆充足，饲料资源优势明显。同时，肉兔养殖在我国也有悠久的历史，我国很多地方都有养兔的习惯。肉兔是农村城郊，山区平原，整、半劳力，男女老幼都能饲养的节粮型食草性小家畜。饲养肉兔具有投资小、见效快、成本低、经济与社会效益高的特点。实践证明，饲养肉兔是贫困地区群众脱贫致富以及下岗职工再就业的一条有效途径。

肉兔以青粗饲料为主、精料为辅，不需要放牧，无林牧矛盾。兔小贡献大，全身都是宝，兔肉是高级健康食品，兔皮是物美价廉的制裘原料，兔屠宰下脚料及其粪便是其他畜禽及鱼类的优良饲料和高效有机肥料。发展肉兔生产还可促进种植业和其他养殖业的发展。

肉兔生产机械化水平比较低，常年主要靠手工劳动。我国的劳动力、场地、饲料资源十分丰富，发展肉兔生产具有资源、市场及价格优势。随着人们生活水平的逐步提高，国内外市场对兔产品的需求量与日俱增，特别是国内市场潜力巨大。

发展肉兔生产非常适合我国国情，具有强大的竞争力和战略意义。为了普及科学养兔知识，促进养兔生产快速、健康、持久发展，根据过去的经验并总结当前养兔生产中的先进技术，我们编写了这本《肉兔安全生产技术指南》。全书内容包括绪论、肉兔的生物学特点、品种、繁殖、营养与饲料、饲养管理、兔场建筑与设计和肉兔的疾病防治等。内容丰富，实用性强，可供广大农民、养兔场、养兔爱好者以及相关专业人士学习和参考。

本书在编写过程中，参考了一些有经验的同志们的书籍、技术资料和科研成果等，许多同行专家也提供了宝贵的资料和很好的建议，在此对他们表示诚挚的谢意。

由于我们的水平所限，时间也比较仓促，不足之处在所难免，敬请读者批评指正。

编　者

2012年5月

目　录

□□□□□□□□□□□□□□□

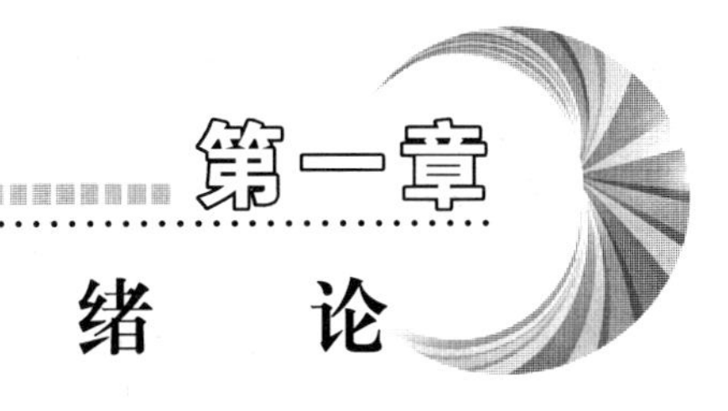

第一章 绪论

一、发展肉兔业生产的意义

我国是传统的兔肉生产国和出口国，20 世纪 80 年代以前，兔肉年产量基本在 5 万吨左右，且以供应国际市场为主，最高年份出口量曾达到 4.35 万吨，占产量的 87%。改革开放以来，我国肉兔业经历了稳中有升的发展。然而，我国兔业的真正飞跃却始自 20 世纪末。在中央“三农”政策的推动下，在国内市场消费增长以及兔产业科技进步的拉动下，肉兔产业发展突飞猛进，肉产量从 2000 年的 37 万吨增至 2009 年的 70 万吨。而世界总产量在 2000 年不到 130 万吨，2009 年世界总产量不到 170 万吨。

（一）肉兔是最佳的肉食品来源之一

兔肉具有“三高三低”的优点，即“高蛋白质、高赖氨酸、高消化率，低脂肪、低热量、低胆固醇”（表 1-1）。由于人们经常食用脂肪和胆固醇含量过高的食物，而使肥胖、心脑血管疾病的发生率越来越高。目前，心血管病已成为人类生命的第一杀手。在中国，2007 年有 271.6 万人死于心血管疾病，而且该数字每年还有增加的趋势。因此，医学家和营养专家告诫人们，要调整食物结构，以减少疾病发生，建议食物结构标准为：高蛋白质、低脂肪、低胆固醇、低热量、多氨基酸。经科学测定，能达到这一标准的肉类食品首推兔肉。根据营养学分析，与其他肉类相比，兔肉在国外享有“保健肉、美容肉、益智肉”之称。其实，兔肉对人体的营养保健作用早已被我国人民所重视。《本草纲目》记载："兔肉味甘性寒，具有补中益气、凉血解毒、清补脾肺、养胃利肠、解热止渴"等功效。宋朝苏东坡赞道："兔处处有之，为食品之上味"。由此可见，俗语"飞禽莫如鸪，走兽莫如兔"有其内在的科学依据。所以，兔肉因其营养特点，深受国内外消费者的欢迎。

表1-1　兔肉与其他主要肉类营养成分及消化率比较

类别	蛋白质（%）	脂肪（%）	每100克热量（千焦）	每100克含胆固醇（毫克）	每100克含烟酸（毫克）	赖氨酸（%）	无机盐（%）	消化率（%）
兔肉	21	8	677.16	65	12.8	9.6	1.52	85
猪肉	15.7	26.7	1 287.44	126	4.1	3.7	1.10	75
牛肉	17.4	25.1	1 258.18	106	4.2	8.0	0.92	55
羊肉	16.5	19.4	1 099.34	70	4.8	8.7	1.19	68
鸡肉	18.6	14.9	518.32	69～90	5.6	8.4	0.96	50

目前，在我国肉类结构中，猪肉占主导地位，但猪肉有高脂肪、高热量、高胆固醇等缺点，不利于提高人们的饮食质量。为了健康，在人们膳食结构中，应逐步降低猪肉的比重，提高牛、羊、兔、禽肉的比重。随着国民收入的增加、人民生活水平的提高和人们对兔肉营养价值的逐步认识，可以预见，兔肉将成为继猪肉、鸡肉之后又一个重要的消费热点，将会普及到寻常百姓家，对改变中国人不合理的膳食结构，提高人们的身体素质发挥重要的作用。

（二）发展兔业生产符合我国国情

近年来，我国畜牧业稳步发展，畜牧业产值占大农业总产值的比重逐步提高，畜牧业已成为推动我国农业和农村经济发展、促进农民增收的重要力量。与此同时，畜牧业内部的结构性矛盾也日益突出，主要表现为猪、鸡等耗粮型畜禽的比重过大，牛、羊、兔等节粮型食草动物的比重过小，规模化养殖的程度低。随着耗粮型畜禽生产的发展和人们消费观念的改变，耗粮型畜禽产品的市场已趋于饱和，市场竞争越来越激烈，而食草动物产品则逐渐成为人们食品消费的热点，市场潜力巨大，前景广阔。我国耕地面积相对少，草山、草坡比较多，水热条件优越，牧草、青饲料、秸秆等资源丰富，具有发展食草动物规模养殖的资源优势。

肉兔是典型的食草动物，联合国粮农组织曾建议把其列为发展中国家的发展规划。我国是农业大国，人多地少，粮食问题比较突出，为解决我国人、畜争粮的矛盾，需调整畜牧业的内部结构，大力发展以食草家畜（禽）为主的节粮型畜禽。由于肉兔，具有繁殖力强、生长快、饲养周期短、饲料转化率高等特点，又由于其是食草家畜，与其他家畜相比，以草换蛋白质转化率高。所以，发展兔业生产，符合中国国情。

（三）兔是发展“节粮型”畜牧业的最佳畜种之一

在人工养殖条件下，肉兔主要还是以食草为主，即使是给其饲喂全价颗粒饲料，在饲料中也必须添加大量的草粉，以保证饲料中有足够的粗纤维，这和其他动物的饲料有根本的区别。这是因为，兔虽然是单胃动物，但其有发达的盲肠，里面生存着一些与牛、羊的瘤胃微生物相类似的微生物，可帮助消化粗纤维性食物的残余物；而草中含有大量的粗纤维，如果肉兔采食的饲料中缺乏草料，则肉兔的患病概率就会大大提高，其生产性能也不能得到充分发挥。与其他动物不同，兔每天排出的粪便有两种：白天排出人们看得见的颗粒状硬粪；深夜排出软粪团，但不等粪团落地，兔便用嘴对着肛门把软粪吃进肚里，作第二次消化。这些生理特点，都是肉兔的祖先——野生穴兔长期以草为食所形成的。因此，在世界人口逐渐增多，耕地逐年减少的 21 世纪，兔将是发展"节粮型"畜牧业的最佳畜种之一。

（四）养兔是农民脱贫致富的有效途径

与其他养殖业相比，养兔具有投资少、风险小、周转快、效益高、节粮多等优点。肉兔的饲养管理比较容易，饲养规模可大可小。农民不仅可以利用菜叶、果皮、田边地头杂草等小规模养兔，还可适度规模种草养兔，均可获得可观的经济效益。因此，群众中流传"家养三只兔，不愁油盐醋；家养十只兔，不愁棉和布；家养百只兔，走上致富路"是有一定道理的。肉兔养殖在国际扶贫工作中发挥着重要的作用，联合国粮农组织一直把肉兔养殖作为国际扶贫的重要项目。在我国的一些地方，肉兔养殖已成为农村经济的支柱产业，并形成了生产、加工和销售一条龙的格局，不仅取得了很好的经济效益；同时，取得了显著的社会效益，并保持了稳步发展的态势。因此，大力推广肉兔现代化养殖技术，疏通兔产品销售渠道，为养兔户提供技术等综合服务，因地制宜，在广大农村，特别是贫困地区大力发展兔养殖业，是农民脱贫致富奔小康的重要途径之一。

二、无公害肉兔安全生产的概念和意义

随着我国国民经济的快速发展，人民生活水平的不断提高，人们对优质、安全动物性食品的需求逐年增加，特别是近几年食品安全问题频发，人们对于食品安全问题更加关注。发展养兔产业，推进绿色无公害肉兔生产，既能为人们提供安全健康的肉食品，又可以为保持现代养兔业健康发展、优化养兔业产业结构提供重要的保证；同时，也是我国广大农牧民脱贫致富奔小康的重要途径之一。

肉兔的无公害生产是我国现代养兔生产发展的必然趋势，具有生产规范化、无污染、无公害，产品优质、安全、无药物残留

等优点。因此，发展我国肉兔的无公害生产，必须从源头抓起，要求养殖场的环境、饲料卫生、兔肉生产、兽医防疫、兽药使用以及疾病的控制等方面，均要遵循无公害农产品生产的国家标准或有关肉兔生产的行业标准。

（一）目前肉兔生产中存在的安全隐患

农药和化肥、兽药、饲料和饲料添加剂、动植物激素等使用量的不断增加，一方面可为农牧业生产的发展发挥积极作用；另一方面，如果不按规定或者标准使用，也可为农牧业生产的产品带来许多不安全因素。对于肉兔生产来说，人们更加注意其生产和加工产品安全的无公害。在肉兔生产和兔肉加工与流通中，有许多因素可影响其产品质量，尤其是肉兔疫病和不合理使用兽药与药物添加剂，引起兔产品中病原体污染和药物残留，严重影响兔肉的质量安全，损害消费者的合法权益。在兔肉生产或加工时，人为添加的生物性、放射性或化学性物质可对人体产生急性或慢性的危害，有的能引起传染病和食物中毒等急性疾病；有的具有长期慢性效应的食源性危害。肉兔生产中常见的污染来源主要有以下几个方面。

1. 生物性污染及其危害　生物性污染主要是由有害微生物及其毒素、寄生虫及其虫卵和昆虫等引起，能直接或间接地使人感染或传染各种疾病。生物污染方式和途径有两种：一种是内源性污染，即肉兔在生长过程中受到的污染，又称一次污染；另一种是外源性污染，即兔肉在加工过程和流通环节中的污染，又称二次污染。通过接触病兔或其产品而传播的疫病主要有兔瘟、巴氏杆菌病、大肠杆菌病、沙门氏菌病、波氏杆菌病、弯曲菌病、球虫病和螨虫病等；其中，危害严重的有兔瘟、巴氏杆菌病、球虫病等。有些疫病特别是人兽共患病是影响兔肉安全卫生的主要问题之一。当肉兔患有这些疾病时，不仅能引起死亡和降低兔肉产品质量，而且还可将疾病传播给人，引起食物中毒、人兽共患病等食源性疾病的发生与流行，严重影响食用者的身体健康。此外，兔肉受微生物污染时，还会腐败变质。

2. 化学性污染及其危害 许多化学污染物性质稳定，半衰期长，在环境中不易被降解，且在肉兔体内代谢缓慢，不但影响肉兔的生长发育与健康，而且还可通过食物链进入人体，对食用者构成慢性、潜在性危害。

(1) *兽药和药物添加剂残留* 兽药和药物添加剂残留是指动物产品的任何可食部分所含兽药与药物添加剂的母体、代谢产物以及与兽药有关的杂质残留。目前，动物性食品的兽药和药物添加剂残留对人类健康构成的威胁，已成为全球范围内的共性问题和一些国际贸易纠纷的起因。随着农区养兔业的迅速发展，兽药和药物添加剂的使用范围及用量可能在不断增加，在提高肉兔生产性能和产品质量的同时，也带来了中兽药残留问题，尤其是养殖户不遵守休药期规定、超量使用或滥用常导致兔肉产品中兽药残留量超标。常见的兽药和药物添加剂有抗生素、磺胺类、呋喃类、苯并咪唑类、激素、β-兴奋剂及其他促生长调节剂，特别是抗生素、激素和β-兴奋剂的残留不容忽视。抗生素对食用者的健康有慢性损害，并可助长耐药性微生物的生长和耐药菌株的出现，使正常菌群失调，尤其在动物饲料中添加非治疗剂量的抗生素所产生的危害性更大。某些硝基呋喃类药物也可引起耐药菌株的产生，并有致癌作用。激素生长促进剂多为雌激素，可对肝脏造成很高的残留，有些还有致癌性，如已烯雌酚等。现在国家已经对β-兴奋剂类、性激素类和某些抗生素类药物禁止使用。

(2) *农药残留* 农药残留是指农药使用后残存于环境、生物体和食品中的农药母体、衍生物、代谢物、降解物和杂质的总称。农药是农业生产中重要的生产资料之一，包括有机合成农药、生物源农药和矿物源农药三大类。有机农药按其结构可分为有机氯、有机磷、氨基甲酸酯、拟除虫菊酯等，其应用最广，但毒性较大。农药的使用，可以有效控制病虫害，消灭杂草，提高农作物及饲草的产量与质量。然而，许多农药在生产和施用中却带来了环境污染和食品农药残留的问题。肉兔可食组织中残留的农药，主要来自饲草饲料，也可来自被污染的饮用水和空气。当兔肉中农药残留量超过最大残留限量时，则会对食用者产生不良影响。

（3）环境污染物　环境污染物种类多、来源广、数量大、危害重，主要来自工业生产中排放的“三废”、农业生产中施用的农药和化肥、人类生活中排出的垃圾和污水。常见污染物有汞、铅、砷、铬和镉等有害金属，氟化物、氰化物等无机物，有机氯、有机磷等农药，多氯联苯、二噁英和多环芳烃类等。这些污染物可通过饲料、饮水和呼吸进入肉兔体内，残留于可食组织中，引起食用者急性或慢性中毒，有些还具有致癌、致畸、致突变作用。

（4）其他有害物质　在兔肉制品加工中，若着色剂使用不当，可引起亚硝酸盐残留。用熏、烤、炸等方法加工兔肉时，因温度过高或时间过长而产生的多环芳烃、亚硝基化合物、杂环胺类等，对人体均有毒性作用。

3. 放射性污染　由于外在原因，肉兔吸附或吸收外来的放射性物质在其体内或者产品中放射性高于自然放射性本底时，称为放射性污染。肉兔受放射性污染的概率较小。核试验、核工业、核动力以及放射性核素在工业、农业、医学和科研等领域中的应用，有时会出现泄漏，向外界环境排放一定量的放射性物质，尤其是半衰期较长的核素对环境、食品及兔肉安全性影响很大。

（二）实施肉兔无公害养殖应采取的措施

1. 建立健全无公害肉兔养殖的法律体系

（1）加强无公害肉兔养殖相关法律的建设和管理，积极开展对外交流与合作，借鉴发达国家经验，建立健全我国无公害产品和食品安全法律、行政法规、地方法规、行政规章、规范性文件等多层次的法律体系，探索和发展既和国际接轨，又符合国情的理论、方法和体系。美国是全世界食品安全保障体系最完善的国家之一，其有关食品安全的法律法规非常多，既有综合性的，如《联邦食品、药物和化妆品法》、《食品质量保护法》和《公共卫生服务法》，也有非常具体的，如《联邦肉类检查法》、《禽产品检查法》和《蛋类产品检查法》等，这些法律法规几乎涵盖了所有食品，为食品安全制定了非常具体的标准以及监管程序。

（2）尽快纠正我国无公害生产标准不规范、不够严密的缺陷，加速建立科学的标准体系，参照《国际食品法典》和相关法典，建立符合国际食品法典委员会原则的食品安全标准体系，从食品安全的全程监控着眼，把标准和规程落实在食品产业链的每一个环节，消除所谓的“绿色壁垒”。目前，我国共有 1 070 项食品工业国家标准和 1 164 项食品工业标准，且这些标准绝大多数都是 2000 年以前制定的，其中最早的制定于 1981 年。因此，要加速相关标准体系的建设，把绿色壁垒由现阶段的出口障碍变成促使加快发展绿色产业的强大动力，增加产业收益。

（3）加大推行食品安全管理的食品安全有效控制体系（HACCP 体系）的力度　在切实落实食品良好操作规范（GMP 规范）的基础上，尽快引入推广 HACCP 体系。首先在出口企业全面推行 HACCP 体系认证，把 HACCP 体系纳入无公害农产品管理法律体系；然后，由逐步推行 HACCP 体系走向强制实施。

（4）建立新的无公害产品政策支持体系、宏观调控体系和管理体系　借鉴发达国家的经验，针对我国国情，建立农业管理部门与食品工业管理部门合作的体制，对农业和食品工业实行一体化管理。

2. 提高全民对无公害农产品的认识

（1）加大无公害农产品生产相关知识的宣传与普及力度　各级政府要将无公害农产品相关知识的宣传和普及工作列入重要议

事日程，切实加强对无公害农产品生产的领导和监督管理，各级有关部门要加强无公害农产品生产的业务指导，使广大人民群众了解和掌握无公害相关知识，提高对无公害农产品的鉴别能力。

（2）*加强对广大专业技术人员和养殖户的培训教育工作* 各技术部门要开展以无公害农产品生产相关知识为主要内容的再教育工作，组织养殖户和广大从业人员进行学习和培训，提高其科技素质及对无公害生产水平的认识。

（3）*加大无公害农产品生产有关规定的贯彻与实施力度* 积极推行市场准入制度，严格上市产品质量控制标准，加大对违反无公害农产品生产规定不良行为的查处力度，以此来促使全民对无公害养殖认识的提高。

3. 建立肉兔无公害养殖的科技推广应用体系 肉兔无公害养殖的科技推广应用体系建设是一个系统工程，一方面包括肉兔无公害养殖新技术的研究与开发，另一方面也包括肉兔无公害养殖实用技术的推广与普及应用，不但需要各级政府的高度重视和各部门的全力支持，还需要各科研机构、大专院校和技术人员的共同努力。

首先，要培育一支肉兔无公害养殖技术研究的科研队伍。要加大科技投入，针对当前肉兔生产中存在的一些问题，结合无公害生产要求，加快科技开发和成果转化，鼓励技术创新，促进产业发展。其次，要建立一支强有力的技术推广队伍。行业管理部门要成立无公害农产品生产技术推广机构，负责各辖区无公害养殖技术的指导和推广工作，结合当地实际，加大技术推广力度，促进肉兔无公害养殖的发展。

三、我国肉兔业生产现状及特点

（一）我国肉兔业生产现状

1. 肉兔的生产状况 我国肉兔的饲养量、产量历来居世界首位，而且发展迅速。2000 年约占世界总产量 1/4，而 2009 年就已占世界总产量的 1/2 左右（表 1-2）。近年来，我国有关部门在农村产业结构调整中，把养兔生产列为重要的饲养项目之一，使肉兔的饲养区域不断扩大。

表 1-2　2000—2009 年欧盟、中国、委内瑞拉与玻利维亚兔肉产量及肉兔屠宰量比较

年份	全球兔肉产量（万吨）	欧盟产量（万吨）	中国产量（万吨）	委内瑞拉与玻利维亚产量（万吨）	全球肉兔屠宰量（亿只）	欧盟屠宰量（亿只）	中国屠宰量（亿只）	委内瑞拉与玻利维亚屠宰量（亿只）
2000	129.37	52.40	37.00	21.00	8.94	3.61	2.59	1.25
2001	138.27	52.92	40.60	22.00	9.62	3.65	2.90	1.30
2002	141.89	53.40	42.30	23.00	9.87	3.66	3.06	1.36
2003	143.42	51.95	43.80	24.00	10.00	3.55	3.19	1.42
2004	142.28	45.71	46.70	26.00	9.92	3.13	3.40	1.54
2005	147.62	44.92	51.06	27.65	10.38	3.09	3.78	1.63
2006	159.87	45.65	54.48	35.60	11.09	3.14	4.04	2.03
2007	185.07	45.87	60.40	54.80	12.50	3.13	4.50	2.99
2008	159.66	45.14	66.00	24.40	11.15	3.08	4.88	1.31
2009	164.49	45.42	70.00		11.49	3.14	5.15	

2. 饲养技术不断提高　我国肉兔的研究工作虽然起步较晚，但进展很快。特别是在规模化养殖的生产管理、肉兔的人工授精、颗粒饲料的应用等方面，为肉兔产业发展作了技术储备。

3. 内销为主，外销为辅　进入 21 世纪，随着肉兔生产的迅速发展，兔肉销量也在不断增加。我国不仅是养兔大国，也是兔肉消费大国。2007 年我国年产兔肉 60.4 万吨，而出口兔肉却不足 0.92 万吨，其余均为国内消费。我国年人均兔肉占有量为 0.385 千克，超过世界年人均兔肉占有量 0.35 千克的水平。但同欧美一些国家相比，如意大利年人均兔肉占有量 5.3 千克、西班牙3千克、法国2.9千克、比利时2.6千克等还有很大差距。20世纪80年代以前，我国兔肉主要以外销为主，内销所占比例较小。随着改革开放和人民生活水平的不断提高，兔肉备受人们的欢迎。目前，我国兔肉销售以国内市场为主、国际市场为辅的格局已基本形成。

（二）肉兔业的生产特点

肉兔饲养业是我国传统的养殖业，有着悠久的历史和广泛的群众基础。尤其是近年来，肉兔饲养业发展速度较快，并呈现出一些新的趋势和特点。

（1）*养殖区域不断扩展* 除了一些原有的肉兔生产基地，如山东、四川、河北、河南、山西、陕西及东北三省等，仍然保持较快的发展速度外，一些养兔数量较少的省、自治区，如新疆、内蒙古、云南、福建、海南等，也表现出较强的发展势头。

（2）*养殖队伍不断壮大* 过去肉兔养殖主要作为贫困地区脱贫致富的项目，以农民养殖为主。现在一些较为发达的城郊也非常重视肉兔饲养，特别是一些下岗职工已成为肉兔养殖的积极参与者。

（3）*养殖水平不断提高* 主要表现在以下几个方面：一是规模化兔场不断涌现。目前虽然我国养兔的主体是农民，并以中、小规模为主，但一些规模化、高档化（规格较高）的兔场也已出现。二是培育了太行山兔、塞北兔、哈尔滨大白兔、安阳灰兔、河北大耳黄兔等新品种，并从国外引入布列塔尼亚、齐卡兔（ZIKA）、依普吕等配套系。三是研究出了一些新的技术成果并在生产中得到了应用和推广，如疫苗（兔瘟、魏氏梭菌等）、全价配合饲料、颗粒饲料、高效饲料添加剂、现代笼具及有关的配套技术等。四是产加销一体化的龙头企业不断涌现，一些具有经济实力的企业参与肉兔养殖，给肉兔养殖跨上新的台阶提供了有利条件。

四、我国肉兔养殖业存在的问题及发展对策

（一）存在的问题

我国的肉兔生产虽然已经取得了可喜的成绩，但是纵观其发展历史，始终处于上下波动、起伏不定的状态，主要存在以下问题。

（1）*饲养规模偏小* 我国肉兔饲养量的70%来自广大农村的散养户。近几年，虽然养殖小区和养殖企业才有了较大发展，但从我国社会经济发展的需要、先进的产业化生产经营要求来看，还相差甚远，总体饲养规模偏小。特别是在我国广大农村，养兔仍然是一项家庭副业，多数家庭饲养基础母兔5～10只，饲养规模小，未形成产业化，其商品率低，经济效益差。

（2）*科技含量较低* 其主要表现在：集约化饲养方式普及率低，生产设备设施现代化、自动化程度低，饲养品种、品系生产性能和良种化程度低，饲养管理技术水平低，先进的肉兔繁殖技术应用率低，饲养环境控制机械化、标准化程度低，疫病防治程序化、无公害化技术水平低。特别是小规模的家庭养兔仍以粗放的饲养方式为主，栏舍阴暗潮湿，饲料单一。

（3）*产品开发滞后* 目前，我国的兔肉产品仍以初级产品形式销售为主，品种少，对市场的适应能力和引导能力差。肉兔的大量副产品尚未被充分开发，明显影响养兔业的增值增效。肉兔业要发展、要增效，必须搞深加工。过去，针对出口，我国虽然进行了兔肉的简单加工，也进行了兔皮和兔肉熟制品的加工，但品种单一，科技含量较低。今后，肉兔加工的方向是利用高新技术进行全方位深加工，特别是兔副产品的深加工，这是中国兔业发展的重点、难点，也是未来兔业投资的热点之一。

（4）*炒种现象严重* 纵观我国肉兔业发展的历程，往往在快速发展时期就会出现“炒种”热。个别炒种者为了自身的利益，

利用农民致富心切的心理特点，大搞“高价放种”和“高价回收”的骗局，以次充好，以商品兔冒充种兔，造成养兔“公害”。

（二）发展对策

我国幅员辽阔，各地的自然条件和经济水平差异很大。发展肉兔生产，应以市场为导向，结合当地实际情况，采取适宜的发展模式，以期获得最佳的经济效益。

（1）提倡规模化饲养　就我国养兔现状而言，发展肉兔生产的规模要适宜。农户一般以饲养种兔30～50只为宜，专业性小型养兔场规模以饲养种兔100～300只为宜，中型养兔场以500～800只为宜，大型养兔场以1 000～2 000只为宜。饲养规模过小，经济效益不高；饲养规模过大，如果资金、人力、物力条件达不到要求，饲养管理水平粗放，兔良好的生产潜力就不能得到充分发挥，不仅效益低，而且容易诱发多种疫病，造成经济损失。

（2）普及科学养兔知识　要提高肉兔的生产水平，必须普及科学养兔知识，采用科学手段和先进技术，尤其是肉兔良种选育、杂交组合、饲料搭配、饲养管理和疫病防治等科技知识，实行标准化、科学化饲养，以达到优质、高产、高效的目的。

（3）推广全价颗粒饲料　近年来，广大农村由于粮食丰收有余，不少养兔户利用原粮（稻米、玉米、小麦等）养兔，既浪费了粮食，又没养好兔，甚至诱发多种疫病。据试验，肉兔喜食颗粒饲料，而且饲料利用率高。因此，应该根据肉兔的营养需要和饲养标准，生产全价颗粒饲料，以满足肉兔不同生产类型和生理阶段的需要。

（4）树立商品生产意识　近年来，我国的肉兔养殖者增强了商品观念和风险意识。过去，我国的肉兔市场主要在国外，多以初级产品形式出现，一旦国际市场疲软，国内生产必然滑坡，使养兔生产处于“高峰—低谷—高峰—低谷”的循环怪圈。所以，养兔业不仅需要先进的科学技术，而且养殖者还要树立商品生产意识。如果不能很好地解决肉兔产品的加工、销售和市场开发问题，致使产前、产后矛盾突出，就难以实现增值增效的目的。

（5）开展肉兔产品综合开发利用　肉兔的主要产品有兔肉、兔皮、兔粪和兔内脏。为了巩固和发展我国养兔业，有关部门应注意兔产品的综合开发利用，以适应市场经济的需要。兔肉除用于传统的外贸出口外，还必须立足于国内市场的开发和综合加工利用。对兔皮、兔粪和兔内脏要进行深度加工，综合利用，以实现增值增效。目前，在我国很多地方已经出现了多家中、小型兔肉加工厂和兔肉加工专业户，加工品种多达20余种。这样既提高了兔产品加工企业的经济效益，又解决了养兔户卖兔难的问题。

第二章

肉兔的生物学特性

一、肉兔的解剖特点

掌握肉兔机体正常形态构造以及发育知识，才能充分理解肉兔的正常生理过程和一些病理现象，作出科学的诊断，进而对症下药；另外，还能根据个体的优劣、品种间的差异，制订不同的饲养管理制度，进而获得良好的经济效益。

同其他动物一样，肉兔也分为运动系统、内脏系统、脉管循环系统、神经系统、内分泌系统、被皮系统和感觉系统。各系统在神经和体液作用下，形成一个完整的生命体，维持肉兔的正常生命活动。下面就运动系统和内脏系统做一简要介绍。

（一）运动系统

肉兔的运动系统由骨骼和肌肉组成。肉兔通过附于骨上的肌肉的收缩和舒张，以关节为支点进行各种运动。

1. 骨骼 根据形状可以将肉兔的骨骼分为长骨、短骨、扁骨和不规则骨 4 种类型；按在身体的不同部位可将其分为中轴骨和四肢骨。中轴骨包括头骨和躯干骨，四肢骨包括前肢骨和后肢骨。肉兔全身骨骼详见图 2-1。

2. 肌肉 按不同部位可以将肉兔全身分为皮肌、头部肌、躯干肌和四肢肌。

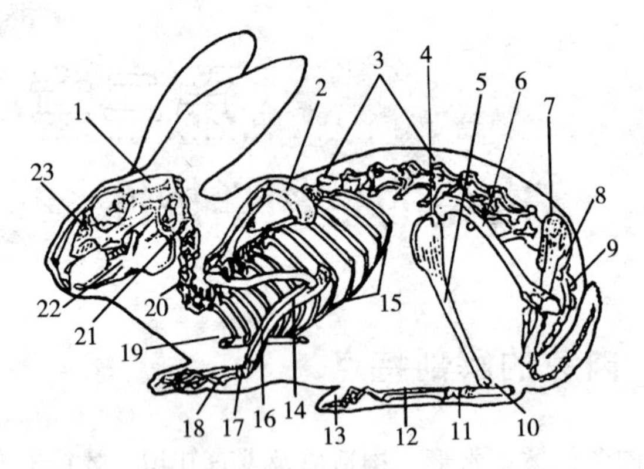

图 2-1 肉兔骨骼系统

1. 颅骨 2. 肩胛骨 3. 脊柱 4. 腓骨 5. 胫骨 6. 股骨 7. 髂骨 8. 荐骨 9. 尾椎 10. 跟骨 11. 跗骨 12. 跖骨 13. 指骨 14. 尺骨 15. 肋骨 16. 桡骨 17. 腕骨 18. 掌骨 19. 胸骨 20. 颈椎骨 21. 寰椎 22. 下颌骨 23. 上颌骨

（二）内脏系统

内脏系统是指大部分位于胸腔、腹腔和骨盆腔中的管道系统，以一端或两端与外界相连，在神经和体液的调节作用下，直接参与机体的新陈代谢和生殖的功能活动，它包括消化、呼吸、泌尿和生殖 4 个系统。

1. 消化系统 肉兔在整个生命活动过程中，要不断地从外界摄取营养物质，供给机体生长发育和繁殖及组织修复等一系列新陈代谢的需要。消化系统就是对外界摄取的食物进行消化，吸收其营养物质，并将残渣排除体外的系统。它包括两个部分：消化管和消化腺。其具体的组成见图 2-2。

2. 呼吸系统 机体在新陈代谢过程中，不断地消耗氧气以产生供给生命活动所需的能量；同时，也不断地产生对机体有害的二氧化碳。因此，肉兔必须不断地从外界吸入氧气，

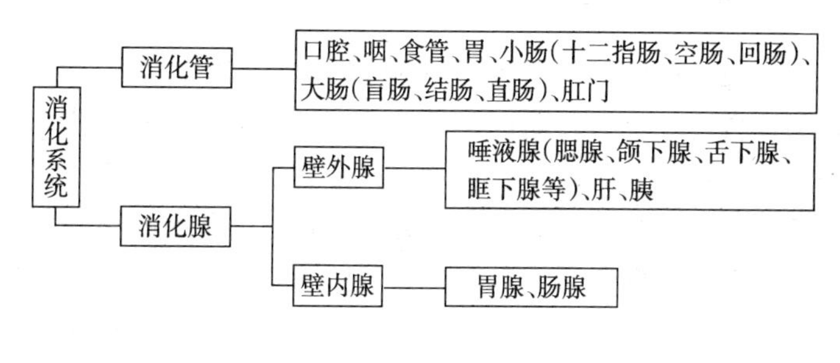

图 2-2　肉兔消化系统

并将二氧化碳排出体外。吸入氧气和呼出二氧化碳的过程称呼吸。兔的呼吸系统包括呼吸道（鼻、咽、喉、气管和支气管）和肺。

3. 生殖系统　生殖系统的主要功能是产生生殖细胞、繁殖后代，保证种族的延续。根据性别不同可分为雄性生殖系统和雌性生殖系统。

（1）*雄性生殖系统*　包括睾丸、附睾、输精管、尿生殖道、副性腺、阴茎、包皮和阴囊。

（2）*雌性生殖系统*　包括成对的卵巢、输卵管、子宫和单一的阴道及阴门等器官。母兔有一对完全独立的子宫，属双子宫类型。肉兔的子宫全长可达 7 厘米以上，无子宫角和子宫体之分。

二、肉兔的生活习性

家养肉兔是由野生穴兔驯化而来，虽经长期的自然选择和人工选择，但肉兔仍然保持着其祖先欧洲穴兔的许多习性。了解肉兔的这些习性，对于肉兔的科学饲养管理有着重要的指导作用。

（一）肉兔具有夜行性和嗜眠性

野生兔体格弱小，对天敌的防御能力比较差。为了躲避敌害，保护自己，经过长期进化，兔形成了昼伏夜出的习性，白天伏于洞中，夜间四处活动和觅食。在养兔场中，如果进行昼夜观察，可以看到肉兔白天表现得十分安静，除喂食时间以外，常闭目休息。而在夜间却采食频繁，十分活跃。据测定，肉兔在晚上所采食的日粮和水占全部日粮和水的70%以上。根据肉兔的这一习性，一方面我们应该注意合理安排肉兔饲养日程，晚上喂给足够的饲草饲料和饮水；另一方面，白天应尽量保持安静，不要妨碍肉兔休息。

在某种条件下，肉兔很容易进入困倦或睡眠状态。在此期间痛觉减低甚至消失，这种特性称嗜眠性。肉兔的嗜眠性与其野生状态的昼伏夜出有关。

（二）肉兔既胆小，又怕惊扰

肉兔是抗敌能力很弱的动物，遇外敌时几乎毫无自卫能力，故其警惕性很高。在长期的自然环境条件下，为了防御外敌，兔凭借一对听觉敏锐、活动自如的长耳，一旦发现危险信号，就会迅速逃跑躲避。在家养的情况下，突然有喧闹声、生人和陌生动物，如猫、狗等出现都会使肉兔惊慌，以致在笼中到处奔跑和乱撞；同时，往往出现一种声音响亮的顿足动作。而这种顿足声会使全兔舍或某一部分肉兔同样惊慌起来。肉兔在白天一般很安静，所以我们在饲养管理操作中，动作要稳而轻，尽量避免发出容易使兔惊恐的声响；同时，要避免陌生人和猫、狗等进入兔舍。经过一段时期的适应，肉兔对一定程度的噪声，如颗粒饲料机发出的工作声以及夏天兔舍中安装的电风扇所发出的噪声等（也可以耐受）。

（三）肉兔喜爱清洁干燥的环境

肉兔是厌恶潮湿喜爱干燥清洁的动物。干燥和清洁的环境能保持肉兔的健康，而潮湿和污秽的环境往往成为肉兔生病的原因，因为潮湿和污秽的环境有利于传染病病原的孳生。肉兔抵抗疾病的能力很有限，一旦患病，即使能够治愈，亦会造成一定损失，如果不能及时发现或治疗，损失会变得非常严重。所以，我们应该选好场址，做好兔场设计和肉兔的饲养管理工作，给其提供一个干燥、清洁的生长环境。

（四）肉兔群居性差

肉兔群居性差。肉兔群养时，不论公、母，同性别的成年兔经常发生争斗和咬伤，特别是公兔之间或者在新组织的兔群中，争斗咬伤比较严重，管理上应特别注意。在生产中，由于性成熟前的幼年兔，出现撕咬和争斗的现象较少，所以，在商品生产中3月龄前的幼年兔多采用群养方式，以节省笼舍，提高劳动生产效率。但3月龄以上的公、母兔要及时分笼饲养，一方面防止撕咬争斗，另一方面分笼饲养可防止早配和乱配，更重要的是能够促进幼兔的生长。

（五）肉兔的穴居性强

肉兔由穴兔驯化而来，保留了祖先掘洞穴居的本能，我们在建造兔舍和选择饲养方式时必须考虑到这一点。不然，由于选择的建筑材料不合适，或者设计兔场考虑不周，致使肉兔在兔舍内乱打洞穴，造成无法管理的被动局面。

（六）肉兔具有啮齿行为

肉兔的门齿为恒齿，且有不断生长的特点，平均每月可生长0.8～1.5厘米。为保持上下门齿的吻合度，要依靠采食和啃咬硬物不断磨损牙齿来维持门齿的正常长度。在养兔过程中为了防止肉兔啃咬木制或塑料笼具，可以经常在兔笼内投放一些树枝；同时，在兔笼设计方面，应注意其坚固性和耐用性，应做到少用木料，笼内要平整，尽量不留棱角，使肉兔无法啃咬，以延长兔笼的使用年限。根据肉兔的这个习性，最好将粉质混合饲料加工成硬质颗粒饲料，以利兔门齿的磨蚀。

三、肉兔的生理学特点

（一）肉兔的食性

肉兔属单胃食草性动物，以植物性饲料为主，主要采食植物的根、茎、叶和种子。肉兔的胃不能消化饲料中的粗纤维，但肉兔盲肠比较发达，盲肠内微生物活动比较活跃，其作用类似于反刍动物牛的瘤胃。因而，肉兔能够利用盲肠内的微生物分泌的酶消化肠道内的粗纤维而获取所需的营养物质，因而肉兔对草的利用远比其他单胃动物要高。肉兔的食草性决定了肉兔是一种天然的节粮型动物，不与人争粮食，不与猪、鸡争饲料。但肉兔采食比较挑剔，喜食植物性饲料，不喜食动物性饲料，考虑营养需要兼适口性，配合饲料中动物性饲料不超过5%；喜食颗粒料，不喜食粉料；喜食含有植物油的饲料，国外有些兔场往往在配合料中加2%～5%的玉米油；喜食甜味的饲料。

（二）肉兔的消化特点

1. 肉兔消化过程的几个阶段 饲料进入口腔，经咀嚼和唾液湿润之后，便进入胃部。唾液中含有大量的淀粉酶，可对饲料中的淀粉进行初步消化。饲料进入胃后，呈层状分布。胃内腺体分泌盐酸和胃蛋白酶，肉兔消化液中酸的活性比其他食草动物都高。饲料在胃中与消化液充分混合后即进入消化吸收过程。由于胃部的收缩，饲料继续下行。饲料下行的速度与饲料组成和肉兔年龄有关，含纤维素高的饲料通过消化道的速度快；年幼的肉兔消化饲料的速度比成年肉兔快。

小肠是消化吸收的主要部位，食糜在此经消化液的作用，分解成简单的营养物质，进入血液被机体吸收，剩余部分进入大肠。

大肠（盲肠、结肠、直肠）内有大量的微生物，其主要作用是把饲料中的纤维素分解成营养物质被机体吸收。

2. 肉兔的食粪特性　肉兔的食粪特性是指肉兔有吃自己部分粪便的本能行为，这是一种正常的生理现象。肉兔食粪的特性相当于对饲料特别是粗饲料的二次消化，是肉兔能有效地利用粗饲料的原因。肉兔排出的粪便有两种：①白天排出的粒状硬粪，约占总排粪量的80%，粪干，表面粗糙，依草料种类而呈现深浅不同的褐色；②夜间排出的团状软类，多时呈念珠状，有时达40粒，粪球串的长度达40厘米，量少，质地软，表面细腻，有如涂油状，通常呈黑色。肉兔食粪行为就是指在正常情况下，肉兔排出软粪时会自然弓腰从肛门处吃掉（图2-3）。所以，在一般情况下很少发现软粪的存在，只有当肉兔生病的情况下才停止食粪。除无菌兔和摘除盲肠的肉兔没有食粪行为外，几乎所有的肉兔（和野生穴兔）从会吃饲料开始就有食粪行为。

图2-3　肉兔的食粪行为

硬粪与软粪在营养成分上差别很大，软粪中粗蛋白质的含量大大高于硬粪（表2-1）。

表 2-1 兔粪便成分比较（占干物质%）

成分	粗蛋白质	粗脂肪	粗纤维	无氮浸出物	总灰分	磷	钠	钾
硬粪	9.2	1.7	28.9	52.0	8.2	1.3	0.11	0.57
软粪	28.5	1.1	15.5	43.7	11.2	2.2	0.22	1.80

肉兔吞食软粪，可使消化道对饲料中的营养物质特别是纤维素进行二次消化，提高了饲料的消化率。软粪中含有大量的微生物和由微生物合成的维生素，所以，肉兔吞食软粪，相当于摄入了一定量的菌体蛋白质和维生素。另外，可以减少饥饿感，在断水断料的情况下，吞食软粪可以维持生命达一周，这一点对野生条件下的兔意义重大。肉兔的食粪特性不仅是一种正常的生理现象，而且对身体有益。因此，通常不要对其加以限制。

3. 肉兔对饲料的利用能力 肉兔对不同饲料的消化利用能力不同，主要表现在以下几方面。

（1）*对粗蛋白质的利用能力* 肉兔能充分利用饲料中的蛋白质，包括低质量饲料中的蛋白质，肉兔具有把低质量饲料转化为优质肉品的巨大潜力。

（2）*对粗脂肪的利用能力* 肉兔能有效利用饲料中的脂肪。但饲料中的脂肪若超过10%，其采食量会随着脂肪含量的增加而下降，所以，不宜给其饲喂含脂肪过高的饲料。

（3）*对能量的利用能力* 肉兔对饲料中能量的利用率较低，这与饲料中纤维素的含量有关。饲料中纤维素含量越高，肉兔对能量的利用率越低。

（4）*对粗纤维的利用能力* 肉兔能消化利用纤维素，但利用率较低。据资料介绍，对饲料中粗纤维的消化率，肉兔仅为14%，牛为44%，马为41%，猪为22%。因此，肉兔不能有效地利用粗纤维。但饲料中的纤维素具有维持肉兔消化道正常生理活动和防止其患肠炎的作用，如果饲料中粗纤维的含量低于一定限度，就会引起消化紊乱。因此，兔的饲料中必须添加一定量的粗纤维。

4. 幼兔腹泻时容易自身中毒而死亡的原因　幼兔肠道相对较长，50 日龄时平均体长 28 厘米，而肠道总长度可达 396 厘米，二者之比为 1∶14.1；而成年兔体长与肠道总长度之比为 1∶10，幼龄兔肠道黏膜分泌与吸收面积比成年兔相对大得多。肠黏膜上皮细胞之间的紧密联结能有效阻止大分子物质通过上皮进入机体（即肠的细胞屏障），但幼龄兔肠上皮细胞之间联结没有成年兔紧密，细菌毒素、消化不完全产物及未被消化吸收的胆汁酸等能破坏肠黏膜的完整性和损坏上皮细胞之间的紧密结合，导致一些快速通道开放，造成肠黏膜通透性加大。幼龄兔肠壁特别薄，比成年兔通透性高。幼兔在患肠黏膜炎症时，肠道通透性进一步升高，血液中水和电解质大量返渗到肠内，肠道内的毒素和消化不完全产物被大量吸收入血，易发生中毒。因此，幼龄兔患消化道疾病时症状特别严重，常出现中毒症状，死亡率高。所以，加强饲养管理，防止消化不良和腹泻发生，能大幅度提高幼兔的成活率。

（三）肉兔的繁殖特点

肉兔的繁殖过程与其他家畜基本相似，但也有其独特的方面，不了解这些生殖特点，就不能很好地掌握肉兔的繁殖规律。

1. 具有很强的繁殖力　肉兔性成熟早，妊娠期短，世代间隔短，一年四季均可繁殖，每胎产仔数多。母兔繁殖周期（图 2-4）以中型肉兔为例：仔兔生后5～6 个月龄就可配种，妊娠期 30 天左右，一年可繁殖两个世代。在集约化生产条件下，每只繁殖母兔可年产 8～9 胎，每胎可成活 6～7 只，一年内可育成50～60 只仔兔。若培育种兔，一年可繁殖4～5 胎，获得 25～30 只种兔。这种强的繁殖力是其他家畜不能相比的。

2. 刺激性排卵 肉兔卵巢内发育成熟的卵胞必须经过交配刺激的诱导后，才能排出，一般排卵的时间多在交配后10～12小时。若在发情期内未进行交配，母兔就不排卵，其成熟的卵胞就会老化衰退，被机体吸收。

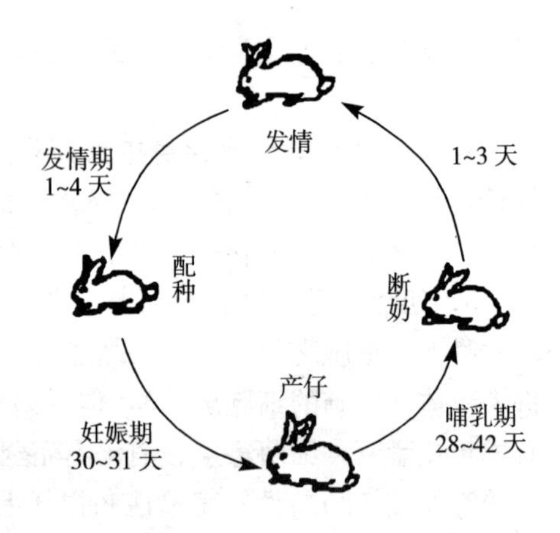

图2-4 母兔的繁殖周期

3. 不表现规律性的发情周期 肉兔虽然也有性周期，但不像其他家畜那样表现明显，这与其刺激性排卵的特性有关。没有排卵的诱导性刺激，卵巢内成熟的卵子不能排出，当然也不能形成黄体，所以对新卵胞的发育不会产生抑制作用。因此，肉兔不表现规律性的发情周期。在正常情况下，肉兔的卵巢内总是有许多发育程度不同的卵胞。在前一批发育卵胞尚未完全退化时，后一批发育阶段的卵胞又接着发育，而在前后两批卵胞的交替发育中，体内的雌激素水平有高有低，母兔的发情症状就有明显与不明显之分。因此，即使在母兔没有发情症状时，母兔的卵巢内仍有卵胞在发育，如进行强制配种，母兔仍有受孕的可能。这对于现代化畜牧生产来说，具有极其重要的意义。

4. 胚胎在附植前后的损失率较高 影响胚胎损失率的最大因素是肥胖，其次是高温应激、惊群应激、过度消瘦、疾病等。在饲养过程中应引起注意。

5. 假妊娠比例高 母兔经诱导刺激排卵后并没有受精，但同样形成黄体并分泌孕酮，刺激生殖系统的其他部分，使乳腺增活，子宫增大，类似妊娠但没有胎儿，此种现象称为假妊娠。假妊娠母兔在妊娠16天后黄体退化，表现临产行为，衔草、拉毛做巢，甚至乳腺能挤出一点乳汁。假妊娠过后立即进行配种极易受胎。一般情况下，不育公兔的性刺激、母兔群养和仔兔断奶晚是引起肉兔假妊娠的主要原因。生产中常用复配的方法防止假妊娠。

6. 公兔夏季不育　夏季气温过高，公兔睾丸生精上皮变性，暂时失去产生精子的能力，而出现公兔夏季不育现象。公兔一般要45～60天，待气温下降时才能恢复配种能力。

（四）肉兔体温调节特点

肉兔是恒温动物，其正常体温一般保持在38.5～39.5℃。肉兔体内组织细胞的活动都会产生热量，其中肌肉、内脏和各种腺体产热量最多，饲料在消化道内的发酵也产生一定热量。肉兔的散热途径为体表皮肤的散热、呼出气体的散热、吸入冷空气的散热、饮入冷水散热等。因肉兔皮肤缺乏汗腺，且体表有很厚的绒毛形成一层热的绝缘层，所以肉兔皮肤的散热能力较差，呼吸散热是最主要的散热途径。当外界温度升高时，肉兔依靠增加呼吸次数，增加呼吸气体、蒸发水分的量来散热，借以维持体温的恒定。但是，肉兔依靠增加呼吸次数散热来维护体温恒定的能力有限，长时间的高温会使肉兔喘息不止、体温升高，进而出现热应激反应，造成生产性能下降。所以，肉兔对高温的耐受力差，在饲养管理上应引起注意。

肉兔不耐高温，但比较耐冷。最适宜肉兔生活和繁殖的温度是15～25℃。高于或低于这个温度范围都会降低其生产和繁殖性能。

仔兔由于缺少被毛，没有保温层，所以耐热不耐冷。而且仔兔的体温调节能力很差，外界环境温度对仔兔的体温影响很大。因此，应根据仔兔的体温调节特点，为其提供较高的环境温度，以保证仔兔的正常发育和成活。

（五）肉兔被毛的生长与脱换特点

肉兔刚出生时全身赤裸，没有被毛，第3～4日龄被毛才开始生长，到第30日龄左右开始脱换，以后就进入有规律的年龄性换毛和季节性换毛时期。

1. 年龄性换毛 所谓年龄性换毛，是指幼兔生长到一定时期脱换旧毛，长出新毛的现象。这种随年龄增长进行的换毛，在兔的一生中共有两次：第一次换毛约在30日龄开始到100日龄结束；第二次换毛约在130日龄开始至190日龄结束。但不同品种的肉兔，换毛时间稍有不同。

2. 季节性换毛 所谓季节性换毛，是指成年肉兔春、秋季的两次换毛。春季换毛在3～4月份，此时日照渐长，天气渐暖，肉兔便脱去“冬装”换上“夏装”；秋季换毛在8～9月份，此时日照渐短，天气渐凉，肉兔便脱去“夏装”换上“冬装”。换毛的早晚和持续时间受肉兔的年龄、性别、健康状况、营养水平及气候的影响。

肉兔换毛是复杂的新陈代谢过程。在换毛期间，为保证营养需要，肉兔需要更丰富的营养物质。肉兔在换毛期间对外界气温条件变化适应能力差，易患感冒，此时应加强饲养管理，给以丰富的蛋白质饲料和优质饲草。

（六）肉兔生长发育特点

仔兔出生时闭眼，无毛，各系统发育都很差；出生后生长发育速度很快，第4天开始长出绒毛，第12天左右开眼，3周龄开始吃饲料。仔兔断奶前的生长速度除受品种的影响外，主要取决于母兔的泌乳力和同窝仔兔的数量。泌乳力越高，同窝仔兔越少，仔兔生长越快。仔兔在断奶后的生长速度，主要取决于兔的品种和饲养管理水平。

断奶后仔兔的日增重有一个高峰期。在满足生长所需营养的条件下，中型兔日增重的高峰期在第 8 周龄；大型兔品种则稍晚，在第 10 周龄。

生长发育期的公、母兔在 8 周龄前的生长速度并无差异。但在第 8 周龄至性成熟期，母兔的生长速度要显著快于公兔。因此，同品种并在相同条件下育成的兔，母兔总是比公兔较重。

四、野兔人工养殖问题探讨

近年来，很多媒体和网站上关于野兔人工驯化和人工养殖的报道很多，有的宣传可以传授养殖技术，有的则宣传可以对外提供种源等，他们的一个共同特点就是说野兔养殖（包括培育杂交野兔，就是家兔和野兔杂交）前景广阔等。与此同时，笔者也经常接到全国各地朋友的咨询电话，欲获得有关肉兔养殖技术的资料和信息，计划大养特养。在此，笔者谈谈以下看法，可供参考。

（一）关于野兔驯化成功与人工养殖

对于野兔，多年来我国一些科技工作者和很多养兔户进行了人工驯养探索。根据笔者了解，在国内还没有一家养殖户或者科技人员能取得实质性的进展，即使有进行野兔养殖的，也只是停留在人工暂养，在暂养条件下野兔的繁殖始终是一个难题；另外，国内有些报道也存在一些误区，认为野兔可以像家兔一样进行养殖。

1. 关于妊娠期的描述，国内报道很不一致 有关野兔妊娠期的描述，有的说 28～35 天，有的说 31～35 天，也有的说 65 天左右。实际上，野兔妊娠期一般 40～42 天。由于产仔数和营养状况的不同，可能有一些差异。但不会有 28 到 65 天的变异幅度。

2. 关于年产胎数和产仔数的报道 关于野兔年产胎数和产仔数，有的说年产6～8胎，每胎产仔5～9只；有的说年产4～5胎，每胎产仔5～8只；还有的说年产5～10胎，每胎产仔8～12只。野兔一般年产1～2胎，每胎产仔1～4只。但是，由于环境条件、营养状况、野兔种类的不同，会有一定的差异。然而其每胎产仔数和年产胎数达到肉兔的水平目前是不可能的。

3. 关于仔兔的描述 不同于穴兔，野兔对野外环境的适应能力很强。出生仔兔布满被毛，睁眼开耳，很快站立和跑动，并采食植物性饲料。但有的报道"12～14天后野兔开眼，20天后能找食吃"，实际上这些被报道的兔就是肉兔。

4. 野兔是否可与肉兔杂交培育新品种 有的报道说，经过多年研究，利用野兔与肉兔杂交，培育了新的兔种，生产性能高。肉兔的染色体是22对，野兔是24对，相差2对。它们的亲缘关系远不如马和驴近（前者染色体32对，后者是31对）。这就意味着野兔和肉兔杂交成功的概率是微乎其微的。在实际养殖过程中，也未见相关报道。

（二）野兔人工养殖效益

简单地说，野兔人工养殖效益就是养殖野兔能否赚钱。养殖野兔要取得经济效益必须具备几个条件：养殖规模、生产性能、销售价格和市场、养殖成本。

1. 野兔养殖规模 从目前的情况看，野兔的养殖规模很难形成。一是种源有限。现在野兔的人工繁殖技术没有得到解决，人工育种没有可能。至于有人说野外抓野兔可留作种用，实践表明，凡是捕捉的成年野兔进行笼养，很难繁殖成功，即使从刚开始出生的小兔开始驯养其繁殖率也低，一生也只能繁殖1～2胎，造成繁殖障碍或繁殖率低的主要原因可能是运动不足和营养过剩。二是很难高密度饲养。如果笼养，其饲养密度很低；如果散养，需要在野外进行低密度放养。

2. 生产性能 目前，野兔自然繁殖力很低，笼养条件下难以繁殖成功，放养条件下生产性能也很有限。想得到肉兔那样的繁殖性能是很难实现的。生产性能不能扩大，圈养野兔赚钱的可能性就小。

3. 销售价格和市场 野兔的肉质好，属于保健食品，受到消费者青睐。但与肉兔的肉相比，没有根本性的区别。由于其数量有限，销售价格也较肉兔的稍高，但往往是有行无市。市场上有些地方（包括餐馆）销售的野兔，实际上大多数是一些外貌和野兔有些相似的家兔。

4. 养殖成本 由于野兔属于低密度饲养或放养，需雇用专门饲养人员管理，劳动效率很低。如果野外放养，需要承包大面积土地（山场、林地、果园或农田），需要建立围墙或隔离网等防御设施。尽管其饲料和药物的费用投入很少，但按照其提供的产品数量计算，单位产品的成本不可低估。

从以上几点分析可以看出，除非非正常运营（如“炒种”等），否则，生产商品野兔赚钱是非常困难的。

第三章 肉兔的品种

第一节 肉兔品种分类

一、肉兔的品种分类

我国在对肉兔饲养过程中，为了得到更好的经济效益，除了更好地利用国内现有的肉兔品种外，还从国外引进了一些肉兔品种；同时，为了满足人们的生产需要，还对某些品种进行了精心培育，形成了现在各品种之间在外貌特征、体重大小、被毛结构以及其他生产性能等方面的显著差异。目前，肉兔品种分类主要有以下几种。

（一）按体重大小分类

（1）大型兔　成年体重达5.0千克以上，如德国巨型白兔、花巨兔等。

（2）中型兔　成年体重3.0～4.5千克，如新西兰白兔、加利福尼亚兔等。

（3）小型兔　成年体重1.5～2.8千克，如中国白兔等。

（4）微型兔　成年体重仅0.7～1.45千克，如小型荷兰兔等。

（二）按育成地分类

按育成地分类可将肉兔分为中国品种和引进品种两大类。

(1) 中国品种肉兔　指我国自己培育出来的肉兔品种，主要有喜马拉雅兔、中国白兔、虎皮黄兔、塞北兔、哈白兔、安阳灰兔等。

(2) 引进品种肉兔　指从国外引进的肉兔品种，主要有青紫蓝兔、大耳白兔、比利时兔、法国公羊兔、德国花巨兔、丹麦白兔、新西兰白兔、加利福尼亚兔、西德大白兔、齐卡配套系兔、布列塔尼亚配套系白兔等。

二、肉兔品种的选择利用

肉兔在我国大部分范围内都能养殖，由于各地方的环境条件以及人们生活习惯的不同，导致所养肉兔的品种也有差异。虽然目前我国肉兔养殖的总体形势不错，但在我国一些地区却存在"倒种"、"炒种"严重，选种不当，引种盲目，良种劣养，片面追求窝数等现象，严重影响了我国兔业的健康发展。

(一) 选择和利用品种要考虑经济价值，更要考虑市场和饲养的具体条件

养殖户在引种肉兔时不能只看到肉兔品种本身的价值。例如，有些肉兔虽然生产性能表现良好，但可能要求饲养条件更高，如果达不到此饲养条件，该品种肉兔的优良生产性便不能充分发挥。除此之外，还更应考虑产品的市场需求、市场现状、市场潜力，及当地的草料条件（产量、价格、运输等）、气候条件、技术条件等，因地制宜地引入品种。

(二) 根据地区气候条件选择品种，以减少因气候差异造成的损失

引入肉兔品种，特别是引入一些新的品种时，要注意被引入地的自然资源与环境条件，并与当地条件相比较，两者差异越

小，引种成功率越高。因为已形成的品种具有遗传的保守性，风土驯化是长时间而有限的。例如，将高寒地区培育的大型肉兔引至我国低温多雨的、炎热的南方，则肉兔会出现皮肤病、繁殖障碍，近而体重下降等现象。因此，就地、就近引种为首选原则，为防近亲，再行少量异地引种。

（三）根据自己的技术优势选择品种

不同品种肉兔的生物学特性和养殖技术大同小异。如果你以前有养殖某品种肉兔的经验，或者目前正在养殖某个品种的肉兔，技术上已经得心应手，就可继续扩大该品种的养殖规模，大可不必另选新的品种。如果你的养殖技术相当娴熟，则可联系大型企业养殖绿色肉兔。对于初次养兔者来讲，最好先少量试养，当掌握一定技术时再扩大规模，切不可贪多图快。

（四）肉兔引种时要选择季节

肉兔怕热、怕冷、怕湿，应在不冷不热不湿的季节引种，既可保证引种的安全，减少应激反应、降低发病率和死亡率，又可尽快转入正常生产。我国广大地区以春、秋引种较好，尤其是在春季，引种能使肉兔尽快采食青草，更符合肉兔养殖特点。

（五）创造良好的条件，做到良种必须良养

地方品种较耐粗饲，但一般体型小、生产率低；而培育品种多在良好条件下育成，饲养条件要求较高，将育成品种在贫乏的条件下饲养，不仅不能发挥其优势，甚至适应性远不及地方品种。因此，良种必须良养。

目前，国内外的种兔生产多控制在年繁 4 胎左右，但为赶“行情”、“炒种”，致使种兔繁殖频率过高，不仅使种质全面退化，而且也降低了养殖的最终效益。

（六）坚持自繁自养

肉兔繁殖率高，繁殖速度比较快，一旦引种成功，应迅速扩群。坚持自繁自养，既可保证兔群的健康，又可保持血统纯正。引种不仅花费昂贵，且风险较大，特别是疾病较难预防。当然，在自繁自养的同时适当引进少量种兔用以改良血液是有必要的。

第二节 常见的肉兔品种

一、国外引进的肉兔品种

（一）新西兰兔

新西兰兔原产于美国，是著名的中型肉用品种。在美国、新西兰等国家除作为肉用外，还广泛作为实验用兔。

新西兰兔除白色外，还有红黄色和黑色 2 种；其中，以白色新西兰兔最为著名。红黄色新西兰兔约在 1912 年于美国加利福尼亚州和印第安纳州同时出现，系用比利时兔和另一种白色兔杂交选育而成。黑色新西兰兔出现较晚，是在美国东部和加利福尼亚州用包括青紫蓝兔在内的几个品种杂交选育而成。

新西兰白兔在我国饲养数量多、分布广。新西兰白兔体型中等，头圆额宽，耳较小而直立、稍厚，耳尖钝圆。背宽，腰肋间肌肉丰满，后躯发达，臀圆，是典型的肉用体型。四肢粗壮有力，脚底有粗毛，浓密，耐磨，可防脚皮炎，很适于笼养。

红黄色新西兰兔全身被毛红黄色，每根毛颜色分为 3 段，即毛基部灰黄、中部黄色、毛尖红黄色。但颈下有少许白毛，眼周围有很小或者不明显的白环，眼淡褐色。

新西兰白兔早期生长发育快，初生重 50～60 克，2 月龄体重 1.8～2.3 千克，3 月龄体重 2.7～3.3 千克，成年母兔体重 4.5～5.5 千克、公兔体重 4～5.0 千克。屠宰率 52%左右，肉质细嫩。繁殖力较高，年产5胎以上，胎均产仔7～9只。

新西兰白兔的缺点是毛皮品质欠佳，不甚耐粗饲，对饲养管理条件要求较高；在中等偏下的饲养水平下，早期增重快的特点得不到充分发挥。新西兰白兔与加利福尼亚兔、比利时兔杂交能取得较好的杂种优势。

（二）加利福尼亚兔

加利福尼亚兔原产于美国加利福尼亚州，所以又称加州兔。是一个专门化中型肉用兔品种。

加利福尼亚兔体型中等，颈粗短，耳小而直立，胸部、肩部和后躯发育良好，肌肉丰满，具有肉用型品种的体型特征。绒毛浓密，秀丽美观，被毛整体为白色，两耳、鼻端、四肢下部及尾部为黑褐色，具有与喜马拉雅兔相似的“八点黑”特征，其毛色深浅变化亦相似。据中国农业大学杜玉川等观察，加利福尼亚兔品种的“八点黑”特征，依据下述因素呈现出规律性变化。

1. 年龄 初生时被毛白色；1月龄“八点黑”色浅，且面积小；3月龄“八点黑”特征明显，色逐渐变深；老龄兔“八点黑”色逐渐变淡，并在耳部及鼻端分别出现沙环及沙斑。

2. 个体 “八点黑”特征因个体不同而异，有的色深，有的色浅，甚至呈锈黑或棕黑色，而且这些特征能遗传给后代。

3. 季节 冬季“八点黑”色深；夏季“八点黑”浅；春、秋换毛季节，出现沙环或沙斑。

4. 饲养水平 在优良饲养条件下，“八点黑”色深而均匀；在不良饲养条件下，“八点黑”色浅而不均匀。

5. 饲养方式 在室内饲养，“八点黑”色深；在室外饲养，尤其经日光长时间照射，“八点黑”变浅。

6. 地区 在气温高的地区，“八点黑”色浅；在较为寒冷的地区，“八点黑”色变深。

在上述影响“八点黑”色深浅的因素中，环境、温度的影响是主要的，其影响机制这里不作介绍。

此外，加利福尼亚兔与其他品种兔杂交时，其“八点黑”特征亦呈规律性变化。例如，不论加利福尼亚兔是公兔还是母兔，当与青紫蓝兔或全色兔杂交时，其杂种后代均不表现“八点黑”；而与日本大耳兔、丹麦白兔或新西兰白兔等白色兔杂交时，其杂种后代均有“八点黑”，这可能是基因显性效应的关系。

在加利福尼亚兔中，有个别兔颌下肉髯为黑灰色，还有个别仔兔全身被毛的毛梢呈灰色，并随着乳毛的脱换逐渐变为纯白色。

加利福尼亚兔早期生长快，2 月龄体重 1.8～2 千克，成年兔平均体重公兔 3.6～4.5 千克、母兔 3.9～4.8 千克。屠宰率 52%～54%，肉质鲜嫩。母兔性情温驯，繁殖力强，母性好，泌乳力高，是著名的“保姆兔”。年产 4～6 胎，每胎均产仔 6～8 只。仔兔发育均匀，40 日龄断奶时体重可达 1～1.2 千克。

此外，该品种还具有适应性好、抗病力强、杂交效果好等优点。在国外多用之与新西兰兔杂交以生产商品兔，杂种后代 56 日龄体重达 1.8 千克。德国齐卡肉兔配套系中，即用加利福尼亚兔作母系兔的父本，获得显著杂种优势。该品种被引入我国以后各项性能表现良好。

（三）日本大耳白兔

日本大耳兔又称日本白兔，原产于日本，由中国白兔和日本兔杂交选育而成。

日本大耳兔体格强健，较耐粗饲，适应性强，体型较大，生长发育较快，我国各地广为饲养。其主要特点是：耳大，耳根细，耳端尖，耳薄，形同柳叶并向后竖立；血管明显，适于注射和采血，是理想的实验用兔。

该品种头大小适中，额宽，面凸，眼红色；颈较粗，母兔颈下有肉髯；被毛全白且浓密而柔软；皮张面积大，质地良好。

日本大耳兔繁殖力较高，年产 5～6 胎，每胎产仔 8～10 只，多者可达 12 只。仔兔初生重平均 60 克。母兔母性好，泌乳量大。生长发育较快，2 月龄平均重 1.4 千克，3 月龄体重 2.1 千克，4 月龄 3 千克，成年兔平均体重 4～6 千克，体长 44.5 厘米，胸围 33.5 厘米。

该品种被引入我国后，除纯繁广泛用于试验研究外，由于其肉质较佳，产肉性能较好，也和其他品种杂交以生产商品肉兔。

（四）青紫蓝兔

青紫蓝兔原产于法国，采用复杂育成杂交方法选育而成。参与育成的亲本有喜马拉雅兔、灰色嘎伦兔和蓝色贝韦伦等品种。育成后于 1913 年首次在法国展出。首先育成的是小型（标准型），后来又育成中型（美国型）和巨型。其毛色很像产于南美洲的珍贵毛皮兽青紫蓝（chinchilla），并由此而得名。

青紫蓝兔虽有 3 种类型之分，但 3 种类型的被毛颜色具有共同的特征，即被毛整体为蓝灰色，耳尖和尾面为黑色，眼圈、尾底、腹下和额后三角区的毛色较淡呈灰白色。单根毛纤维可分为 5 段不同的颜色，从毛纤维基部至毛梢依次为：深灰色—乳白色—珠灰色—白色—黑色。毛被通常夹有全白或全黑的戗毛。标准型毛色较深，有黑白相间的波浪纹；中型和巨型毛色较淡且无黑白相间的波浪纹。

3 种类型青紫蓝兔的特点分别为：

1. 小型（标准型）　体型较小，体质结实紧凑；耳短竖立，稍向两侧外张；眼大有神，眼球呈栗色或蓝灰色；面部圆，母兔颌下无肉髯。成年母兔体重 2.7～3.6 千克、公兔 2.5～3.4 千克。年产 4～5 胎，每胎产仔 6～8 只。被毛匀净，色泽美观。小型青紫蓝兔偏向于皮用，皮板质量好；缺点是体格小，生长速度慢。

2. 中型（美国型）　1919 年由英国引进标准型青紫蓝兔中选育而成的，最初称大型青紫蓝兔。其体长中等，腰臀丰满，体质结实。成年母兔体重4.5～5.4千克、公兔4.1～5千克。繁殖性能好，生长发育较快，40日龄断奶时体重0.9～1.0千克，90日龄平均体重2.2～2.3千克。中型青紫蓝兔属于皮肉兼用品种。

3. 巨型　用弗朗德巨兔杂交选育而成，体型大，肌肉丰满，是偏于肉用的巨型品种。耳朵较长，有的一只耳竖立，另一只耳下垂，母兔颌下有肉髯。成年母兔体重5.9～7.3千克、公兔5.4～6.8千克。早期生长发育较慢，3～4月龄体重约2千克。

青紫蓝兔的育种者最初考虑的是，要育成具有青紫蓝兔那样优质毛皮的肉兔品种，即以毛皮用为目的。各国引进以后，经过数十年的风土驯化和选育，使青紫蓝兔具有较强的适应性和耐粗饲性。它不仅具有较高的皮用价值，也具有较好的产肉性能，繁殖力、生长速度亦有了很大的提高，被世界各国广为饲养。自引入我国半个多世纪以来，该品种兔已完全适应我国的自然条件，深受养殖者的欢迎。在我国从南到北都有分布，尤以北京、山东、江苏、安徽、河南等地饲养较多。3种类型在我国均有饲养，其中以标准型及其杂交的后代为最多，饲养目的以皮肉兼用为主，也有用作试验研究。经我国长期的风土驯化和精心选育，即保留了原有的特点，但又与原品种有所不同。

（五）德国花巨兔

德国花巨兔原产于德国，为著名的大型皮肉兼用品种。其育成历史有两种说法：一种认为由英国蝶斑兔输入德国后育成，另一种则认为由比利时兔和弗朗德巨兔等杂交选育而成。

该品种体躯被毛底色为白色，口鼻部、眼圈及耳毛为黑色，从颈部沿背脊至尾根有一条锯齿状黑带，体躯两侧有若干对称、大小不等的蝶状黑斑，故也称“蝶斑兔”。体格健壮，体型高大，体躯长，呈弓形，骨骼粗壮，腹部离地较高。成年体重5～6千克，体长50～60厘米，胸围30～35厘米。

德国花巨兔性情活泼，行动敏捷，善跳跃，繁殖力强，平均每胎产仔 11～12 只，高的达 17～19 只。仔兔初生体重 75 克，早期生长发育快，40 日龄断奶时体重达 1.1～1.25 千克，90 日龄体重达 2.5～2.7 千克。抗病力强，但产仔数和毛色遗传不稳定，性情粗野，母性不强，哺育力较差。母兔有站着产仔和食仔癖的现象，有时以嘴和前爪主动伤人。

（六）比利时兔

比利时兔由英国育种家育成，利用原产于比利时贝韦伦一带的野生穴兔经改良选育而成的大型肉用型品种。本品种由于体长而清秀，腿长，体躯离地面较高，被誉为兔族中的“竞走马”。

比利时兔外貌酷似野兔，被毛深红带有黄褐或深褐色，单根毛纤维的两端色深，中间色浅。体格健壮，头型似“马头”，颊部突出，额宽、圆，鼻梁隆起，颈短粗，颌下有肉髯，但不发达，眼黑色，耳较长，耳尖有光亮的黑色毛边。体躯较长，后躯较高，胸腹紧凑，骨骼较细，肌肉较丰满，肉质细嫩，屠宰率 52%左右。成年体重，中型 2.7～4.1 千克、大型 5.5～6 千克，高的可达 9 千克。生长发育较快，3 月龄体重可达 2.8 千克以上。

比利时兔适应性强，泌乳力高，胎均产仔 8 只左右，40 日龄断奶体重 1.2～1.25 千克，90 日龄体重 2.5～2.8 千克。比利时兔被引入我国后，各地广为饲养，但主要分布于北方各省，如河北、山东、辽宁等地。

（七）法系公羊兔

法系公羊兔是著名的大型肉用品种兔，国外称其为垂耳兔，我国普遍称之为公羊兔。该品种兔分法系、英系和德系 3 种，由于我国是从法国引进的，故称法系公羊兔。

法系公羊兔因其两耳长、宽而下垂，头型似公羊而得名。其被毛颜色以黄褐色者最多，头粗糙、眼小、颈短、背腰宽、胸围大，臀圆、骨骼粗壮，体质比较疏松肥大。

该品种生产性能突出，体型大。早期生长发育快，40 日龄断奶体重可达 1.5 千克，成年兔体重 6～8 千克，最重者可达9～10 千克。耐粗饲，抗病能力较强，易于饲养，性情温顺，不爱活动。缺点是繁殖性能较低，主要表现在受胎率低，哺育仔兔能力差；产仔数少，胎均产仔 6～8 只。公羊兔和比利时兔杂交生产的商品肉兔饲养效果最好。

二、中国培育的肉兔品种

（一）中国白兔

又名中国本兔或中国菜兔。在中国本兔中，除白色外亦有土黄、麻黑、黑色和灰色等，但以白色者居多。中国白兔历来主要供肉用，故亦称中国菜兔。中国白兔是我国劳动人民经长期培育和饲养的一个古老的地方品种。我国各地均有饲养，但以四川等地饲养较多。

1. 体型外貌　中国白兔体型偏小，但全身各部分结构紧凑而匀称。头型清秀，嘴端较尖，耳短小而直立，眼睛红色。被毛洁白而紧密。

2. 生产性能　成年兔体重 2.0～2.5 千克，体长 35～40 厘米。性成熟较早，约 2.5 月龄即达到性成熟。繁殖力较高，母兔有乳头 5～6 对，年产仔 5～6 胎，每胎均产仔 7～9 只，最多可达 15 只以上。适应性好，耐粗饲，抗病力强。皮板较厚、富韧性，质地优良，但皮张面积较小。肉质鲜嫩味美。

中国白兔虽然体型偏小，生长速度缓慢，但其仍不失为优良的育种材料。

（二）哈尔滨大白兔

该品种是中国农业科学院哈尔滨兽医研究所培育成功的大型肉用品种，是以哈尔滨本地白兔和上海白兔为母本，以比利时兔、德国花巨兔为父本，采用复杂育成杂交培育而成。1986 年被正式鉴定为一个新品种。

该品种兔全身被毛粗长，纯白色，眼大有神，呈粉红色；体型长，前、后躯匀称；成年体重公兔 5～6 千克、母兔 5.5～6.5 千克；头方长、颊丰满；耳长大而直立，耳静脉清晰，耳尖钝圆，四肢粗壮，脚毛较厚，雌雄都有肉髯。

哈尔滨大白兔生长发育速度较快，10 周龄体重 2.3 千克，平均每胎产仔 8 只以上，泌乳能力强，饲料转化率为 3.11∶1，3 月龄屠宰率（全净膛）为 53.5%左右。

该品种与地方品种杂交，只要适当改进饲养条件，即可出现明显的杂种优势；不但可以加快其生长速度，而且可提高其屠宰率。

（三）塞北兔

该品种是由张家口农业高等专科学校杨正教授研究团队培育的大型皮肉兼用型品种。1978 年以法系公羊兔和比利时弗朗德巨兔为亲本，采用二元轮回杂交并经严格选育而成。1988 年通过省级鉴定，定名为塞北兔。

1. 体型外貌 体型呈长方形。被毛以黄褐色为主，亦间有纯白色、干草黄色或橘黄色 3 种。头大小适中；眼眶突出，眼大而微向内陷；下颌宽大，嘴方正；鼻梁有一条黑线；耳宽大，一只耳直立，另一只耳下垂，故称为斜耳兔，这是该品种的重要特征。体质结实、健壮。颈部粗短，颈下有肉髯。肩宽广，胸宽深，背腰平直，后躯宽而肌肉丰满，四肢短而粗壮。

2. 生产性能 每胎平均产仔 7.1 只，初生窝重 454 克，初生个体重平均 64 克，泌乳力（3 周龄窝重）1 828 克。6 周龄断奶窝重 4 836 克，平均断奶个体重 820 克。成年体重 5 370 克，成年体长 51.6 厘米，胸围 37.6 厘米。7～13 周龄日增重 24.4 克，14～26 周龄日增重 29.5 克，屠宰率青年兔 52.6%、成年兔

54.5%，饲料报酬为1∶3.29。

此外，该品种适应性和抗病力强，皮张面积大，皮板有韧性，坚牢度好，绒毛细密，是理想的皮肉兼用型新品种。

（四）安阳灰兔

安阳灰兔是河南省安阳地区科委、农业局、外贸局和林县农业局等单位，于1981年在以日本大耳兔与青紫蓝兔为主杂交产生的灰兔类群中选育而成。1985年10月通过鉴定，定名为安阳灰兔，属于早熟、易肥、中型肉皮兼用品种。

1. 体型外貌 被毛青灰色，富有光泽，被毛密度中等；头大小适中，眼呈靛蓝色，部分成年母兔有肉髯；背腰长，背平直而略呈弧形，后躯发达，四肢强健有力。

2. 生产性能 初情期4月龄，6月龄初配，乳头4～5对。初生窝重485.7克，平均初生个体重58.2克，每胎均产仔8.4只，胎均产活仔8.1只，泌乳力1 794.2克。3月龄平均体重2 100克，4月龄平均体重2 700克。2～5月龄期间增重速度快，6～7月龄增重速度下降，8月龄平均月增重30～50克。（8月龄平均体重4.5千克）据统计，8月龄屠宰率为51%。

安阳灰兔耐粗饲，适应性强，耐热、耐寒，适应于农村条件饲养。

（五）太行山兔

太行山兔亦称虎皮黄兔，原产于太行山地区井陉县及威州一带，由河北农业大学选育而成。1985年通过鉴定，定名为太行山兔，属皮肉兼用品种。

1. 外貌特征 太行山兔有两种毛色：一种为黄色，单根毛纤维根部为白色，中部黄色，尖部为红棕色；眼球棕褐色，眼圈白色；腹毛白色。另一种是在黄色基础上，背部、后躯、两耳上缘、鼻端及尾背部毛尖的被毛为黑色，这种黑色毛梢在4月龄前不明显，但随年龄增长而加深，眼球及触须为黑色。

2. 生产性能 平均每胎产仔7～8只，初生个体重50～60克，断奶体重800克；乳头一般为4对，泌乳量3 500克，仔兔断奶时成活率85%～92%。大型成年兔体重为4千克，小型的为3千克。成年兔屠宰率53.39%。

该品种耐粗饲，适应性和抗病力都较强。

（六）豫丰黄兔

原产于河南省清丰县，由清丰县科委和河南省农业科学院等单位合作培育而成。

1. 体型外貌 豫丰黄兔全身黄色，腹部白色，毛短而光亮。头小而清秀，呈椭圆形；耳大直立；眼大有神。颈肩结合良好，背线平直，背腰长，后躯丰满，四肢强壮有力。成年母兔颈下有明显肉髯。

2. 生产性能 该品种适应性强，耐粗饲，抗病力强，繁殖力高。成年兔体重4～6千克，平均体长54.73厘米，胸围38.83厘米，头长11.9厘米，耳长15.53厘米。性成熟较早，3月龄左右即达性成熟，5.5～6月龄初配，平均每胎产仔8只以上，母兔平均乳头数8～9个，母性好，泌乳力高，初生窝重400克左右，2.5月龄可达到2 000克以上。商品兔屠宰率半净膛54.94%，全净膛率51.28%。

虽然该品种优良，是较好的育种材料，但在体型外貌上还不一致，生产性能的个体差异较大，选育效果有待进一步提高。

（七）黑优兔

也叫黑熊兔，是用俄罗斯银灰兔与青紫蓝兔经群众多年选育而成，体型毛色趋向一致，是皮肉兼用品种兔，目前在河北、山西、河南、山东等省和北京郊区饲养较多。

1. 体型外貌 毛色呈黑褐色，在太阳光的照射下闪闪发亮，个别的毛梢略带黄色。头大额宽，嘴圆，两耳宽厚，直立稍倾向两侧，耳根粗；背腰长，四肢粗壮，后躯发育良好。

2. 生产性能　主要表现在早期生长发育快，早熟、耐粗饲、繁殖力强等特点，成年兔体重为4.5～5.5千克。

三、肉兔专门化配套品系

（一）布列塔尼亚兔

布列塔尼亚兔又称法国大白兔（简称ELCO）。是法国养兔专家贝蒂先生经过30多年的精心选育而形成的大型肉兔配套系。该品种具有适应性强，抗病力强，商品代生长发育快，兔肉品质好，饲料报酬高，种兔有很强的繁殖力等优点。布列塔尼亚兔采用四系配套，各系生产性能和外貌特征如下。

1. 祖代公系公兔（GP111）　被毛纯白，红眼；性成熟期为26～28周龄；70日龄体重2.5～2.7千克，成年体重5.8千克以上，28～70天料肉比2.8∶1。

2. 祖代公系母兔（GP121）　被毛纯白，红眼；性成熟期为（121±2）天；70日龄体重2.5～2.7千克，成年体重5.0千克以上，28～70天料肉比3.0∶1；年产6胎，平均每胎产仔9只，全年可育成断乳仔兔50只，其中可选用的种公兔为15～18只。

3. 祖代母系公兔（GP172）　被毛纯白，红眼；性成熟期22～24周龄；成年体重3.8～4.2千克，性欲强，配种能力强。

4. 祖代母系母兔（GP122）　被毛纯白，红眼；性成熟期（117±2）天；成年体重4.2～4.4千克；每只母兔年产成活仔兔50～60只，其中可选用种母兔25～30只。

5. 父母代母兔（P292）　被毛纯白，红眼；性成熟期（117±2）天；成年体重4.0～4.2千克，每年生产断乳成活仔兔55～65只，平均每胎产仔10.2只。

6. 父母代公兔（P_{231}）　被毛纯白，红眼，性成熟期22～

24周龄，成年体重4.0～4.2千克，性欲强，配种能力强。

7. 商品代（PF320） 商品代形成的配套模式见图3-1。

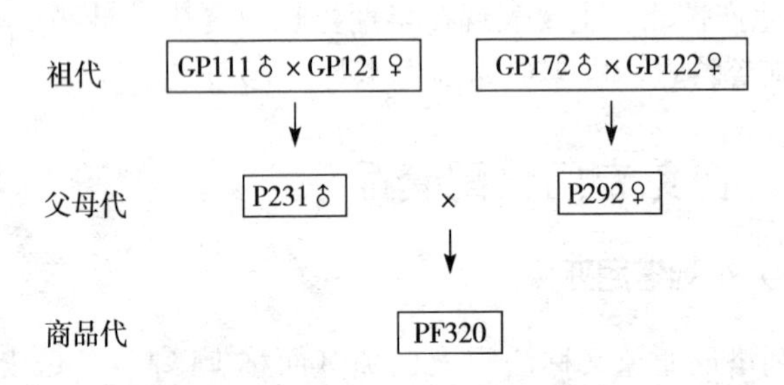

图3-1 布列塔尼亚商品代兔配套模式

商品代35日龄断乳体重900～980克，70日龄体重可达2.5～2.6千克，35～70天料肉比为2.7∶1，屠宰率59%，净肉率在85%以上。

（二）齐卡肉兔

齐卡肉兔是德国ZIKA种兔公司经过10多年的努力培育而成。我国于1996年由四川省畜牧兽医研究所引进，经适应性观察和培育，在四川省可以正常地生长、繁殖，生产性能成绩接近或达到原种原产地的水平。该配套系由大型（德国巨型白兔）、中型（大型新西兰白兔）和小型（德国合成白兔）三个品系构成，配套模式见图3-2。

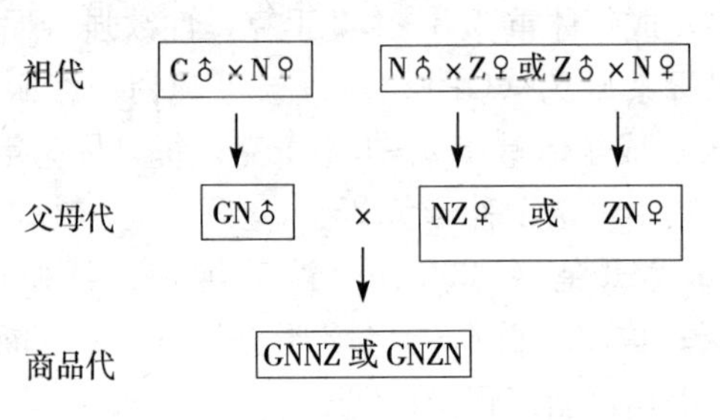

图3-2 齐卡肉兔配套系模式

1. 德国巨型白兔（G 系）　被毛纯白，红眼，两耳大而直立，头粗壮，体躯长而丰满。成年体重 6～7 千克，初生体重 70～80 克，35 日龄断乳体重 1.0～1.2 千克，90 日龄体重 2.7～3.4 千克，35～90 天料肉比 3.2∶1。四川省畜牧兽医研究所测定的结果表明，G 系兔早期生长速度比哈白兔高 18%，比大型比利时兔高 11%，是杂交改良本地白兔的理想父本，并且耐粗饲，适应性好。年产 3～4 胎，平均每胎产仔 6～10 只。但 G 系兔性成熟较晚，7 月龄才能参加配种，夏季不孕期较长，一般用作父本。

2. 大型新西兰白兔（N 系）　全身被毛洁白，红眼，头粗壮，耳朵短、宽、厚，体躯丰满，呈典型的肉用砖块型。成年体重 4.5～5.0 千克。该品种早期生长发育快，肉用性能好，饲料报酬高。据德国有关专家介绍，56 日龄体重 1.9 千克，90 日龄体重 2.8～3.0 千克，年产仔 50 只。据四川省畜牧兽医研究所测定，该兔 35 日龄断乳体重 700～800 克，90 日龄体重 2.3～2.6 千克，平均日增重 30 克，35～90 天料肉比 3.2∶1。年产 5～6 胎，每胎产仔 7～8 只。该品种对饲养管理条件要求较高。

3. 德国合成白兔（Z 系）　被毛白色，红眼，头清秀，耳短薄直立，体躯长。成年体重 3.5～4.0 千克。繁殖性能好，每胎产仔 8～10 只，年产 60 只。幼兔成活率高，适应性强，耐粗饲，适宜作配套系的母本。

4. 商品兔　在德国，商品代 28 日龄断乳体重 650 克，56 日龄体重 2.0 千克，84 日龄体重 2.9～3.0 千克，28～84 日龄平均日增重 40 克，料肉比 2.8∶1。四川省畜牧兽医研究所在一般饲养条件下测定，商品兔 90 日龄体重 2.4～2.6 千克，35～90 日龄平均日增重 32 克，料肉比 3.3∶1，屠宰率 51%～52%，属于国内领先水平。

（三）依普吕配套系

依普吕配套系是由法国克里莫股份有限公司经过 20 多年精

心培育的。该配套系是多品种（品系）杂交配套模式，共有8个专门化品系。我国山东省菏泽市于1998年从法国克里莫公司引进2 000只4个系的祖代兔，分别为作父系的巨型系、标准系和黑色眼睛系以及4系的标准系。根据当地科技部门提供的资料，该兔在法国良好的饲养条件下，平均年产8.7胎，每胎平均产仔9.2只，成活率95%，11周龄体重3.0～3.1千克，屠宰率57.5%～60%。经过几年饲养观察，在3个父系中，以巨型系表现最好；与母系配套，在一般农户饲养，年可繁殖8胎，平均每胎产仔8.7只，商品兔11周龄体重可达2.75千克。而黑色眼睛系表现最差，生长发育速度慢，抗病力也较差。

该配套系兔体躯被毛为白色，耳、鼻端及四肢、尾部被毛为黑褐色，毛色随年龄、季节及营养水平的不同而变化，有时可呈黑灰色，类似加利福尼亚兔，故也称“八点黑”兔。眼睛粉红色，耳较小。绒毛较密，体质结实，胸背和后躯发育良好，肌肉丰满，形象优美。

2005年以后山东又有多家大型养兔场从国外引进该配套系，现在已经开始大面积推广。

（四）伊拉（HYLA）配套系

伊拉配套系由法国欧洲育种公司在20世纪70年代末培育。它是由9个原始品种经过复杂杂交，最后合成4个专门化品系，即四系配套。具有遗传性能稳定、生长发育速度快、饲料转化率高、抗病力强、产仔率高、出肉率高和肉质鲜嫩等特点。我国山东安丘绿洲兔业有限公司于2000年从法国引进了完整的配套系。

曾祖代A（GGPa）和B（GGPb）为“八点黑”特征，C（GGPc）和D（GGPd）被毛呈白色。主要生产性能如下：

A系：成年体重公兔5.0千克，母兔4.7千克，日增重50克，饲料转化率3.0∶1。

B系：成年体重公兔4.9千克，母兔4.6千克，日增重50

克，饲料转化率 28∶1。

C 系：成年体重公兔 4.5 千克，母兔 4.3 千克，平均每胎产仔数 8.99 只，受胎率 87%。

D 系：成年体重公兔 4.6 千克，母兔 4.5 千克，平均每胎产仔数 9.33 只，受胎率 81%。

伊拉配套系父母代和商品代的主要生产性能见表 3-1。

表 3-1　伊拉配套系父母代和商品代主要生产性能

AB 公兔成年体重	5.4 千克	32～35 天断奶体重	820 克
CD 母兔成年体重	4 千克	日增重	43 克
窝均产仔数	9.2 只	70 日龄均重	2.47 千克
窝均产活仔数	8.9 只	饲料转化率	2.7～2.9∶1
28 天断奶体重	680 克	出肉率	58%～59%

第四章 肉兔的繁殖

第一节 肉兔的生殖生理及繁殖方法

一、肉兔的性成熟与体成熟

肉兔生长发育到一定时间，当公兔的睾丸和母兔的卵巢能分别产生出有受精能力的精子和卵子时，即称性成熟。品种不同，饲养管理条件不同，个体不同，性成熟的时间也有一定的差异。小型品种母兔 3.5～4 月龄、公兔 4～4.5 月龄性即成熟，中型 4.5～5.5 月龄，大型 6～7 月龄达性成熟。通常母兔性成熟要比公兔早 1 个月左右。因此，在初配时，公兔的初配月龄要比母兔大。

在优良的饲养条件下，相同品种或品系的生长发育较快，其性成熟也较早；但达性成熟的肉兔，其身体的其他组织、器官还未完全发育、未完全成熟，需要继续发育。各组织器官发育完全后即为体成熟。一般体成熟约比性成熟晚 1 个月。肉兔只有达到体成熟后才能参加配种，此时，不仅肉兔本身的繁殖性能得以充分发挥，其所生后代的体质也比较好。

二、肉兔发情

发情是母兔由于其卵巢内的卵泡发育成熟所引起的母兔性欲兴奋和有交配欲望的生理现象。母兔发情后，在公兔交配的刺激下，间隔10～12小时卵子才能从卵泡中排出，这种现象叫刺激性排卵。如果发情的母兔得不到公兔的交配，则成熟的卵泡经10～16天后会逐渐萎缩退化，并被周围组织所吸收。此时，新的卵子又在卵巢内发育直到成熟，母兔再次表现出发情的现象，这就是母兔的发情周期，一般为8～15天。

母兔的发情行为主要表现为活跃不安，爱跑跳，脚爪乱刨地，以后肢"顿足"，频频排尿，食欲减退，常在饲盘或其他用具上摩擦下颚，俗称"闹圈"。有的还有衔草做窝等现象。发情表现强的母兔主动向公兔调情爬跨，甚至爬跨自己的仔兔或其他母兔。当被公兔追逐爬跨时，发情母兔后躯升高以迎合公兔交配，表现出愿意接受交配的姿势。此时，母兔阴门及外生殖器的可视黏膜呈现潮红色，并伴有水肿和腺体分泌物等湿润现象。一般母兔的这种发情表现持续3～4天，称发情持续期。

母兔的发情鉴定除根据外部表现外，常用的就是根据其外阴部黏膜的色泽变化和湿润情况来判断。如果外阴部黏膜苍白、干燥则表明没有发情；黏膜呈粉红色、松软则为发情初期；黏膜潮红、湿润则为发情盛期；黏膜紫红、皱缩则为发情后期。

肉兔一般在交配后或注射促排卵激素后10～12小时排卵，卵子直径为92～120微米。两侧卵巢所排出的卵子数为18～20个。

三、肉兔的适时配种

肉兔达到性成熟时，虽然能够配种繁殖，但此时身体以及各器官仍处在发育时期，如果过早配种繁殖，不但影响青年兔本身的生长发育，而且其所生仔兔出现体质弱、个头小、成活率低的情况。但初配月龄也不宜过晚，过晚不仅会减少种兔终生的产仔数，还会造成公、母兔身体发胖，性欲减退、降低，甚至丧失种用价值。

肉兔的适时配种有两个方面的含义：一是指兔在多大日龄时配种较好，二是指母兔在其发情持续期内什么时间配种较好。实践证明，适时配种是提高兔群繁殖力的有效措施之一。早配往往是造成兔群种性和生产性能退化的重要因素。

1. 初配年龄 一般小型品种早些，大、中型品种稍晚。小型品种4～5月龄，体重达2.5～3.0千克；中型品种6～7月龄，体重达3.5～4千克；大型品种7～8月龄，体重达4千克以上即可组织配种。不同品种不同类型肉兔的性成熟和适配月龄见表4-1、表4-2。

表4-1 不同品种肉兔的性成熟与适配年龄

品种	新西兰兔	荷兰兔	比利时兔	青紫蓝兔	加利福尼亚兔	日本白兔	哈尔滨大白兔	塞北兔	太行山兔
性成熟期（月龄）	4～6	3～5	4～6	4～6	4～5	4～5	5～6	5～6	4～5
适配月龄	5.5～6.5	4.5～5.5	7～8	7～8	6～7	6～7	7～8	7～8	5.5～6

表4-2 不同类型肉兔的适配月龄

类型	成年兔体重（千克）	性成熟月龄	适配月龄	适配月龄时体重
大型兔	5以上	5～6	6	配种时体重为成年体重的70%
中型兔	3.5～4.5	3.5～4.5	5～6	
小型兔	2～3	3～4	4～6	

2. 公、母比例 合理的公、母比例不但可以保障兔群的繁殖力不受影响，而且还可以降低饲养成本，增加经济效益。一般情况下，兔群规模小的公兔比例稍大；规模越大的兔群，其公兔比例应相对缩小。一般小型兔场公、母兔比例为1∶5，适度规模的养兔场（50～100只基础母兔）公、母比例为1∶8～10。一个肉兔场饲养的肉兔品种越多，其公兔比例也相对要

大，而对于采用人工授精的兔场，则可以大大减少公兔饲养的数量。

3. 种兔的利用年限　理论和生产的实践证明，种兔的利用年限以 3～4 年为宜。对于个别优良的种兔，如果其体质健壮、遗传稳定、后代表现好，公兔性欲旺盛，母兔产仔多且成活率高，利用年限可以适当延长半年到一年。相反，如果主要指标达不到种兔的要求，也可以提前淘汰作商品兔处理。

4. 发情最佳配种时间　兔的精子在生殖道内维持受精能力的时间为 30～36 小时，卵子排出后在生殖道内维持受精能力的时间为 6～8 小时。生产实践中，母兔在发情中期配种较好。此时，外生殖器官的颜色为大红色。群众总结出“粉红早，紫红迟，大红正当时”的经验是有一定科学道理的。

5. 年龄选配模式　在肉兔的繁殖中，要发挥壮年兔的核心作用，适宜和不适宜采用的年龄选配模式见图 4－1、图 4－2。

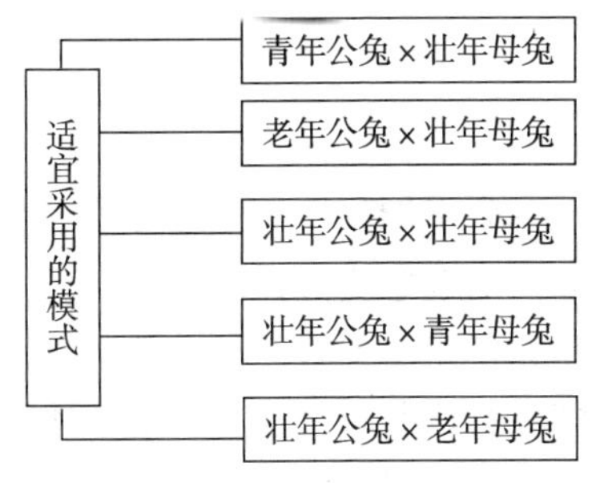

图 4－1　肉兔适宜采用的年龄选配模式

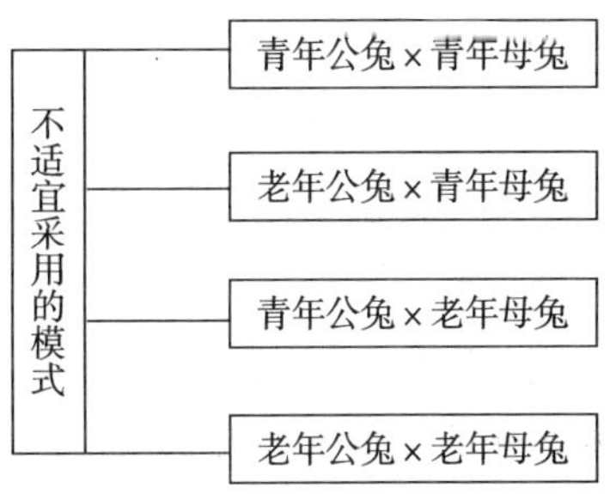

图 4－2　肉兔不适宜采用的年龄选配模式

四、肉兔的妊娠及妊娠诊断

（一）妊娠与妊娠期

妊娠是指母兔从受精开始，经过胚胎到胎儿生长发育，再到胎儿产出母体的生理变化过程。完成这一个过程所需的时间称为妊娠期。

母兔妊娠后，除出现生殖器官的变化外，全身的变化也比较明显。例如，母兔新陈代谢旺盛，食欲增加，消化能力提高，营养状况得到改善，毛色变得光亮，膘度增加，妊娠后期腹围增大，行动变得稳重、谨慎，活动减少等。

母兔的妊娠期一般为 30 天（29～34 天）。不足 29 天为早产，超过 34 天为异常妊娠。妊娠期的长短与遗传、品种、年龄、生活条件（营养与季节）以及胎儿数量等因素的不同而有差异。

有的母兔受性刺激后排卵而未受精，但由于黄体分泌孕酮，就会出现妊娠母兔的假孕现象，如拒绝公兔交配、乳腺膨胀、衔草做窝等。假孕现象的持续时间为 16～18 天，由于没有胎盘，黄体逐渐消失，孕酮分泌减少，从而使假孕现象终止。

（二）妊娠检查

在兔繁殖工作中，妊娠诊断尤其是早期妊娠诊断是提高繁殖力的重要措施之一。经过妊娠诊断，对确定为妊娠的母兔，应加强饲养管理，以保证母体健康和胎儿的正常发育，预防流产；对未妊娠的母兔要注意观察再次发情的行为并及时配种；对多次配种仍未妊娠的母兔要找出原因，并采取针对性的措施，已丧失种用价值的母兔应予坚决淘汰。母兔妊娠后，发情周期停止，拒绝公兔爬跨交配。但仅仅依据这些是不可靠的。在生产中，检查母兔是否妊娠的方法常用的有以下几种。

1. 外部观察法　由于母兔发情周期为 8～15 天，所以生产中应在母兔配种后第 8 天起观察其发情情况，检查其是否受孕。母兔妊娠后，食欲增强，采食量增加。十几天后，散养的母兔开始打洞，作产仔准备，并且腹部逐渐增大。

2. 复配检查法　在第一次交配5～7天后进行一次复配试验。若母兔拒绝交配，沿笼逃窜，并发出“咕、咕”的叫声，说明其已经受孕；如果母兔仍愿意接受交配，则表示其没有受孕。但实践中也要注意个别母兔出现的特异情况，如受孕母兔乐于交配、未受孕母兔拒绝交配的现象。

3. 称重检查法　母兔配种前称重一次，交配后15天后再称重一次。如果交配后体重有明显增加，说明其已经受孕；如果变化不明显，表示没有受孕。两次称重时间安排在早上未饲喂前进行。

4. 摸胎检查法　这是当前生产中早期妊娠诊断较为准确的方法，一般在交配8天后进行。具体方法是：将母兔提出笼外，左手抓其两耳及颈后皮肤使之安静。右手做“人”字形，沿腹壁后部两旁轻轻触摸（图4－3）。如腹部柔软如棉，则没有妊娠；若可摸到轻轻滑动的肉球，说明已经受孕。肉球大小根据妊娠天数而异，妊娠10天左右如兔粪粒大小，15天左右如蛋黄大小，20天可触摸到胎儿的头部，25天后胎儿有活动表现。初学者容易把10天左右的胚泡与粪球相混淆。其实两者有明显的区别：兔的粪球呈圆形，但多为扁圆形，指压时没有弹性，不光滑，分布面积较小，不规则，并与直肠宿粪相接；而胚泡的位置比较固定，呈圆球形，而且多数均匀地排列在腹部后侧两旁，指压时光滑而有弹性，与直肠宿粪球无关。另外，摸胎时动作要轻而缓，切忌粗鲁，以免造成流产。

图4－3　肉兔摸胎诊断

此外，还有孕酮水平测定法、血小板测定法等。但由于这些妊娠诊断技术要求较高，这里不再叙述。

（三）母兔不孕的原因及防治措施

实践中常遇到一些母兔交配后而不受孕的情况，给肉兔繁殖工作带来一定的困难。经综合分析，有如下几方面的影响因素。

1. 生理缺陷 肉兔先天性生理上的原因，如阴道狭窄、性激素失调等，都可造成不孕。对这类经治疗无法痊愈的肉兔，应提前予以淘汰。

2. 营养缺乏 饲料单一，不按全价饲料进行营养搭配，如缺少维生素A、维生素E等。虽然母兔有发情表现，但连续交配后总是不受孕。对此类情况可加喂青绿饲料，补充维生素A、维生素E粉15天左右，待其恢复后再进行配种。

3. 公兔精液品质差 气候、饲料、场地、疾病等，可引起公兔精液品质低下或无精子；有些公兔长期不用于配种或交配过频，也会使精液品质下降。显微镜检查精液品质，对弱精、死精或无精的公兔应停止作为种用。

4. 管理不当 笼舍场地的设计不合理，长期没有阳光照射，舍内空气不流通，氨、硫化氢气味太大，公兔缺乏运动等都会造成公兔精液品质不良；公、母兔长期得不到接触，致使母兔性活动减弱，也可造成不孕。

5. 其他疾病 因管理、卫生、消毒工作不到位，使母兔患子宫炎、子宫瘤或子宫内遗留死胎等，都可造成不孕。采取对症治疗或手术后，对于能够恢复的母兔，可作繁殖用。如果母兔仍然只配不孕，则应及时予以淘汰。

五、肉兔的分娩与护理

（一）母兔分娩预兆

母兔在分娩前的征兆比较明显，主要表现为分娩前3～5天乳房开始肿胀，并可挤出少量乳汁；肷部出现凹陷，尾根和坐骨间韧带松弛，外阴部肿胀、充血，阴道黏膜潮红湿润；行动不安；食欲减退，甚至拒食。分娩前1～2天开始衔草做窝。分娩前10～12小时用嘴将胸部乳房周围的毛拉下用以做窝。分娩前2～4小时频繁出入产箱。分娩前2～3天管理人员可为肉兔准备好柔软的、经过消毒的垫草，任其叼去做窝。对于不会衔草、拉毛做窝的初产母兔，管理人员可代为铺草、拉毛做窝，以启发母兔营巢做窝的本能。

（二）母兔分娩过程及注意事项

母兔在分娩时，表现精神不安，四足刨地，顿足，弓背努责，排出胎水，最后呈犬卧姿势，仔兔便顺次连同胎衣被一起产出。母兔边产仔边将仔兔脐带咬断，吃掉胎衣，同时舔干仔兔身上的血迹和黏液。分娩结束后，母兔跳出产箱找水喝。此时要给母兔准备好加有少许食糖的清洁温水供其饮用，以防因其口渴找不到水而吃掉仔兔。饮水完毕后，母性强的母兔会回到产仔箱内哺乳仔兔。

肉兔虽系多胎动物，但产仔时间短，一般产完一胎仔兔只需20～30分钟。对于个别母兔，产完一批仔兔后间隔数小时或十几小时可再产第二批仔兔。

母兔在分娩时，应保持环境安静，避免其受到打扰和惊动。如遇惊动，母兔可能会停止分娩，跳出产箱，造成难产或死胎。拒绝哺乳可使初生仔兔得不到哺育而死亡，也给后期的管理工作带来不便。

母兔一般都会顺利分娩，不需助产。但当个别母兔出现异常妊娠时，应采取相应措施。如果妊娠期超过31天仍不产仔，或因种种原因造成产力不足而不能顺利分娩，可人工催产或用激素催产。用人工催产素（脑垂体后叶素）注射液，肌内注射3～4国际单位，约10分钟母兔便可分娩。对于因胎位不正所造成的难产，不能轻易采用激素催产，应先调整胎位后再用激素处理。对于胎儿过大等原因造成的难产，如有必要可进行剖宫产手术。

（三）母兔产后护理

母兔产完仔后，会自动跳出产箱，喝水，或休息。这时应及时取出产箱，清点仔兔，取出死仔兔，称重记数，并清除箱内污物，及时换上干净垫草，放回母兔拉下的兔毛及仔兔。有条件的可将产仔箱放在能防鼠和保温的产仔室里，让母兔好好休息。

另外，要给母兔饲喂适口性好、容易消化的饲草，勤观察母兔的吃食、精神及排粪、排尿是否正常。检查仔兔有无吃不上乳汁的情况，如母兔乳头不够，可对仔兔进行寄养或人工哺乳。对于患有乳房炎症的母兔，则要及时给予治疗。

第二节　肉兔不同季节的繁殖特点

肉兔繁殖虽然无明显的季节性，一年四季均可进行，但不同季节，温度、日照、营养状况等的差异，对母兔的发情、受胎、产仔数和仔兔成活率均有一定的影响。

一、春季的繁殖特点

春季气候温和，饲草丰富，公兔性欲旺盛，母兔配种受胎率高，是配种繁殖的好季节。公兔在春季的射精量和精子密度最高，母兔发情率高达80%以上，发情期配种受胎率高达90%左右，平均每胎产仔7～8只。饲养户要抓住这个有利时机，搞好繁殖工作。南方地区春季雨水较多，湿度较大，仔兔易患病，繁殖时一定要做好防湿和防病工作。

二、夏季的繁殖特点

夏季气候炎热，气温较高，肉兔食欲减退，体质较弱，性机能不强，配种受胎率低，产仔少。公兔精子活力下降，密度降低，畸形精子数量增加，常出现夏季不育现象。母兔发情率只有20%～40%，受胎率为30%～40%，平均每胎产仔3～5只，而且成活率也低。南方地区通常7～9月份种兔停止繁殖。有条件的养殖场，如果种兔体况较好，又有防暑降温的条件，仍可适当安排种兔配种繁殖。

三、秋季的繁殖特点

秋季气候温和，饲料充足并且营养丰富，公、母兔体质开始恢复，性欲渐趋旺盛，母兔受胎率高，产仔数多，也是繁殖的好季节。10～11月份公兔性欲旺盛，精子活力增强，密度增高；母兔发情率为80%左右，配种受胎率为65%左右，平均每胎产仔6～7只。

四、冬季的繁殖特点

冬季气温较低，青绿饲料缺乏，营养水平下降，种兔体质瘦弱，母兔发情不正常，配种受胎率较低，仔兔如无保温设备极易被冻死。一般在12月至第二年的2月，公兔的精子活力及密度虽然正常，但其性欲不强，母兔发情率为60%～70%，配种受胎率为50%～60%，平均每胎产仔6～7只。但是冬季如有丰富的饲料，又有良好的保暖条件，仍可获得较好的繁殖效果。

第三节 肉兔的配种方法及配种制度

一、肉兔的配种方法

肉兔的配种方法有两种，即本交和人工授精。

（一）本交

即公兔爬跨母兔后完成的交配。本交分为两种情况：一种是自然交配，另外一种就是人工辅助交配。

1. 自然交配 肉兔的自然交配是一种很原始、落后的配种方法，即是把公、母兔混养在一起，在母兔发情期间，任凭公、母兔自由交配（图4-4）。这种方法的优点是配种及时，能防止漏配，节省人力。缺点也很多，主要表现是：①公兔整日追逐母兔交配，体力消耗过大；又由于配种次数过多，精液品质下降，受胎与产仔率低，公兔易衰老，且利用年限短，不能充分发挥良种公兔的作用。②兔群无法进行选种选配，极易造成近亲繁殖，品种退化，所产仔兔体质不佳，兔群品质下降。③公兔之间容易相互打架斗殴，影响配种，严重者会失去配种能力。④容易发生早产早配现象，过早配种妊娠，不但影响种兔自身生长发育，而且胎儿也会出现发育不良。若老年公、母兔交配，则所生仔兔体质弱，抵抗力差，还可造成胚胎死亡或早期流产，即使能正常分娩，所生仔兔的成活率也较低。⑤容易传播疾病。

图4-4 肉兔自然交配

2. 人工辅助交配 这是肉兔养殖户、养殖场广泛采用的配种方法。即平时把公、母兔分开饲养，待母兔发情后经过发情鉴定，在母兔发情旺期需要配种时，将母兔放入公兔笼内进行配种，交配后再及时把母兔放回原笼。

与自然交配法相比，人工辅助交配有以下优点：①能有计划地进行选种、选配，避免近亲交配、乱配，以便保持和生产出品质优良的肉兔后代；②可合理利用种公兔，延长种公兔的使用年限，不断提高肉兔的繁殖力；③有利于保持种兔的身体健康，避免疾病的传播。

（1）配种程序　凡经检查无病、发情良好、适宜配种的母兔，春秋两季在上午8～11时，夏季在清晨或傍晚，而冬季在中午气温较高，公、母兔精神饱满之际（饲喂后）进行配种。配种前先将公兔笼内的食盆、水盆等拿出，然后将母兔轻轻放入公兔笼内。此时双方先用嗅觉辨明对方的性别，然后公兔追逐并爬跨母兔。若母兔正在发情，则略跳数步即卧下等待公兔爬跨，待公兔做交配动作时，母兔即抬高臀部举尾迎合。公兔将阴茎插入母兔阴道后，公兔臀部屈弓迅速射精，公兔射精常伴随发出一声“咕咕”的尖叫；随后其后肢蜷缩，臀部滑落，倒向一侧，至此交配完毕。数秒钟后，公兔爬起，再三顿足，表示已顺利射精。

如果母兔发情，但公兔追逐时，母兔逃避或匍匐在地，并用尾部夹紧外阴部，不接受交配。此时可采用强制配种方法，即用左手抓住母兔耳朵和颈皮，右手抓住尾巴并向前上方提起；或从腹下抬高母兔后躯使其外阴充分暴露，让公兔爬跨交配，也可成功（图4-5）。

图4-5　肉兔人工辅助交配

母兔接受交配后，要迅速抬高其后躯片刻或在其臀部拍一掌，以防精液倒流，并察看母兔外阴是否湿润或者残留少许精液；如果有，则表明交配成功，否则应继续交配，直到交配成功。最后将母兔放回原笼，并将配种日期、所用公兔耳号等及时登记在母兔配种卡上。

（2）应用人工辅助交配应该注意的问题。

①注意公、母兔比例　据实际观察，1只健壮的成年公兔，在繁殖季节可为8～10只母兔配种，并能保持正常的性活动机能和配种效率。

②控制配种频率　1只体质健壮且性欲强的公兔，在1天之内可交配1～2次，并在连续交配2天之后休息1天。但若遇到母兔发情集中，也可适当增加配种次数或延长交配日数。但不能滥交，以免影响公兔健康和精液品质。

③注意掌握母兔的发情规律，及时配种　在养兔实践中，广大群众根据母兔发情规律、性欲和外阴部红、肿、湿的变化特点，总结出“粉红早，黑紫迟，大红正当时”的宝贵经验。即在母兔发情最旺盛、外阴部黏膜呈大红色时进行配种，便可获得较高的受胎率和产仔率。

④配种要在公兔笼中进行　母兔的发情配种要在公兔笼中进行。若将公兔放在母兔笼中，公兔因环境的改变，性欲活动容易受到影响，甚至不爬跨母兔。若1只母兔用2只公兔交配时，要在第一只公兔交配后，把母兔送回原笼，经过一段时间（10～15分钟），待公兔气味消失后，再送入第二只公兔笼中进行交配，以防第二只公兔嗅出母兔身上其他公兔的气味；这样，不但不能顺利配种，反而还可能把母兔咬伤，更不能用2只公兔同时给1只母兔配种，以防公兔因互相争夺母兔而咬架，影响种兔的健康。一般情况下，发情良好的母兔交配一次，即可获得较高的受胎率。

⑤遇到下列情况不予配种：A. 肉兔不到交配月龄的不得配种，若交配过早，不但影响产仔的质量，而且还会影响青年母兔

的发育和健康。B. 3 年以上的母兔应予以淘汰，转作肉用。C. 对患有疾病的母兔，特别是患上传染性疾病的母兔，应待其病痊愈后再配种产仔，以防传播疾病，影响整个兔群，以免造成更大损失。D. 有血缘关系的公、母兔不予交配，以防近亲繁殖，影响后代品质。

（二）人工授精

肉兔人工授精即是用人工方法收集公兔的精液，经过特定处理后，注入发情母兔生殖道的特定部位，以代替自然交配的一种配种方法。目前，人工授精是肉兔繁殖改良工作中一项比较先进的繁殖技术，它可有效地提高优良种公兔的利用率，大大降低饲养成本，加速兔群的改进过程，减少生殖道疾病的发生和传播。

采用人工授精的方法，需要有采精及输精设备和精液品质检查仪器。另外，应对采集的精液进行有效的稀释。输精前（2～5 小时）对发情母兔注射能刺激其排卵的药物，或用结扎过输精管的公兔爬跨以刺激母兔排卵，这样，输精才能达到理想的效果。

1. 肉兔人工授精优点　肉兔的人工授精是加快肉兔的繁殖和改良兔的品种的一项有效措施，其主要优点如下。

（1）提高种公兔的利用率和母兔受胎率　在本交的情况下，1 只公兔能配 8～10 只母兔；而人工授精每采一次精液，便可配 8～10 只母兔，受胎率达 80%～90%以上。人工授精的公、母兔比例可达 1∶100 或更多，种兔利用率提高几十甚至上百倍，使优良种兔的后代数量迅速增加，大大加快育种工作的进程。

（2）少养公兔、节省饲料　每只公兔每天按 250 克饲料计算，1 只种公兔一年需 90 千克饲料。采用人工授精的方法，1 只公兔至少能配 100 只母兔，等于少养 10 只公兔，可节省 900 千克饲料。因此，从节省饲料，降低肉兔场饲养成本上来讲，意义更大。

（3）减少疾病传播机会　同其他家畜一样，肉兔有很多疾病，如梅毒病、钩端螺旋体病等多是由交配传播的。采用人工授精的办法，公、母兔不相互接触，而且输精器械也都经过严格消毒，因此可以杜绝许多疾病的传播。

2. 肉兔采精　目前，兔的采精方法主要有自然交配法、手握假阴道法、按摩法、电刺激法、台兔采精法等。这里介绍两种操作方便、效果较好的采精方法。

（1）手握假阴道法　采精前，将种公兔定期与母兔接触，以提高其性欲。7～10天后，用假阴道调教配种，经反复多次调教即可顺利采精。调教期间，公、母兔要隔离调养，采精员要多接触种公兔。采精用的假阴道由外壳、内胎、集精瓶三部分组成。外壳可用长10～12厘米、直径3～3.5厘米的竹管、橡皮管、塑料管等制成，并在外壳中间钻一个直径为0.5～0.7厘米的小孔，安上活塞，用以调节水温和内压。内胎用14～16厘米长的圆筒薄胶皮或手术用乳胶指套（顶端剪开）。集精瓶可用青、链霉素小瓶代替（图4-6）。在使用前要仔细检查假阴道，并且要严格消毒，内胎用70%的酒精彻底消毒后再用1%的氯化钠水冲洗

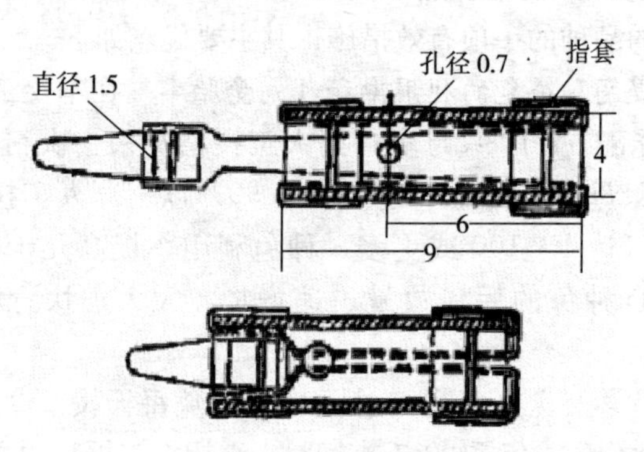

图4-6　假阴道结构（单位：厘米）

2～3次。调节内胎温度（公兔适宜射精温度为40～42℃），在内胎内壁涂擦少量消毒过的白凡士林油用作润滑剂，然后吹气调节其压力，使阴道内壁靠拢成三角形。

采精时，将一张兔皮固定在采精者的右手臂上，右手握住假阴道，将气嘴向下，用手指头顶住。在刚开始训练公兔采精时，可由助手将发情母兔放在采精者手臂的兔皮上，并固定好。待公兔爬上母兔后躯时，助手慢慢移去母兔，公兔即伏在兔皮上，阴茎便插入润滑的假阴道。当公兔后躯蜷缩，发出“咕咕”的叫声，并向一侧滑倒时，表示射精完毕。

此时，采精者立即向上竖起假阴道，放气取出集精瓶，用消毒过的木塞盖紧。公兔经过几次这样的采精训练后，可以不用发情母兔，只用兔皮即可达到采精目的。

（2）*台兔采精法* 台兔架长33厘米、宽13.6厘米、高14.3厘米，四周用木板，背上订竹片，外边蒙兔皮。为了增加弹性，可在中段填上海绵或棉花。架内设有假阴道，假阴道的位置应与垂直线呈33°夹角，这样利于种公兔射精。

假阴道的外壳和内胎，可用羊的假阴道外壳和内胎。外壳锯成长6.5厘米、外径5.2厘米、内径4.3厘米，内胎长15厘米、厚0.1厘米、外径3.8厘米。集精袋可用大号避孕套代替。

采精前，将洗净并且消毒过的避孕套松开，将其装入假阴道内胎中，使开口的一端翻转，固定在内胎边缘，有囊的一端露出内胎。温度低时，在另一端的1厘米处套上装有温水的羊用集精瓶，以防“冷击”（因迅速冷却引起精子休克）。从外壳气嘴处灌入50～60℃温水，水量占外壳空间的2/3～3/4，装上活塞垫和活塞。从活塞口吹气入内，直至内胎成Y字形，固定气压，以使两端略微突出为佳。用温度计在避孕套口上涂上石蜡油或凡士林，并逐渐延伸到4厘米左右的地方测温，待温度接近43～45℃时，即可将假阴道装入台兔架内，进行采精。其采精方法和步骤与手握假阴道采精法相同。

3. 肉兔精液品质鉴定、稀释、保存 兔精液品质的好坏，对受胎率的影响很大，因此，在输精前必须检查精液。检查方法有肉眼检查和显微镜检查。肉眼检查就是直接观察精液的浓度、色泽、浑浊度和气味等。精液被采出后，应立即放在18～25℃的室温中观察。正常的精液呈乳白色、不透明，有的略带黄色，多有特殊的腥味，酸碱度（pH为6.6～7.6），呈略偏弱的碱性。不正常的精液呈清水样或红色、黄色；清水样的精液中无精子或精子密度很低。呈黄色且有臭味，说明精液中混有尿液；呈红色说明生殖器官有炎症，可能有血液混入。

显微镜检查就是检查精子的密度和畸形率（图4-7）。显微镜下，精子活力在0.6以上或3级以上，作直线运动的较多，则为好的精液，活力弱的精子运动缓慢、左右摇摆或颤动。一般长久不用的种公兔第一次采精，或被过度采精，则精液品质不好。

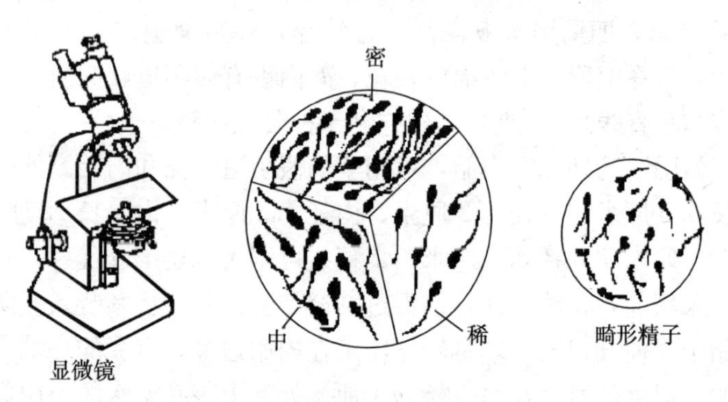

图4-7 精子的密度和畸形精子

兔一次能射精0.5～1.5毫升，其精液中精子浓度很大，每毫升精液中有2亿～10亿个精子。为了增强精子的活力、延长精子存活时间、便于保存和运输、更好地发挥优良种公兔的作用、增加配种只数，精液被采集后要立即稀释。常用的稀释液有生理盐水或5%、7%的葡萄糖溶液，或者生理盐水+5%葡萄糖液。精液稀释的倍数、应根据精液质量和输精量的多少而定。有人将精液稀释4～10倍，每次输精0.2～0.3毫升；有人将精液稀释30倍，每次输精0.5～1毫升。不管稀释多少倍，必须保证每次输入活精子的数量达100万个。

兔精液稀释的原则：等温稀释、缓慢操作，这样可使精子免受冷击和因稀释过快而使其活力受到影响。稀释液与精液温差越大，精子活力越低。当温差超过22℃时，精子会全部死亡；即使温度相差7℃，也会使精子活力降低0.1～0.2级；稀释液温度为35℃时最合适。兔精液中的胶状物黏稠性很强，呈半固体状态遗留在假阴道中，把35℃稀释液沿集精瓶壁缓缓地注入精液中，稍加晃动使其均匀，即可输精。

精液保存有鲜液带温保存法和低温保存法。鲜液带温保存法，是将采集出来的新鲜精液，放到与精子相同温度的器皿里保存。这种保存方法，精子存活时间只有几个小时。低温保存法，是把精液保存在冰箱或内放冰块的广口保温瓶中。在0～4℃的情况下保存，存活时间可达45小时，但在降温时应以每分钟降温0.5～1℃为宜，切不可降温过快。

4. 输精　肉兔属于刺激排卵动物，在输精前要用结扎输精管的公兔交配诱情，以刺激其排卵；也可在普通公兔腹部蒙上一块布，让公兔爬跨母兔，以刺激其排卵。诱情后，3～5小时输精；也可耳静脉注射绒毛膜促性腺激素（HCG）或促黄体素（LH）以刺激母兔排卵，注射后6小时内输精即可。

输精时间为当日早饲后先进行一次，晚饲前再进行一次。输精器为2毫升的玻璃输精管，前端细管长10厘米（图4-8）。输精时，一手抓住母兔的背臀部，使臀部略向上；一手把装有0.5～1毫升稀释精液的输精管轻轻插入母兔阴户内，慢慢向背上方旋动，当伸入6～7厘米深处时，来回抽动几次输精器，即可完成输精。输精后，轻拍母兔臀部，使精液被深深地吸入，防止其逆流（图4-9，图4-10）。也可用羊的输精器给兔输精。

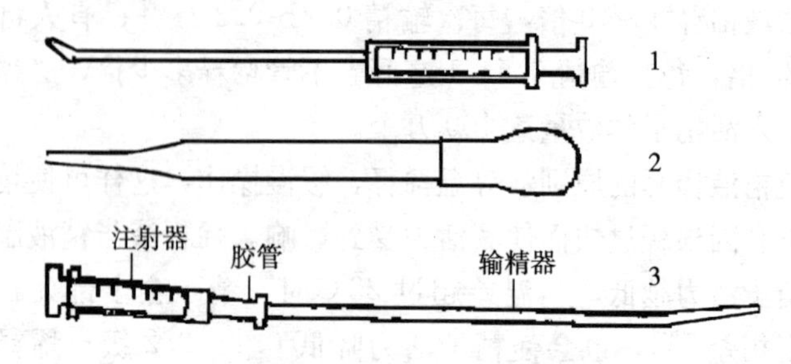

图 4-8　肉兔输精的主要器具

1. 专用输精器　2. 滴管式输精器　3. 组合输精器

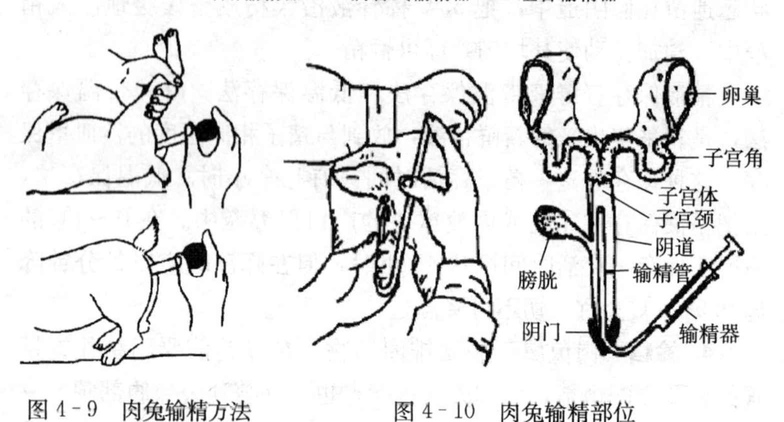

图 4-9　肉兔输精方法　　　　图 4-10　肉兔输精部位

二、肉兔的配种制度

为提高肉兔的受胎率和产仔率，在肉兔生产中常采用下列配种制度。

（一）重复配种

重复配种是指母兔和一只公兔交配后 12～14 小时，再跟同一只公兔交配一次。在正常情况下，母兔与公兔一次交配即可受孕。但有些公兔的精子未到达受精部位便失去活力，有些公兔在较长时间未配种，精液品质差，与母兔只交配一次不能确保成功。又由于肉兔是刺激性排卵动物，第一次交配可刺激母兔排卵，再进行第二次交配，可提高母兔受胎率。

（二）双重配种

双重配种是指母兔和一只公兔交配后约 20 分钟，再与另一只公兔交配一次。两只公兔先后与同一只母兔交配，不同的精子相互竞争，增加卵子在受精过程中的选择性，可提高母兔的受胎率。但双重配种只能用于商品兔生产，不能用于种兔生产。在进行双重配种时，应在第一次配种后马上将母兔放回原笼。相隔一段时间，待母兔身上的公兔气味消失后，再与另一只公兔交配，以免因母兔身上有其他公兔气味而引起争斗致伤。

（三）频密繁育

现代肉兔生产要求每只母兔每年提供 40～50 只仔兔，按传统繁殖法，仔兔 40～45 日龄断奶，然后进行配种，那么，一年只繁殖 4 胎左右，难以实现上述目标。为加快繁殖速度，可采用频密繁殖法。频密繁殖又称“血配”，即产后 1～2 天配种，仔兔 21～28 日龄断奶，每年可繁殖 8～10 胎；也可采用半频密繁殖法，产后 10～15 天配种，仔兔 30～35 天断奶，每年可繁殖 5～6 胎。

由于采用频密繁殖法，哺乳与妊娠同时进行，所以应选用体质健壮的母兔，并充分满足其营养需要，遇上严寒酷暑还应采取保暖和降温措施。采用频密繁殖法，母兔使用年限会缩短 1.0～1.5 年，应注意后备种兔的培育和更新。

三、肉兔的繁育技术

在肉兔生产过程中，为了提高商品肉兔的生产性能，吸收外来品种兔的优点以克服本地品种兔的某些缺陷，甚至培育新的肉兔品种，常用不同的兔品种杂交来达到此目的。常见的杂交措施主要有以下几种。

1. 经济杂交 经济杂交是指利用不同遗传类型的亲本兔杂交所产生的具有杂种优势的子一代进行生产的一种育种方式。后代全部用作商品肉兔出售，它包括二元杂交和三元杂交两种杂交方式。

(1) 二元杂交 用一个品种的公兔与另一个品种的母兔杂交产生杂种后代的方式（图 4-11）。

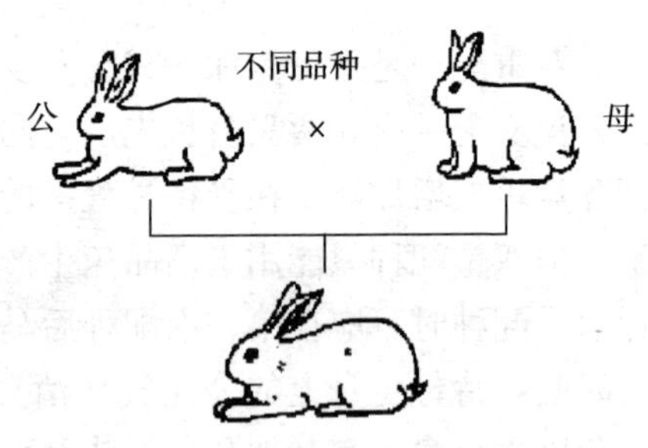

图 4-11 肉兔的二元杂交

(2) 三元杂交 将二元杂交后代的优秀母兔再和第三个品种的公兔杂交产生杂交后代的方式（图 4-12）。

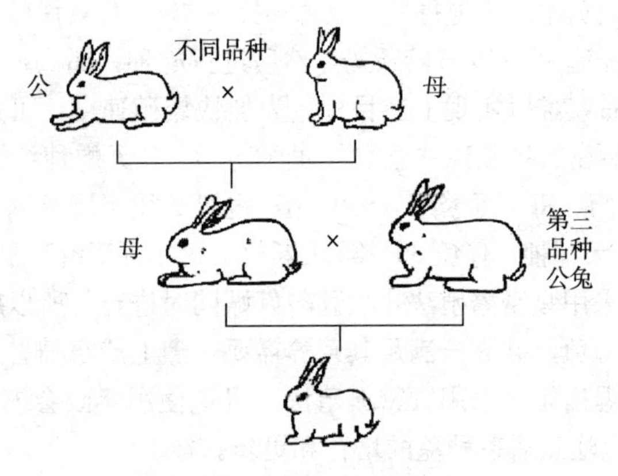

图 4-12 肉兔的三元杂交

2. 引入杂交 用于改良肉兔品种的某个缺点或吸收某品种的某个优点，只能杂交一次，导入的品种多为公兔。导入配种后，从生下的后代中选择杂种公兔与原品种母兔配种，再从生下的后代中选杂种母兔与原品种公兔配种。以后，后代之间的优秀个体横交固定即可（图 4－13）。

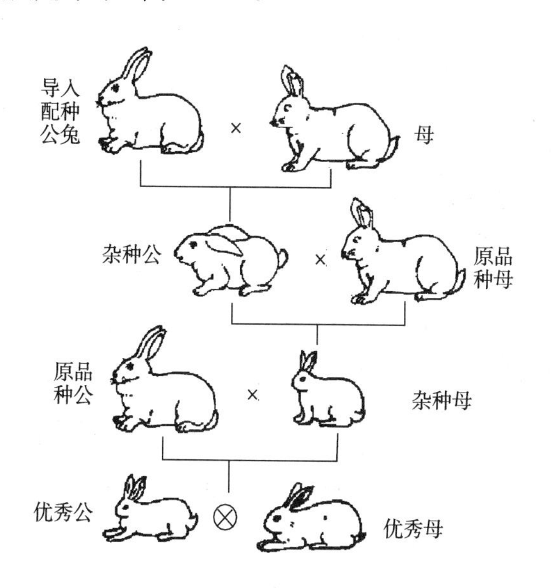

图 4－13 兔的引入杂交

3. 级进杂交 始终用优良品种的公兔与被改良母兔及其后代杂交，连续改造3～5 代，达到理想的要求后，自群繁育即可（图 4－14）。这种杂交方式可用于改良生产性能低的地方品种。

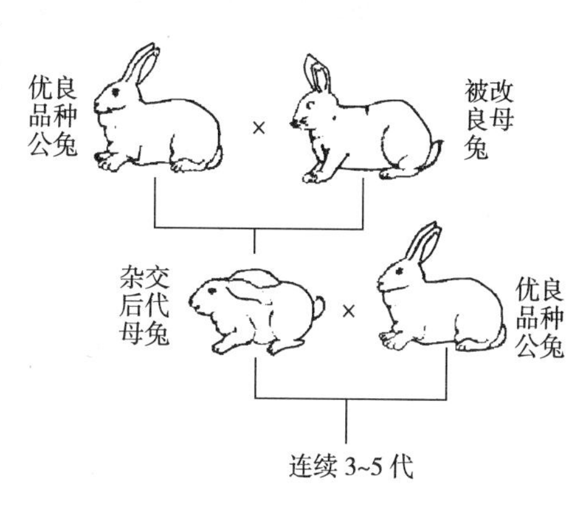

图 4－14 肉兔级进杂交

4. 轮回杂交 用甲母兔与乙母兔杂交，产生的杂交一代母兔再与丙公兔杂交，产生的杂交二代母兔再与公兔杂交，产生的三代母兔又与乙母兔杂交，如此逐代杂交下去（图 4－15）。

5. 育成杂交 用两个品种或多个品种杂交，选育出理想的类型并固定下来形成一个新的品种。这个过程需要经过杂交阶段、横交固定阶段、扩大繁殖增加数量阶段。

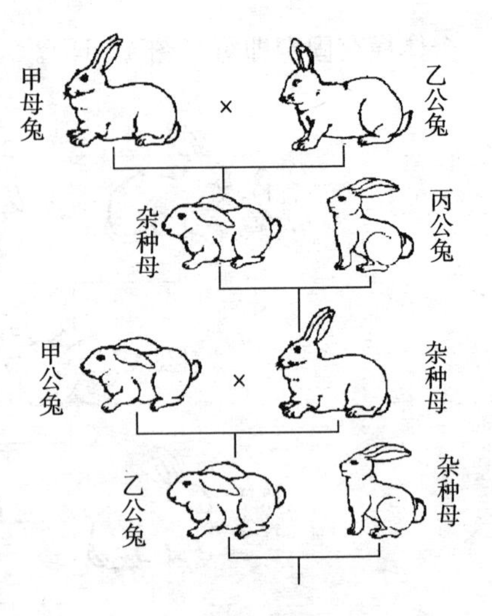

图 4－15 肉兔轮回杂交

6. 双杂交 利用两对具有不同优缺点的公、母兔杂交后，从每对杂交后代中再选取不同的公、母兔进行杂交，其后代作为商品用（图 4－16）。

双杂交和经济杂交用于生产商品兔；导入杂交用于改良肉兔品种的少量缺点或吸收其中的优点；级进杂交用于较大幅度地改造本地肉兔品种；轮回杂交和育成杂交用于组合多个品种优点，培育新的肉兔品种。

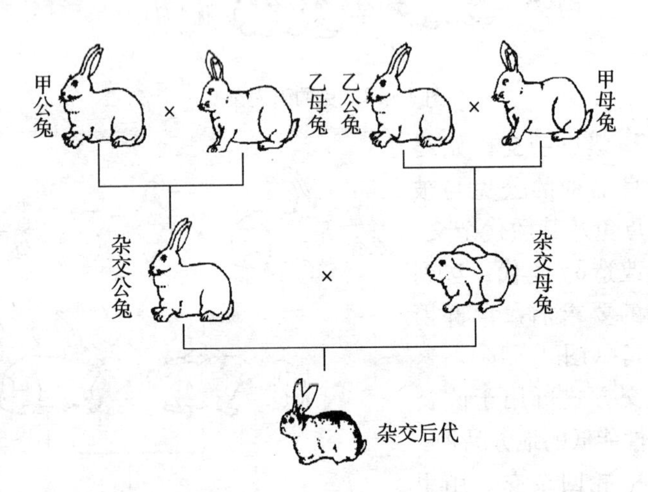

图 4－16 肉兔双杂交

第四节　提高肉兔繁殖率的措施

一、影响肉兔繁殖力的因素

肉兔是一种繁殖力很高的经济动物，但由于种种因素的影响，往往使得其繁殖力不能充分得以发挥。肉兔繁殖力主要受以下因素的影响。

（1）品种与个体之间的差异　不同的品种与个体之间繁殖力存在着显著差异。有的品种繁殖力高，有的品种繁殖力低。同一个品种内，如个体过肥或过瘦繁殖力也会较低。

（2）季节　肉兔一年四季都可繁殖，以春季繁殖力最高，夏季最低。

（3）光照　母兔每天光照 16 小时的发情率和受胎率最高，光照不足则其受胎率和产仔率较低；如果公兔光照超过 16 小时，则其精子数和睾丸重量会显著下降。

（4）温度　温度对肉兔繁殖的影响极大。肉兔的临界温度为 5～30℃，适宜温度为 18～25℃。高温对公兔的影响极为明显，如果温度超过 30℃就会影响其精液品质。肉兔品种中的德系长毛兔最怕热，35～37℃的自然高温就能抑制精子的生成，使其精液品质严重下降。

中暑后的公兔生殖上皮细胞往往被破坏，导致睾丸萎缩，不能产生正常的精子。高温对母兔影响亦很明显，高温会使母兔发情周期延长，发情持续期缩短，性欲减退，使妊娠后期的母兔流产。同时，高温也会影响公、母兔的食欲，使其体质减弱，生产性能下降。－5～0℃的低温也会影响公兔的性欲和母兔的发情，通常冬季的繁殖率低于春季。仔兔和断奶幼兔尤其怕冷，往往可能被冻僵、冻死或者生长发育减慢。

（5）营养　肉兔的营养要适度。若营养不良，肉兔体质减弱，公兔会出现射精量少，精子数少，精子活力差，畸形精子多，精液品质差；母兔则不发情，哺乳母兔的乳汁分泌少。若营养过多，会引起兔体过于肥胖，使公兔性欲减退，母兔过肥，影响卵泡发育和排卵，出现屡配不孕。所以，公、母兔的营养水平应该适中，尤其在配种期，兔体以不肥不瘦为最好。长期缺少青绿饲料，维生素A、维生素E等也会影响繁殖力。尤其是当维生素A缺乏时，可使生殖器官上皮角质化，母兔不易妊娠或早期流产。缺乏蛋白质、维生素、锌、锰、钙、磷、铜等会引起生殖机能紊乱，降低繁殖力。

(6) 配种频率　如果公兔配种次数太多，会使精液变稀，精子数量减少，未成熟或畸形精子增加；如果公兔配种次数过少或长期不配种，会降低公兔性欲或使死亡精子数量增多，影响受胎率。

(7) 年龄　青年兔繁殖率逐年提高，到了老年性机能下降。公兔的雄激素分泌减少，影响精子的产生，性欲降低；母兔雌激素分泌减少，影响卵泡的生长和成熟，受胎率降低。

(8) 生殖器官疾病　肉兔患有生殖器官疾病，如梅毒病，公兔睾丸炎，附睾丸缺乏弹性、硬化，隐睾等，会影响精子的产生；母兔患有阴道炎、子宫炎、输卵管炎、子宫肌瘤、卵巢囊肿等，会影响受胎率。

(9) 生殖器官发育不良　公兔睾丸发育不全，不能产生精子；母兔卵巢或子宫发育不全则无生殖力。

(10) 假孕　母兔受刺激后排卵而未受精，可引起假孕，一般假孕期16～17天。在生产实践中，母兔假孕现象有时高达20%～30%。

二、提高肉兔繁殖力的措施

(一) 提供合适的温度

夏天由于温度较高易引起公兔暂时性不育，因此在夏天高温季节时应把兔舍温度降至30℃以下，防止肉兔因高温出现暂时性的不育。

（二）合理的光照

在冬、春季节，兔舍每10米^{2}安装一只15瓦的白炽灯，增加光照时间2～4小时，可促使母兔发情，提高受胎率；把光线差的笼位调换到光线好的位置，或放到运动场上，可增加母兔性腺活动，有利于受胎。

（三）补充足量的维生素

冬、春季节青饲料不足，要补充维生素，特别是维生素A、维生素D、维生素E，每50千克饲料中添加10克，每只成年兔喂含维生素的饲料100克或给种用公、母兔每天每只25克大麦芽，连喂15天，然后再开始配种繁殖。

（四）控制种兔的繁殖体况

繁殖用公、母兔体况肥瘦要适中，过肥易使公兔降低性欲，母兔难以排出卵泡，出现屡配不孕。

（五）掌握好合理的配种时间

根据资料报道，一天内，中午12时配种受胎率最低，只有50%；傍晚次之；午夜24时配种受胎率最高，可达84%。所以，应提倡晚上21～23时配种。

（六）配种地点的选择

公、母兔的笼位不能距离太远，应使双方能经常嗅到异性气味，以达到刺激性欲的目的。配种时应该把发情的母兔放到公兔笼中，待交配完毕后再把母兔送回原笼。因为在陌生的环境里配种，会影响公兔的性欲，公兔会拒绝配种。

（七）提供合理的营养

公兔饲粮中蛋白质水平应保持在14%～15%。特别要注意维生素A、维生素E及微量元素锌（油饼、糠麸、酵母、动物性饲料及幼嫩植物中含有锌）的供给。

（八）促进母兔发情、提高受胎率

1. 异性诱导催情法 将不发情的母兔放入公兔笼内，通过公兔的追逐、爬跨刺激，促使母兔脑下垂体产生卵泡激素，经挑逗15～20分钟后送回原笼。过8～10小时后，母兔出现发情时即可交配，且容易受胎。一般是早上催情，傍晚交配，也可多次反复进行，每隔0.5～1小时把母兔放入公兔笼内1次，2～3小时以后，母兔即可发情而接受交配。

2. 信息催情法 先将公兔从公兔笼内拿出，把不发情或不愿接受交配的母兔放入公兔笼内，将该公兔放入母兔笼内，互相交换笼位。经过一夜，在第二天清晨饲喂前，把母兔放到原来的兔笼内与公兔交配。由于母兔在公兔笼内嗅到公兔的气味，性欲得以诱发，再经过公兔追逐、爬跨，就能接受交配。

3. 按摩催情法 轻轻抓住母兔抚摩其背部，使之安静，然后再轻轻按摩阴部，当外阴部出现发情表现时，即可交配。

4. 药物催情法 用2%的稀碘酊涂在母兔的外阴部，可以刺激发情。

5. 激素催情法 对不发情、不愿接受交配或配后不孕的母兔注射绒毛膜促性腺激素每千克体重20国际单位，垂体促黄体素每千克体重0.5～1毫升，这两种激素都有良好的催情和排卵作用。但不要长期连续使用，可与其他激素交替使用，以增加预期效果。促卵泡生成素能促使母兔卵巢上的滤泡发育成熟，成熟的卵泡分泌动情素，促使母兔发情。用孕马血清肌内注射，大型兔100国际单位，小型兔30～50国际单位，注射后2～3天即可发情配种。

此外，还可采用复配方法，就是配种后间隔 6～8 小时，再用同一只公兔或另一只公兔配种，可以提高受胎率。

在配种季节到来之前，要对种兔普遍检查一次，对老龄、屡配不孕、吞食仔兔的母兔进行淘汰。发现有子宫炎、卵巢囊肿等病时应及时治疗。对性欲不强的公兔可注射丙酸睾丸素 5～10 毫克，1 天 1 次，连注 5 天；母兔喂乙芪酚片（每片含 1 毫克）1 片，1 天 1 次，连服 3 天，都有促进性欲的作用。

第五章 肉兔的营养与饲料

第一节　肉兔的营养需要

肉兔的营养需要是指肉兔在不同品种、年龄、体重、生理状态及生产水平条件下对各种营养成分的需要量。研究肉兔在不同生产、生理状态下的营养需要量，目的在于更科学合理地配制饲料，防止肉兔出现某些营养缺乏症，提高肉兔生产性能和饲料报酬。

一、能量

肉兔采食的饲料中三大有机物即蛋白质、碳水化合物和脂肪在体内进行生物氧化，释放出分子内潜藏的化学能量，再转化成维持生命活动和从事肉、乳、毛等生产所需的能量；其中，碳水化合物在植物性饲料中占70%左右，是肉兔能量的主要来源。饲料中的能量蕴藏在营养物质之中，肉兔营养物质的代谢必然伴随着能量代谢，能量水平在肉兔饲养标准中占有很重要的地位。实践证明，饲养效果与能量水平密切相关，即能量水平直接影响生产水平。和其他单胃动物一样，肉兔能自动地调节采食量以满足其对能量的需要。不过，肉兔消化道的容量有一定限度。因此，其自动调节的能力也有限。当日粮能量水平过低时，虽然肉兔能增加采食量，但仍不能满足其对能量的需要，则会导致健康恶化，能量利用率降低，体脂分解多而出现酮血症，体蛋白分解多而出现毒血症。若日粮中能量过高，谷物饲料比例过大，则会出现大量易消化的碳水化合物由小肠进入大肠，从而增加大肠的负担，出现异常发酵，轻则引起消化紊乱，重则发生消化道疾病。

另外，如果日粮中能量水平偏高，肉兔会因脂肪沉积过多出现肥胖。对繁殖母兔来说，体脂过高对雌性激素有较大的吸收作用，从而损害繁殖性能。公兔过肥会造成配种困难等。

控制能量水平，虽然可推迟后备母兔性成熟时间，然而对其以后的繁殖机能是有益的。对毛用兔，过高的能量供给不仅浪费，而且对毛的产量和质量会产生一定程度的不良影响。因此，要针对肉兔的不同种类、不同生理状态控制合理的能量水平，保证其身体健康，提高生产性能。

二、蛋白质

蛋白质是生命活动的物质基础，不能由其他物质所代替。蛋白质不但是构成肉兔机体的主要成分，是体组织再生、修复的必需物质，兔产品的重要原料，而且还可作为能源物质。

当饲料中蛋白质的含量适当或质量较好时，可改善日粮的适口性，增加肉兔的采食量，提高日粮的消化率。当蛋白质含量不足或质量较差时，将影响整个日粮的消化、利用，严重的可导致兔体抗病力及体重下降、生长停滞、受胎率降低、产弱胎和死胎。但如果饲料中蛋白质含量过多，不仅造成浪费，而且其在胃肠道内可引起细菌的腐败，产生大量胺类，增加肝、肾的代谢负担，热量消耗也增加。因此，应合理搭配饲料，在保障蛋白质营养供应的同时，应避免过剩。

三、脂肪

脂肪即是构成体组织的重要成分，是肉兔生产和修复组织不可缺少的物质；也是供给肉兔热能和储备能量的主要物质；另外，储积的脂肪还具有隔热保温、保护脏器和关节的作用。

某些维生素如维生素A、维生素D、维生素E、维生素K只有溶解于脂肪中才能被机体吸收和代谢。脂肪缺乏时，将会出现这些维生素的缺乏症。另外，脂肪也是畜产品的组成成分，如兔乳中含13.2%的乳脂，兔毛中含0.84%的油脂等。当日粮中严重缺乏脂肪时，肉兔出现生长受阻，性成熟晚，睾丸发育不良；受胎率低，产畸形胎儿；皮肤干燥，掉毛，瞎眼等症。但脂肪含量过多，会造成肉兔食欲减退、消化不良、过肥和不孕等。

添加脂肪有助于营养物质的消化、吸收，而营养物质的充分消化、吸收依赖于它们在肠道的通过速度和停留时间。高浓度脂肪的食糜比低浓度的食糜通过胃肠道的速度更缓慢，这可使其他营养物质有更多的时间被消化、吸收。饲料中加入2%～5%的脂肪有助于提高其适口性，增加肉兔的采食量，对肉兔生长有促进作用。若饲料中添加的脂肪过量，从使肉兔体摄入的脂肪过多造成能量过剩从而引起腹泻。因此，在兔的配合饲料中脂肪用量不宜超过5%。

四、矿物质元素

矿物质是一类无机营养物质，是肉兔体内除碳、氢、氧、氮主要以有机物质形式出现以外的其他各种元素的统称。

根据体内含量的不同，矿物质分为常量元素和微量元素两大类。常量元素是指占肉兔体重0.01%以上的元素，主要有钙、磷、钾、钠、氯、镁和硫，占肉兔体内矿物质总量的99.95%。微量元素是指占肉兔体重的0.01%以下的元素，主要包括铁、锌、铜、钼、锰、钴、硒、碘等，共占兔体矿物质总量的0.05%。

任何一种矿物质在肉兔体内都有其特定的生理功能，其中的任何一种缺乏或过量都会引起兔体的机能紊乱。例如，钙、磷缺乏会导致肉兔骨骼病变，幼兔和成年兔的典型症状是佝偻病和骨质疏松症。另外，肉兔缺钙还会导致眼球水晶体白浊、痉挛，缺磷则主要表现厌食、生长不良。

由于植物性饲料中含钾多、含钠和氯极少，所以，肉兔很少发生缺钾现象，而经常缺乏钠和氯。当日粮中缺乏钠和氯时，幼兔出现生长受阻，食欲减退，出现异食癖等。因此，肉兔日粮中需添加0.5%的食盐；但当饮水受到限制时，采食过量食盐会引起肉兔中毒。肉兔缺镁会导致过度兴奋而产生痉挛，生长肉兔则表现生长不良。

目前，无机硫对维持肉兔健康和生产是否必需尚无定论。但当肉兔日粮中硫氨基酸含量不足时，添加无机硫酸盐可提高肉兔生产性能和蛋白质沉积。据试验，饲料中加入1%～2%的硫黄，对于促进肉兔增加体重、预防球虫病有一定的作用。肉兔的毛中含硫最多。对于毛兔，日粮中硫氨基酸含量低于0.4%时，毛的生长受到限制，当含量提高到0.6%～0.7%时可提高产毛量15%～27%。

肉兔缺铁的典型症状是出现低色素红细胞性贫血，表现为体重减轻、食欲减退、倦怠无神、黏膜苍白。兔的肝脏有很大的贮铁能力，故一般不易发生缺铁症状。

肉兔缺铜会使血红细胞的寿命缩短，铁的吸收利用率降低，而造成肉兔贫血，体重减轻，生长受阻。典型症状是脊柱下垂，被毛颜色变灰。过量钼会造成铜的缺乏，故在钼的污染区，应增加铜的补饲量。

日粮中锌含量不足，会导致母兔采食量减少，体重减轻，深色毛变灰，脱毛，皮炎，繁殖力丧失。块根、块茎饲料中含锌贫乏，而酵母、糠麸、油饼和动物性饲料中含有大量的锌。

肉兔缺锰时，不但会导致骨骼发育异常，如弯腿、脆骨症、骨短粗症等，还会影响正常的繁殖机能。植物性饲料中含有较多的锰，一般不会出现锰缺乏。钴是维生素 B_{12} 的组成成分，钴缺乏时会使幼兔生长停滞，成年兔消瘦、贫血。正常情况下，饲料中含有足够的钴，但在缺钴地区应予以补加。

缺硒与维生素 E 不足引起的症状相似，如生长停滞、繁殖机能紊乱、白肌病、睾丸萎缩等。硒本身是有毒元素，过量会造成肉兔中毒，除中国东北及西北部分地区已发现土壤和饲料中缺硒并造成家畜缺硒症外，多数地区饲料中的含硒量可满足肉兔的需要。缺碘具有地方性，缺碘会引起幼兔生长受阻，神经和性器官发育受阻，繁殖机能下降。因此，缺碘地区应补碘化食盐。

五、维生素

维生素是维持肉兔正常生理机能所必需，是需要量很少的一类低分子有机物质。缺乏这类物质将导致肉兔代谢障碍，并出现相应缺乏症。

目前，已确定的维生素有 14 种。根据其溶解性，将其分为脂溶性维生素和水溶性维生素两大类。脂溶性维生素包括维生素 A、维生素 D、维生素 E、维生素 K。水溶性维生素包括 B 族维生素和维生素 C。

（一）脂溶性维生素

1. 维生素 A 又称抗眼病维生素。缺乏维生素 A 不但会导致视力减退、夜盲症，上皮细胞过度角质化，引起眼病；还会导致肺炎、肠炎、流产、胎儿畸形、幼兔生长停滞、发育不良、骨骼发育异常而压迫神经，造成运动失调、痉挛性瘫痪。植物性饲料中不含维生素 A，只含有维生素 A 源—胡萝卜素，尤其是在青绿饲料、胡萝卜和黄玉米中的含量较多。胡萝卜素在小肠及肝脏中可转变成维生素 A，肉兔的转化能力很强。但维生素 A 与胡萝卜素都不稳定，易被氧化。当饲料受热、受潮、发霉或储存时间较长时，大多数可被氧化而失效。生产中，维生素A缺乏症较多见，应特别注意。但维生素A过量也会引起不良反应，表现为生长障碍，皮肤营养障碍，上皮增厚，自然性骨折等。

2. 维生素D　又称抗佝偻病维生素。其主要功能是调节钙、磷代谢，促进骨骼和牙齿的钙化和发育。维生素D不足，机体钙、磷平衡受到破坏，从而导致与钙、磷缺乏类似的骨骼病变，如软骨病、关节肿大、母兔产后瘫痪、仔兔佝偻病等。为防止维生素D缺乏，注意应在日粮中添加维生素D，让兔子多晒太阳；另外，给其饲喂天然干草，也可获得一定的维生素D。维生素D过量也会引起肉兔的不良反应。

3. 维生素E　又称抗不育维生素。肉兔对缺乏维生素E非常敏感，它的作用不能被硒协同和代替。当维生素E不足时，不但会导致肉兔出现肌肉营养性障碍，即骨骼肌和心肌变性、运动失调、瘫痪，还会造成脂肪肝及肝坏死，繁殖机能受损，新生兔死亡，母兔不孕。一般青绿多汁饲料和优质干草中都含有较丰富的维生素E，而蛋白饲料中较缺乏。

4. 维生素K　又称抗出血维生素，是血液凝固所必需的物质。肉兔肠道能合成维生素K，合成的数量一般能满足生长兔的需要。种兔在繁殖时必须添加维生素K。饲料中添加抗生素、磺胺药及某些饲料中含有颉颃物，如双香豆素以及肝脏被球虫寄生时会引起维生素K缺乏。当日粮中维生素K缺乏时，会引起妊娠母兔胎盘出血、流产等。

（二）水溶性维生素

1. 维生素B_1　又称硫胺素、抗神经炎维生素。由于肉兔消化道能合成相当数量的维生素B_1，故其缺乏症的现象较少发生。但当日粮中含有结构与维生素B_1相似的拮抗物时，就会发生维生素B_1缺乏症，表现为生长受阻，运动失调，后肢瘫痪，痉挛，昏迷直至死亡。

2. 维生素 B_2 又称核黄素。肉兔体内能合成足够的维生素 B_2，故不易缺乏。

3. 维生素 B_3 又称泛酸。肉兔饲料中泛酸来源广泛，且体内能合成，因此很少发生缺乏。

4. 维生素 PP 又称烟酸、尼克酸、抗糙皮病因子。当烟酸不足时，肉兔表现为丧失食欲，下痢，消瘦，生长受阻。肉兔与其他家畜一样，在体内可将色氨酸转化为烟酸。当日粮中缺乏烟酸时，添加色氨酸可以防止烟酸缺乏。另外，肉兔消化道也能合成烟酸。

5. 维生素 B_6 又称吡哆素，包括比哆醇、吡哆醛、吡哆胺。当维生素 B_6 缺乏时，肉兔生长缓慢；易患皮炎；神经系统受损，表现为运动失调，严重时出现痉挛。肉兔盲肠能合成维生素 B_6。但当肉兔生产水平提高时，需要量也会提高，故应在日粮中补充维生素 B_6。每千克饲料中加入 40 微克维生素 B_6 可预防缺乏。

6. 维生素 B_7 又称生物素。一般情况下，肉兔肠道能合成维生素 B_7，可满足机体的需要，但合成的生物素易被某些氨基酸复合体转化为不能被吸收的形式而出现缺乏症，如皮炎、脱毛、痉挛等。

7. 维生素 B_{11} 又称叶酸。叶酸缺乏时，肉兔出现巨红细胞性贫血，生长受阻。肉兔饲料中叶酸来源广泛，且肠道微生物能合成足够的叶酸。但当口服磺胺类药物时，可抑制合成叶酸的微生物的生长，引起叶酸缺乏症。

8. 维生素 B_{12} 又称抗恶性贫血维生素。当维生素 B_{12} 缺乏时，肉兔出现生长缓慢、贫血等。一般植物性饲料中不含维生素 B_{12}，但肉兔肠道微生物能够合成，合成的量受饲料中钴含量的影响。胆碱缺乏时，肉兔不但会出现脂肪肝、肝硬化、肾坏死、贫血、黄疸等，还会出现生长停滞、运动失调、成年母兔繁殖机能障碍。

9. 维生素 C 又称抗坏血酸、抗坏血病维生素。当肉兔缺乏维生素C时，会出现贫血及延长凝血时间，影响骨骼发育和对铁、硫、碘、氟的利用，生长受阻，新陈代谢出现障碍。虽然肉兔体内能合成满足生长需要的维生素C，但对幼兔和高温、运输等逆境中的肉兔应注意补充。

肉兔所需求的维生素，除维生素A外，维生素B族、维生素C、维生素K等都可以在体内合成，维生素D可以在日光下由胆固醇转化而成。因此，在兔的维生素营养中，只要注意维生素A的充分供给，就能满足兔的生理要求。而维生素A的前体—胡萝卜素，广泛存在于各种青绿饲料中，特别是幼嫩青草、野菜、南瓜、胡萝卜等含量尤为丰富。

六、水

“宁可缺把草，不可缺口水”，说明养兔饮水的重要性。水是肉兔赖以生存的重要因素，肉兔体内所含的水约占其体重的70%。

水是肉兔维持生命绝对不可缺少的物质。肉兔饥饿时，可消耗体内的糖元、脂肪和蛋白质等以维持生命，甚至失去体重的40%时仍可维持生命。但当肉兔体内的水损失5%时，就会出现严重的干渴现象，导致食欲丧失，消化能力减弱，抗病力下降。损失10%的水时，就会引起严重的代谢紊乱，生理过程遭到破坏。由于缺水引起的代谢紊乱可使肉兔健康受损，且生产力遭到严重破坏。仔兔生长发育迟缓，增重缓慢，母兔泌乳量降低，兔毛生长速度下降等。当肉兔体内损失20%的水时，即可引起死亡。由于肉兔具有根据自身需要调节饮水量的能力，因此，应保证肉兔自由饮水。有人认为肉兔喝水过多易发生腹泻，这种观点较为片面；但供水时应保证水的卫生，符合饮用标准并保持适宜的温度。

肉兔每千克体重每天需水12～16克。肉兔越小，需水量越多。气温在15～25℃时，肉兔每天饮水量为：0.5千克时100毫升，3千克时330毫升，4千克时400毫升；40～50日龄幼兔的母兔需2.0～2.5升。肉兔的饮水量一般为所采食干草量的2.0～2.5倍，夏季约为4倍；哺乳母兔与幼兔饮水更多。各类饲料中均含有水，如青饲料含水量为70%～95%，谷实类10%～14%，饼（粕）类10%，粗饲料12%～20%，这部分水也是肉兔体内水的重要来源。

七、碳水化合物

碳水化合物是构成体组织的重要成分，是体内热能的主要来源，在体内可转变为糖元和脂肪，作为营养储备于肝脏和肌肉中备用。另外，碳水化合物还是合成乳脂和乳糖的原料。

碳水化合物含量不足，实际上是能量不足，这时肉兔为了维持生命活动就会动用体内储备的糖元和体脂肪用以供能，造成体重减轻，生产力下降。碳水化合物缺乏严重时，肉兔便分解体蛋白质以满足最低能量需要，会造成肉兔消瘦，抗病力下降，甚至死亡。碳水化合物中的粗纤维虽不易消化，但可使胃肠道有一定的充盈度，使肉兔产生饱腹感，可使胃肠道正常蠕动，避免精饲料浓缩在胃内结成团块不易消化而引起肠炎，对兔子的最快生长和预防吃毛都有利。

八、粗纤维

日粮中含有12%～15%的粗纤维可使肠炎发生率降低到最低程度。从生理角度看，粗纤维含量的最小值为6%～12%。生产中常有因日粮中粗纤维含量低，肉兔为保持粗纤维含量而出现吃毛的现象。当日粮中含有15%的粗纤维时，肉兔不会发生吃毛现象，也可减少肠毒症的发生。但当粗纤维含量超过20%时，可能引起盲肠梗塞。青绿饲料和粗饲料是粗纤维的重要来源，家庭养兔应以草为主，精饲料为辅。

肉兔是单胃食草动物，其发达的盲肠中存有可利用粗纤维的微生物体系，但其对于粗纤维的消化率低于复胃动物牛和羊。尽管如此，日粮中适量的粗纤维对于维持肉兔正常的消化生理、防止消化功能紊乱，起到举足轻重的作用。

由于不同的饲料中粗纤维的内部结构不同，因而，消化率也不一样。不同的肉兔品种对于粗纤维的利用率也不同。一般来说，大型的本地肉兔品种对于粗纤维的消化率较高。日粮中粗纤维的含量标准各国不一，一般为12%～14%。但是，生产中适量提高粗纤维的含量，对于预防消化道疾病有良好效果。

第二节　肉兔的饲料及其加工

一、肉兔常见饲料

（一）青绿多汁饲料

1. 青绿多汁饲料的特点　青绿饲料富含叶绿素，而多汁饲料富含汁水，这类饲料包括各种新鲜野草、野菜、天然牧草、栽培牧草、青饲料作物、菜叶、水生饲料、幼嫩树叶、非淀粉质的块根、块茎、瓜果类等。

青绿饲料的营养特点是：①水分含量大，一般高达60%～90%。②体积大，单位重量含养分少，营养价值低，每千克消化能仅为1.25～2.51兆焦，因而单纯以青绿饲料作为日粮不能满足肉兔的能量需要。③粗蛋白的含量较丰富，一般禾本科牧草及蔬菜类中粗蛋白的含量为1.5%～3%，豆科为3.2%～4.4%。④按干物质计，禾本科为13%～15%，豆科为18%～24%。⑤蛋白质品质较好，含必需氨基酸较全面，生物学价值高；尤其是叶片中的叶绿蛋白，对哺乳母兔特别有利。⑥富含B族维生素，钙、磷含量丰富，比例适当；同时，也富含铁、锰、锌、铜、硒等必需的微量元素。总之，青绿饲料幼嫩多汁，适口性好，消化率高，还具有轻泻、保健作用，是肉兔的主要饲料。

青绿多汁饲料的种类繁多，资源丰富，可分以下几类。

（1）人工栽培牧草　苜蓿（紫花苜蓿和黄花苜蓿）、三叶草（红三叶和白三叶）、苕子（普通苕子和毛苕子）、紫云英（红花草）、草木樨、沙打旺、黑麦草、子粒咸、串叶松香草、无芒雀麦、鲁梅克斯草等。

（2）青饲作物　常用的有玉米、高粱、谷子、大麦、燕麦、荞麦、大豆等。

（3）叶菜类饲料　常用的有苦荬菜、聚合草、甘草、牛皮菜、蕹菜、大白菜和小白菜等。

（4）根茎、瓜果类饲料　常用的有甘薯、木薯、胡萝卜、甜菜、芜菁、甘蓝、萝卜、南瓜、佛手瓜等。

（5）树叶类饲料　多数树叶均可作为肉兔的饲料，常用的有紫穗槐叶、槐树叶、洋槐叶、榆树叶、松针、果树叶、桑叶、茶树叶及药用植物，如五味子和枸杞叶等。

（6）水生饲料　主要有水浮莲、水花生、绿萍等。

2. 常见青绿多汁饲料的栽培

（1）紫花苜蓿　紫花苜蓿是多年生豆科牧草，又称紫苜蓿、牧蓿、苜蓿。现在人工培育的紫花苜蓿品种繁多，由于其有适应性强、产量高、品质好等优点，素有“牧草之王”之美称。紫花苜蓿属多年生牧草，寿命一般在10～15年，适于种植在年降雨量250～800毫米、无霜期100天以上的地区，其在中性或微碱性沙壤土生长较好。紫花苜蓿根系发达，长有根瘤，茎直立或斜生，高1～1.5米，分枝多，叶为三片小叶组成的复叶，叶片量占全株重量的45%～50%。紫花苜蓿营养丰富，干物质中含粗蛋白质15%～26.2%（相当于豆饼的一半）、粗脂肪4.5%、粗纤维17.2%、无氮浸出物42.2%。随管理水平和刈割次数的不同，紫花苜蓿在不同品种、不同地区的产量差异很大。一般年刈割三茬，亩*产鲜草 2 000～6 000 千克，平均 4～5 千克鲜草晒 1 千克干草。

（2）苦荬菜　苦荬菜为菊科一年生或越年生草本植物，是一种具有耐寒抗热、对土壤要求不严、产量高、品质好、鲜嫩适口的优质青绿多汁饲料。人工栽培苦荬菜每亩鲜草产量高达 5 000～7 500 千克，最高可达 10 000 千克。苦荬菜营养丰富，干物质中含粗蛋白质 30.5%、粗脂肪 15.5%、粗纤维 9.7%。富含各种维生素及矿物质。苦荬菜叶量大，鲜嫩多汁。茎叶中的白色乳浆虽略带苦味，但适口性特别好，肉兔喜爱采食，是肉兔良好的青饲料来源之一。

（3）冬牧-70 黑麦草　冬牧-70 黑麦为禾本科黑麦属一年生草本植物，在我国多数地区均可种植，是肉兔冬春的优质青饲料资源。冬牧-70 黑麦草适口性好，且产量高，一般亩产鲜草 3 000千克左右，最高可达 5 000 千克；营养价值高，含粗蛋白 4.93%、粗脂肪 1.06%、无氮浸出物 4.57%、钙 0.075%、磷 0.07%；耐寒性强，在我国大部分地区适合冬季种植，其种子在 3℃时的发芽率达 80%，气温－10℃时植株无冻害现象，在 4～5℃长时间的低温环境下仍能生长。

（4）胡萝卜　胡萝卜是很好的多汁饲料，兔喜爱采食。胡萝卜含有丰富的胡萝卜素，每千克含 400～550 毫克，这些胡萝卜素可在兔体内转化为维生素 A。肉质根中含糖 10%、粗蛋白 2%、粗纤维 1.8%、粗脂肪 0.4%；适口性好，消化率高。这些特性对于提高种兔的繁殖力及幼兔的生长具有良好效果，是冬春季节肉兔缺乏青绿饲料来源时主要维生素补充料。

3. 肉兔青绿饲料的均衡供应　由于肉兔是一种以食草为主的小型经济动物，目前我国大多数饲养模式采用的是青粗饲料加

---

* 亩为非法定计量单位，1 亩＝667 米^2。

精饲料补充料饲养，这种模式要求一年四季必须要有大量的青饲料供应。但是，我国很多地区春、夏季节青饲料来源广泛，不会缺乏，但冬季青饲料来源贫乏，肉兔青饲料供应往往就成了问题。为了保证肉兔养殖场青饲料的常年均衡供应，最好应采取人工栽培牧草和采集野生牧草相结合的办法加以解决。而不同牧草栽培季节和收获时期的不同，根据不同牧草在不同季节和不同气候条件下的不同栽培和收获时期，下面介绍一种比较理想的青饲料均衡供应模式，以保证肉兔养殖场青饲料一年四季的均衡供应，供大家参考（表 5-1、表 5-2、表 5-3)。

表 5-1　青饲料产量、收割次数、间隔时间及可供时间

品　种	产量（吨/公顷）	收割次数	平均间隔时间（天）	供青时间
黑麦草	16～17	7	22	11 月至次年 4 月
苦荬菜	16～17	9	18	6～8 月
墨西哥玉米	11～12	5	26	7～9 月
苏丹草	5～6	2	92	8～11 月
胡萝卜（肉质根）	4～5	—	—	11 至次年 2 月
紫花苜蓿	7～8	4～5	30	4～10 月

表 5-2　青饲料营养成分（%）

品　种	粗蛋白	粗脂肪	灰分	钙	磷
黑麦草	4.1	0.9	3.6	0.14	0.06
苦荬菜	1.2	0.3	—	0.13	0.03
墨西哥玉米	2.0	0.5	—	0.1	0.06
苏丹草*	5.8	7.5	8.05	0.57	0.23
胡萝卜（肉质根）	1.4	0.1	0.7	0.11	0.07
紫花苜蓿	4.4	1.5	2.9	1.57	0.18

*　苏丹草成分含量为干物质中含量。

表 5-3　青饲料常年均衡轮供模式

品种＼月份	1	2	3	4	5	6	7	8	9	10	11	12
黑麦草	△	△	△	△	△	△			○	◆	△	△
苦荬菜			○	◆	◆	△	△	△				
墨西哥玉米			○	○	◆	△	△	△	△	△	○	
苏丹草*			○	○		△	△	△	△	△	△	
胡萝卜（肉质根）	△	△	△					○	◆	◆	△	△
紫花苜蓿	◆	◆	◆	△	△	△	△	◆	◆	△	△	△

注：○表示播种期，◆表示生长期，△表示青饲料可供期。

（二）粗饲料

粗饲料是指天然水分含量在45%以下、干物质中粗纤维含量在18%以上的一类饲料。主要包括干草、秸秆、荚壳、干树叶及其他农副产品。其特点是体积大重量轻，养分浓度低，但蛋白质含量差异大，总能含量高，消化能低，维生素D含量丰富，其他维生素较少，含磷较少，粗纤维含量高，较难消化。常用的有粗饲料主要有以下几种。

1. 青干草　由青绿饲料经日晒或人工干燥除去大量水分而制成。其营养价值受植物种类组成、刈割期和调制方法的影响。青干草蛋白质品质较完善，胡萝卜素和维生素D含量丰富，是肉兔最基本最主要的饲料。

2. 秸秆　是农作物子实收获以后所剩余的茎秆和残存的叶片，包括玉米秸、麦秸、稻草、高粱秸、谷草和豆秸等。这类饲料的粗纤维含量高，可达30%～45%。其中，木质素比例大，一般为6.5%～12%，有效价值低，蛋白质含量低且品质差，钙、磷含量低且利用率低，适口性差，营养价值低，消化率也低。

3. 荚壳类 是农作物子实脱壳后的副产品，包括谷壳、稻壳、高粱壳、花生壳、豆荚等。除了稻壳和花生壳外，荚壳的营养成分高于秸秆。豆荚的营养价值比其他荚壳高，尤其是粗蛋白质含量高。禾谷类荚壳中，谷壳含蛋白质和无氮浸出物较多，粗纤维较低，营养价值仅次于豆荚。

（三）能量饲料

能量饲料指干物质中粗纤维含量在18%以下、粗蛋白质含量在20%以下、消化能含量在10.5兆焦/千克以上的饲料。这类饲料的基本特点是无氮浸出物含量丰富，可以被肉兔利用的能值高。含粗脂肪7.5%左右，且主要为不饱和脂肪酸。蛋白质中赖氨酸和蛋氨酸含量少。含钙不足，一般低于0.1%。含磷较多，可达0.3%～0.45%，但多为植酸盐，不易被消化吸收。缺乏胡萝卜素，但B族维生素比较丰富。这类饲料适口性好，消化利用率高，在肉兔饲养中占有极其重要的地位。常用的能量饲料主要包括以下几种。

1. 玉米 因品种和干燥程度不同，玉米养分含量有一定差异，以可溶性无氮浸出物含量较高，其消化率可达90%以上，是禾本科子实中含量最高的饲料。其粗蛋白质含量为7%～9%，在蛋白质的氨基酸组成中赖氨酸、蛋氨酸和色氨酸含量不足，蛋白质品质差。钙含量仅为0.02%，磷含量约0.3%。黄色玉米多含胡萝卜素，白色玉米则很少。各品种的玉米含维生素D都少，含硫胺素多，核黄素少，粉碎的玉米中含水分高于14%时易发霉酸败，产生真菌毒素，肉兔对此很敏感，在饲喂时应注意。

2. 高粱 去壳后，高粱的营养成分与玉米相似，以含淀粉为主，粗纤维少，可消化养分高。粗蛋白质含量约8%，品质较差。含钙少，含磷多。胡萝卜素和维生素D含量少，B族维生素的含量与玉米相同，烟酸含量多。由于高粱中含有单宁，且高粱的颜色越深单宁含量越多，而使其适口性降低。所以，饲喂时应限量，在配合饲料中深色高粱含量不超过10%，浅色高粱含量不超过20%；若能除去或降低单宁可与玉米同量使用。

3. 大麦 大麦中粗蛋白质含量高于玉米，约为12%，且蛋白质的营养价值比玉米稍高，氨基酸组成与玉米相似。粗纤维含量为6.9%，无氮浸出物、脂肪含量比玉米少，故它的消化能含量较玉米低。钙和磷的含量比玉米稍多。胡萝卜素和维生素D含量不足。与其他谷物一样，含硫胺素多，核黄素少，烟酸含量非常多。

4. 米糠 米糠为稻谷的加工副产品，一般分为细糠、统糠和米糠饼。细糠是去壳稻粒的加工副产品，由果皮、种皮、糊粉层及胚组成。统糠是由稻谷直接加工而成，包括稻壳、种皮、果皮及少量碎米。米糠饼为米糠经压榨提油后的副产品。细糠没有稻壳，营养价值高，与玉米相似；但由于含不饱和脂肪酸较多，易被氧化酸败，不易保存。统糠粗纤维含量高，营养价值较差。米糠饼的脂肪和维生素含量减少，其他营养成分基本保留，且适口性及消化率均有所改善。

5. 麦麸 麦麸包括小麦麸和大麦麸，由种皮、糊粉层及胚组成，其营养价值因面粉加工的精粗不同而有所差异，通常面粉加工越精细，麦麸营养价值越高。麦麸的粗纤维含量较多，为8%～12%；脂肪含量较低；每千克的消化能较低，属低能饲料；粗蛋白质含量较高，可达12%～17%，质量也较好；含丰富的铁、锰、锌以及B族维生素、维生素E等。含钙少含磷多，比例悬殊（1∶8），且多为植酸磷。大麦麸能量和蛋白质含量略高于小麦麸。麦麸质地蓬松，适口性好，具有轻泻性和调节性。肉兔产后喂以适量的麦麸粥，可以调养消化道的机能。由于麦麸吸水性强，若大量饲喂时易造成便秘，饲喂时应注意。

（四）蛋白质饲料

蛋白质饲料是指干物质中粗纤维含量在18%以下，粗蛋白质含量在20%以上的饲料，包括植物性蛋白质饲料、动物性蛋白质饲料、单细胞蛋白质饲料及非蛋白氮饲料。常用的有以下种。

1. 豆类子实　豆类子实有两类：一类是高脂肪、高蛋白质的油料子实，如大豆、花生等，一般不直接用作饲料；另一类是高碳水化合物、高蛋白的豆类，如豌豆、蚕豆等。豆类子实中粗蛋白质含量较谷实类丰富，一般为20%～40%，且赖氨酸和蛋氨酸的含量较高，品质好，优于其他植物性饲料。除大豆外，脂肪含量在2%左右，消化能偏高。矿物质与维生素含量与谷实类大致相似，维生素 B_1 和维生素 B_2 的含量稍高于谷实类，钙含量稍高，钙、磷比例不适宜。生的豆类子实含有一些不良物质，如大豆中含有抗胰蛋白酶、尿素酶，甲状腺肿素、皂素与血凝素等。这些物质降低了豆类子实的适口性并影响肉兔对饲料中蛋白质的使用及肉兔的正常生产性能，使用时应经过适当的热处理。

2. 饼（粕）类　饼（粕）类是豆类子实及饲料作物子实制油后的副产品。压榨法制油后的副产品称为油饼。溶剂浸提法制油后的豆产品为油粕。常用的饼粕有大豆饼（粕）、花生饼（粕）、棉子（仁）饼（粕）、菜子饼（粕）、胡麻饼、向日葵饼、芝麻饼等。

（1）大豆饼（粕）　大豆饼粕是我国目前最常用的蛋白质饲料。其消化能和代谢能高于其子实，氮的利用效率较高。粗蛋白质含量为42%～47%，蛋白质品质较好，赖氨酸含量高，且与精氨酸比例适宜。蛋氨酸含量不足，低于菜子饼（粕）和葵花仁饼（粕），高于棉仁饼（粕）和花生饼（粕）。因此，在以大豆饼（粕）为主要蛋白饲料的配合饲料中要添加蛋氨酸。与其他饼（粕）相比，异亮氨酸含量高，且与亮氨酸比例适当。色氨酸、苏氨酸含量也较高。这些均可填补玉米的不足，因而以大豆饼（粕）与玉米为主搭配组成的饲料效果较好。大豆饼（粕）中含有生大豆中的不良物质，在制油过程中，如加热适当，可使其受到不同程度的破坏。如加热不足，得到的饼粕为生的时，不能直接喂兔。如加热过度，不良物质受到破坏，营养物质特别是必需氨基酸的利用率也会降低。因此，在使用大豆饼（粕）时，要注意检测其生熟程度。一般可从颜色上加以判定。加热适当的应为黄褐色，有香味；加热不足或未加热的颜色较浅或灰白色，没有香味或有鱼腥味；加热过度的呈暗褐色。

（2）棉子饼（粕） 棉子饼（粕）是棉子制油后的副产品，其营养价值因加工方法的不同差异较大。棉子脱壳后制油形成的饼（粕）为棉仁饼（粕），粗蛋白质含量为41%～44%，粗纤维含量低，能值与豆饼相似。不去壳的棉子饼（粕）含蛋白质含量为22%左右，粗纤维含量高，为11%～20%。带有一部分棉子壳的为棉仁（子）饼（粕），蛋白质含量为34%～36%。棉仁饼赖氨酸和蛋氨酸含量低，精氨酸含量较高，硒含量低。因此，在配合饲料中使用棉仁饼时应注意添加赖氨酸，最好与精氨酸含量低、蛋氨酸及硒含量较高的菜子饼配合使用，这样既可缓解赖氨酸、精氨酸的颉颃作用，又可减少赖氨酸、蛋氨酸及硒酸盐的添加量。棉子仁中含有大量色素、腺体及对肉兔有害的棉酚。棉酚在制油过程中大部分与氨基酸结合为结合棉酚，对肉兔无害，但氨基酸的利用率随之降低。一部分游离棉酚存在于棉子仁和饼（粕）中，肉兔摄取过量游离棉酚或食用时间过长，即导致中毒。饲养中应引起高度重视。

（3）花生饼（粕） 花生饼粕有甜香味，适口性好，营养价值仅次于豆饼，也是一种优质蛋白质饲料。去壳的花生饼（粕）含能量较高，粗蛋白质含量为44%～49%，能值和蛋白质含量在饼（粕）中最高。带壳的花生饼（粕）中粗纤维含量为20%左右，粗蛋白质和有效能相对较低。花生饼的氨基酸组成不佳，赖氨酸和蛋氨酸含量较低，赖氨酸含量仅为大豆饼（粕）的52%，精氨酸含量特别高，在配合饲料中使用时应与含精氨酸少的菜子饼（粕）、血粉等混合使用。花生饼（粕）中含残油较多，在贮存过程中，特别是在潮湿不通风之处，容易酸败变苦，并产生黄曲霉毒素。肉兔中毒后精神不振，粪便带血，运动失调，与球虫病症状相似，肝、肾肥大。该毒素在兔肉中残留可使人患病。蒸煮或干热均不能破坏黄曲霉毒素，所以，发霉的花生饼（粕）千万不能给兔饲喂。

(4) 菜子饼（粕） 菜子饼（粕）是油菜子制油后的副产品，有效价值较低，适口性较差，含粗蛋白质36%左右。蛋氨酸含量较高，在饼（粕）中名列第二，精氨酸含量在饼（粕）中最低。磷的利用率较高，硒含量是植物性饲料最高的，锰含量也较丰富。菜子饼（粕）中含有较高的芥子苷，在体内水解可产生有害物质，能造成肉兔中毒。因此，没有经过去毒处理的菜子饼（粕）一定要限量饲喂，在配合饲料中不能超过7%。菜子饼（粕）可采用坑埋法、水洗法、加热钝化酶法、氨碱处理等方法降低其毒性，以增加饲喂量，提高利用率。

(5) 芝麻饼 芝麻饼不含对肉兔有不良影响的物质。含粗蛋白质40%左右；蛋氨酸含量高达0.8%以上，是所有植物性饲料中含量最高的；赖氨酸含量不足；精氨酸含量过高，有很浓的香味。

(6) 葵花子仁饼粕 饼（粕）的营养价值决定于脱壳的程度。脱壳的葵花子仁饼（粕）含粗纤维低，粗蛋白质含量为28%～32%，赖氨酸不足，蛋氨酸含量高于花生饼、棉仁饼及大豆饼，铁、铜、锰含量及B族维生素含量较丰富。

3. 酒糟 酒糟的营养价值与酿酒的原料有关。就粮食酒而言，粮食中可溶性碳水化合物发酵成醇被提取，故留在酒糟中的其他营养物质，如粗蛋白质、粗脂肪、粗纤维与灰分等含量相应较高，其消化率变化不大。各种酒糟干物质中，粗蛋白质含量在16%左右，消化能在6.0兆焦/千克以上，富含B族维生素，钙、磷不平衡。喂酒糟易引起便秘；因此，在配合饲料中以不超过40%为宜，并应搭配玉米、糠麸、饼类、骨粉、贝粉等特别应多喂青饲料，以补充营养和防止便秘。

4. 鱼粉　鱼粉是以一种或多种鱼类为原料，经去油、脱水、粉碎加工后的优质动物性蛋白质饲料。含粗蛋白质55%～75%，含有全部的必需氨基酸，生物学价值高。还含有未知动物蛋白因子，能促进养分的利用。鱼粉中的矿物质元素量多质优，富含钙、磷及锰、铁、碘等。鱼粉中含有丰富的维生素A、维生素E及B族维生素。

5. 肉粉　肉粉是由不能供人食用的废弃肉、内脏等，经高温、高压、灭菌、脱脂干燥制成。粗蛋白含量为50%～60%；富含赖氨酸、B族维生素、钙、磷等，蛋氨酸、色氨酸相对较少，消化率、生物学价值均高。

6. 肉骨粉　肉骨粉是由不适于食用的畜禽躯体、骨骼、胚胎等，经高温、高压、灭菌、脱脂干燥制成，含粗蛋白质35%～40%，脂肪8%～10%，矿物质10%～25%；与肉粉比较，矿物质含量较高。

7. 血粉　血粉由畜禽的血液制成。血粉的品质因加工工艺不同而有所差异。经高温、压榨、干燥制成的血粉溶解性差、消化降低；直接将血液于真空蒸馏器干燥制成的血粉溶解性好、消化率高。血粉中粗蛋白质含量很高，在80%以上，但品质不佳；缺乏蛋氨酸、异亮酸和甘氨酸，赖氨酸含量高达7%～8%；富含铁；但适口性差，消化率低，喂量不宜过多。

8. 羽毛粉　羽毛粉是家禽屠宰后的羽毛经高压水解后的产品，也称水解羽毛粉。羽毛粉中粗蛋白质的含量在80%以上，必需氨基酸的组成比较全面，胱氨酸含量特别丰富，但赖氨酸、蛋氨酸和色氨酸含量较少。虽然羽毛粉中的粗蛋白质含量较高，但多为角质蛋白，消化利用率低，不宜多喂；如与血粉、骨粉配合使用，可平衡营养，提高饲喂效果。

9. 饲料酵母　饲料酵母属单细胞蛋白质饲料，常由啤酒酵母制成。饲料酵母的粗蛋白质含量为50%～55%，氨基酸组成全面，富含赖氨酸，蛋白质含量和质量都高于植物性蛋白质饲料，消化率和利用率也高。饲料酵母含有丰富的B族维生素；因此，在肉兔的配合饲料中使用饲料酵母可以补充蛋白质和维生素，可提高整个日粮的营养水平。

（五）矿物质饲料

以提供矿物质元素为目的的饲料叫矿物质饲料。虽然肉兔饲料中含有一定量的矿物质元素，但远远不能满足其繁殖、生长和兔皮生产的需要，必须按一定比例额外添加。

1. 食盐 钠和氯是肉兔必需的无机物，而植物性饲料中钠、氯含量都少。此外，食盐还可以改善口味，提高肉兔的食欲。食盐是补充钠、氯的且价廉有效的添加源。食盐中含氯60%、钠39%，碘化食盐中还含有0.007%的碘。在獭兔日粮中添加0.5%的食盐，完全可以满足肉兔对钠和氯的需要量，食盐含量高于1%对肉兔的生长有抑制作用。使用含盐量高的鱼粉、酱油渣时，要适当减少食盐添加量，防止食盐中毒。

2. 钙补充饲料 通常青、粗饲料中所含的矿物质比较平衡，尤其是钙的含量较多，基本可以满足肉兔的生理需要；而精饲料中一般含钙较少，需要补充。常用的含钙矿物质补充饲料有石灰石粉、贝壳粉、蛋壳粉、骨粉等。

（1）*石灰石粉* 石灰石粉又称石粉，为天然的碳酸钙、含钙量一般在35%以上，是补充钙的最廉价、最方便的矿物质饲料。天然的石灰石，只要铅、汞、砷、氟的含量不超过安全系数，都可用作饲料。肉兔能耐受高钙饲料，但钙含量过高，会影响锌、锰、镁等元素的吸收。

（2）*贝壳粉* 贝壳粉是各种贝类外壳（蚌壳、牡蛎壳、蛤蜊壳、螺蛳壳等）经加工粉碎而成的粉状或粒状产品，碳酸钙含量在95%以上，钙含量不低于30%。品质好的贝壳粉，杂质少，含钙高，呈白色粉状或片状。

（3）蛋壳粉　由食品加工厂或大型孵化场收集的蛋壳，经干燥（82℃以上）、灭菌、粉碎后而得的产品，是理想的钙源补充料，利用率高。无论是蛋品加工后的蛋壳还是孵化出雏后的蛋壳，都残留有壳膜和一些蛋白，所以蛋壳粉中除了含30%～31%的钙以外，还含有4%～7%的蛋白质和0.09%的磷。

此外，大理石、白云石、白垩石、方解石、熟石灰、石灰水等都可作为钙源补充料，甜菜制糖的副产品滤泥也属于碳酸钙产品。

钙源补充料很便宜，但用量不能过多；否则，会影响钙、磷平衡，使钙、磷的消化、吸收和代谢都受到影响。微量元素预混料常常使用石粉或贝壳粉作为稀释剂或载体，使用量占配比较大，配料时应注意把其含钙量计算在内。

3. 磷补充饲料　富含磷的矿物质饲料有磷酸钙（磷酸二氢钙、磷酸氢钙、磷酸钙）、磷酸钠类（磷酸二氢钠、磷酸氢二钠）、磷矿石、骨粉等。利用这类饲料时，除了要注意不同磷源有着不同的利用率之外，还要考虑原料中有害物质，如氟、铅、砷等是否超标；另外，也要注意其所含矿物质元素比钙补充饲料复杂，使用时必须正确计算用量。例如，补充碳酸钙，一般不需变动其他矿物质元素的供应量；而磷补充饲料却不同，往往可引起两种以上矿物质元素的含量变化。例如，磷酸钙含磷又含钙，所以在计算用量时，只能先按营养需要补充磷，再调整钙和钠等其他元素的含量。

（1）骨粉　骨粉是同时提供磷和钙的矿物质饲料，是由动物杂骨经热压、脱脂、脱胶后干燥、粉碎制成的。由于加工方法不同，其成分含量和名称也各不相同，其基本成分是磷酸钙，钙、磷比为2∶1，是钙、磷较平衡的矿物质饲料。骨粉中含钙30%～35%，含磷13%～15%，还有少量的镁和其他元素。骨粉中氟的含量较高，但因配合饲料中骨粉的用量有限，只有1%～2%，所以不会因使用骨粉而导致氟中毒。

(2) 磷酸钙盐　磷酸钙盐能同时提供钙和磷。最常用的是二水磷酸氢钙（$CaHPO_4 \cdot 2H_2O$），可溶性比其他同类产品好，动物对其中钙和磷的吸收利用率也高。磷酸氢钙含钙20%～23%，含磷16%～18%。

4. 膨润土　膨润土是一种有层状结晶构造的含水铝硅酸盐矿物质，含有动物生长所需的铁、磷、钾、铝、铜、锌、锰、钴等20余种元素，具有营养、吸附、置换等功能。肉兔日粮中添加1%～3%的膨润土，能明显提高其生产性能，减少疾病的发生。

5. 麦饭石　麦饭石属钙碱性岩石系列，能吸附有害、有毒物质。麦饭石中含有27种动植物正常生长所需的元素；其中，11种为主要元素，16种为微量元素，是酶、维生素、激素的组成成分。肉兔日粮中的适宜添加量为1%～3%。有试验报告，兔配合饲料中添加3%的麦饭石，体重可提高23.18%，饲料转化率可提高16.24%。

（六）肉兔常用的添加剂饲料

添加剂是指为提高饲料利用率，保证或改善饲料品质，促进动物生产，保证其健康而掺入到饲料中的少量或微量的营养性或非营养性物质。近年来，随着饲料工业的迅猛发展，饲料添加剂的研究逐步深入，其在养殖业中的应用效果也越来越明显。

常用的添加剂主要有以下几种类型。

1. 矿物微量元素添加剂　该类添加剂能促进肉兔的生长发育，加速兔毛生长，保持兔毛光泽；同时，对种兔的繁殖也具有重要作用。肉兔所必需的微量元素有铁、铜、锰、锌、钴、碘、硒等。

选择微量元素添加剂时，须考虑它们的生物利用性、稳定性和物理性质。常用的添加剂有硫酸亚铁、碘酸钙、亚硒酸钠、硫酸钴等，有条件的兔场可以自配矿物质添加剂。

2. 维生素添加剂 目前，生产上常用的为复合维生素添加剂，配合饲料中的添加量为每千克70～100毫克。

3. 氨基酸添加剂 肉兔日粮多由植物性饲料组成，易缺乏蛋氨酸和赖氨酸，可通过在日粮中额外添加以满足肉兔的需要。添加量依饲料中氨基酸的含量而定，一般为0.1%～0.3%。

4. 驱虫保健剂 在集约化规模养殖中，除传染性疾病外，对肉兔危害最大的病为球虫病。一旦发生，常会造成巨大的经济损失。近年来研究出的添加到饲料中可防治肉兔球虫病的药物，常用的有氯苯胍、氯羟吡啶、马杜霉素铵盐和地克珠利等。

5. 抗菌促生长剂 该类添加剂具有有效防治细菌性疾病和促进动物快速生长的作用。常用的有：杆菌肽锌，建议添加量为40毫克/千克配合饲料；喹乙醇，建议添加量为30～60毫克/千克配合饲料；黄霉素，建议添加量为5毫克/千克配合饲料。

除此之外，添加剂的种类还有：酶制剂（主要为纤维素类分解酶）、微生态制剂（用动物体内有益微生物经特殊工艺而制成的活菌制剂），以及利用中草约和大蒜生产的添加剂，但这些添加剂还有待进一步开发和应用。

二、肉兔饲料的加工调制

（一）青绿饲料的加工调制

青绿饲料含水分高，宜现采现喂，不宜贮藏运输，必须制成青干草或干草粉，才能长期保存。干草的营养价值取决于制作原料的种类、生长阶段和调制技术。

一般豆科干草含较多的粗蛋白，有效能值在豆科、禾本科和禾谷类作物干草间无显著差别。在调制过程中，时间越短养分损失越小。在干燥条件下晒制的干草，养分损失通常不超过20%；在阴雨季节调制的干草，养分损失可达15%以上，大部分可溶性养分和维生素会损失。在人工条件下调制的干草，养分损失仅

5%～10%，其所含胡萝卜素多，为晒制的3～5倍。

调制干草的方法一般有两种：地面晒干和人工干燥。人工干燥法又有低温和高温两种。低温法是在45～50℃温度下室内停放数小时，使青草干燥；高温法是在50～100℃的热空气中脱水干燥6～10秒，即可完毕，一般植株温度不超过100℃，几乎能保存青草的全部营养价值。

（二）粗饲料的加工调制

粗饲料质地坚硬，含纤维素多；其中，木质素比例大，适口性差，利用率低，通过加工调制可使这些性状得到改善。

1. 物理处理 物理处理就是利用机械、水、热力等物理作用，改变粗饲料的物理性状，提高其利用率。具体方法有：①切短，使之有利于肉兔咀嚼，且容易与其他饲料配合使用。②浸泡，即在100千克的温水中加入5千克食盐，将切短的秸秆分批在桶中浸泡，24小时后取出，可软化秸秆，提高其适口性，便于肉兔采食。③蒸煮，将切短的秸秆于锅内蒸煮1小时后再焖2～3小时即可，可软化纤维素，增加适口性。④热喷，将秸秆、荚壳等粗饲料置于饲料热喷机内，用高温、高压蒸气处理1～5分钟后立即放在常压下使之膨化。热喷后的粗饲料结构疏松，适口性好，肉兔的采食量和消化率均能提高。

2. 化学处理 化学处理就是用酸、碱等化学试剂处理秸秆等粗饲料，分解其中难以消化的部分，以提高其营养价值。

（1）*氢氧化钠处理* 氢氧化钠可使秸秆结构疏松，并可溶解部分难以消化的物质，从而提高秸秆中有机物质的消化率。最简单的方法是将2%的氢氧化钠溶液均匀地喷洒在秸秆上，经24小时即可。

（2）*石灰液钙化处理* 石灰液不但具有同氢氧化钠类似的作用，可以补充钙质，而且更主要的是该方法简便，成本低。石灰液钙化处理的法是每100千克秸秆用1千克石灰、1～1.5千克食盐，加200～250千克的水搅匀配好，把切碎的秸秆放入浸泡5～10分钟，然后捞出放在浸泡池的垫板上，熟化24～36小时后即可给兔饲喂。

（3）碱酸处理　把切碎的秸秆放入1%的氢氧化钠溶液中，浸泡好后捞出压实，经12～24小时再放入3%的盐酸中浸泡。捞出后控干溶液即可给兔饲喂。

（4）氨化处理　用氨或氨类化合物处理秸秆等粗饲料，可软化植物纤维，提高粗纤维的消化率，增加粗饲料中的含氮量，改善粗饲料的营养价值。

3. 微生物处理　微生物处理就是利用微生物产生纤维素酶分解纤维素，以提高粗饲料的消化率。比较成功的方法有以下几种。

（1）EM处理法　EM是“有效微生物”（effective microorganisma）的英文缩写，是由光合细菌、放线菌、酵母菌、乳酸菌等10个属的80多种微生物复合培养而成。处理要点如下。

①秸秆粉碎　可先将秸秆用铡草机铡短，然后再在粉碎机内粉碎成粗粉。

②配制菌液　取EM原液2 000毫升，加糖蜜或红糖2千克、洁净水320千克，在常温下充分混合均匀。

③菌液拌料　将配置好的菌液喷洒在1吨粉碎好的粗饲料上，充分搅拌均匀。

④厌氧发酵　将混拌好的饲料一层层地装入发酵窖（池）内，边装边踩实。当饲料装至高出窖口30～40厘米时，上面覆盖塑料薄膜，然后再盖20～30厘米的细土，拍打严实，防止透气。少量发酵时，也可用塑料袋，关键是要压实，以创造厌氧环境。

⑤开窖饲喂　封窖后夏季5～10天，冬季20～30天即可开窖饲喂。开窖时要从一端开始，由上至下，一层层取料饲喂。取完饲草后，窖口要封盖，防止阳光直射、泥土污物混入和杂菌污

染。优质的发酵料具有苹果香味，酸甜兼具，肉兔经过适当驯食后，即可正常采食。

（2）秸秆微贮法　新疆海星牌发酵活杆菌是由木质纤维分解菌和有机酸发酵菌通过生物工程技术置备的高效复合杆菌剂，用来处理作物秸秆等粗饲料，效果较好。制作方法如下：

①秸秆粉碎　将麦秸、稻草、玉米秸等粗饲料用铡草机切碎或粉碎机粉碎。

②菌种复活　秸秆发酵活杆菌菌种每袋3克，可调制干秸秆1吨，或青秸秆2吨。在处理前，先将菌种倒入200毫升温水中充分溶解，然后在常温下放置1～2小时后使用，当天用完。

③菌液配制　以每吨麦秸或稻草，需要活菌制剂3克、食盐9～12千克（用玉米秸可将食盐降至6～8千克）、水1 200～1 400千克的比例配置菌液，充分混合。

④秸秆入窖　分层铺放粉碎的秸秆，每层厚20～30厘米，并喷洒菌液，使物料含水率达60%～70%，喷洒后踏实；然后再铺第二层，一直到高出窖口40厘米时再封口。

⑤封口　将最上面的秸秆压实，均匀洒上食盐，用量为每平方米250克，以防止上面的物料霉烂；然后盖塑料薄膜，膜上再铺20～30厘米的麦秸或稻草；最后覆土15～20厘米，密封，进行厌氧发酵。

⑥开窖和使用　封窖21～30天后即可饲喂。发酵好的秸秆应具有醇香和果香的酸甜味，手感松散，质地柔软湿润。取用时应先轻轻取下上层泥土，从一端开窖，一层层取用；取后再将窖口封严，防止雨水浸入和掉进泥土。开始饲喂时，肉兔可能不习惯，需有7～10天的适应期。

（三）能量饲料的加工调制

能量饲料的营养价值及消化率一般都较高，但是常常因为此类饲料的种皮、颖壳、内部淀粉粒的结构及某些精饲料中含有不良物质而影响营养成分的消化吸收和利用。所以，在饲喂这类饲料之前也应经过一定的加工调制，以便充分发挥其营养物质的作用。

1. 粉碎 这是最简单、最常用的一种加工方法。经粉碎后的子实便于咀嚼，可增加饲料与消化液的接触面，使消化作用进行得比较完全，从而提高饲料的消化率和利用率。

2. 浸泡 将饲料置于池子或缸中，按1∶1～1.5的比例加入水。谷类、豆类、油饼类的饲料经过浸泡，吸收水分，膨胀柔软，容易咀嚼，便于消化；而且浸泡后可以减轻某些饲料的毒性和异味，从而提高适口性。但是应掌握好浸泡的时间，时间过长，养分被水溶解易造成损失，适口性也降低，甚至会出现变质。

3. 蒸煮 马铃薯、豆类等饲料不能生喂，必须蒸煮以去除其毒性；同时，还可以提高其适口性和消化率。蒸煮时间不宜过长，一般不超过20分钟。否则，可使蛋白质出现变性和某些维生素遭到破坏。

4. 发芽 谷实子粒发芽后，一部分蛋白质可被分解成氨基酸；同时，糖分、胡萝卜素、维生素E、维生素C及B族维生素的含量也大大增加。此法主要是在冬、春季缺乏青饲料的情况下使用。方法是将准备发芽的子实用30～40℃的温水浸泡一个昼夜，其间可换水1～2次；然后把水倒掉，将子实放在容器内，上面盖上一块湿布，温度保持在15℃以上，每天早晚用15℃的清水冲洗1次，3天后即可发芽。在芽开始发出但尚未盘根以前，最好翻转1～2次。一般经6～7天，芽长3～6厘米时即可饲喂。

5. 制粒 就是将配合饲料制成颗粒饲料。肉兔具有啃咬坚硬食物的特性，这种特性可刺激其分泌消化液，增强消化道蠕动，从而提高对食物的消化吸收。将配合饲料制成颗粒，可使淀粉熟化；大豆和豆饼及谷物中的抗营养因子发生变化，减少对肉兔的危害；保持饲料的均质性，可显著提高配合饲料的适口性和消化率，提高生产性能，减少饲料浪费；便于贮存运输；有助于减少疾病传播。

第三节　肉兔的日粮配合

一、肉兔日粮配合的意义

传统养兔多以单一饲料或简单的几种饲料混合饲喂，不能满足肉兔的营养需要，即饲料营养不平衡，因此影响了肉兔生产性能的发挥。因为任何一种饲料都不可能满足肉兔不同生理阶段对各种营养物质的需要，而只有多种不同营养特点的饲料相互搭配，取长补短，才能克服单一饲料营养不全面的缺陷，满足肉兔的营养需要。

配合饲料就是根据不同品种、生理阶段、生产目的和生产水平等对营养的需要和各种饲料中有效成分的含量把多种饲料按照科学的配方配制而成的全价饲料。利用配合饲料喂兔，能最大限度地发挥肉兔的生产潜力，提高饲料利用率，降低成本，提高效率。

需要指出的是，虽然肉兔的全价饲料具有营养需要量和饲料营养价值表的科学依据，但是这两方面都仍处在不断研究和完善过程中。因此，应用现有的资料配制的全价饲料应通过实践检验，根据实际饲养效果因地制宜地做些修正。

二、肉兔日粮配合的一般原则

（一）因兔制宜

要根据肉兔的不同品种、性别、生理阶段，参照营养标准及饲料成分表进行配制，不可照搬饲养标准，也不可千篇一律让所有的肉兔都吃同一种饲料。比如，较耐粗饲的塞北兔、比利时兔和太行山兔（虎皮黄兔）的饲料配方应与对营养要求较高的新西兰兔、布列塔尼亚兔等有所区别。仔兔（补料）、幼兔、母兔空怀期、妊娠期及泌乳期等阶段的饲料应有所区别。而同一品种和同一生产阶段，不同生产性能的肉兔的饲料也应有所不同。

（二）因时制宜

设计配方要根据季节和天气情况而灵活掌握。在农村，夏、秋季节青饲料供应充足，只要设计精饲料补充料即可；而在冬、春季节，青饲料缺乏，在设计配方时，应增补维生素，并适当补喂多汁饲料。在多雨季节应适当增加干料，在季节交替时，饲料应逐渐过渡等。

（三）注意饲料的适口性

一组营养较全面而适口性不佳的饲料，也不能说是好饲料。因适口性的好坏直接影响到肉兔的采食量，适口性好的饲料肉兔爱吃，可提高饲养效果；如果适口性不好，即使饲料的营养价值很高，也会降低其饲养效果。因此，在设计配方时，应熟悉肉兔的嗜好，选用合适的饲料原料。一般而言，肉兔喜吃味甜、微酸、微辣、多汁、香脆的植物性饲料；不喜吃有腥味、干粉状和有其他异味（如霉味）的饲料。

（四）注意饲料的多样性

肉兔对营养的需求是多方面的，不同饲料所含营养物质成分有所不同，任何一种饲料都不可能完全满足肉兔的需要。所以，应该尽量选用多种饲料并进行合理搭配，以实现不同种类饲料的营养互补，种类一般不应少于3～5种。

（五）廉价性

选择饲料种类，要立足当地资源。在保证营养全面的前提下，尽量选择那些当地数量大、来源广、容易获得、成本低的饲料种类。要特别注意开发当地的饲料资源，如农副产品下脚料（酒糟、醋糟、粉渣）等。

（六）安全性

选择任何饲料，都应按照对兔无毒无害，符合安全性的原则。因此，青饲料及果树叶，要防止农药污染；有毒饼类（如棉子饼、菜子饼等）要作脱毒处理，在无脱毒或脱毒不彻底的情况下，要限量使用；块根、块茎类饲料应无腐烂；其他精饲料，如玉米、麸皮等应避免受潮发霉；药渣，如土霉素渣，四环素渣、洁霉素渣等要保证质量，并限量使用，一般在育肥后期停用。

配制好的日粮的营养水平要与选用的饲养标准基本符合，允许的误差为±5%。

三、肉兔的饲养标准

饲养标准是用以表明肉兔在一定生理阶段，从事某种方式的生产，为达到某一生产水平和效率，每只每天供给的各种营养物质的种类和数量，或每千克饲粮各种营养物质的含量或百分比。饲养标准含有安全系数，并附相应的饲料营养价值表。

肉兔在不同生长时期和不同生理状况下，对各种营养的需要量不同。根据饲养标准配合日粮，能经济有效地利用饲料，充分发挥肉兔的生产潜力。

目前，国外不少国家对于不同种的肉兔均拟有饲养标准，我国还没有适合我国肉兔的饲养标准。结合我国兔养殖的实际生产情况，有关专家研究制订了建议营养量（表 5-4）。目前，我国大部分地区兔的日粮结构是青绿多汁饲料加精饲料补充料。为适应这种需要，根据建议营养供给量和一般青饲料喂量，又拟定了一个精饲料补充料建议营养浓度（表 5-5），供大家参考。

表 5-4 建议营养供给量（每千克风干饲料含量）

营养指标	生长兔 3~12周龄	生长兔 12周龄以上	妊娠兔	哺乳兔	成年产毛兔	生长育肥兔
消化能（兆焦）	12.12	10.45~11.29	10.45	10.87~11.29	10.03~10.87	12.12
粗蛋白质（%）	18	16	15	18	14~16	16~18
粗纤维（%）	8~10	10~14	10~14	10~12	10~14	8~10
粗脂肪（%）	2~3	2~3	2~3	2~3	2~3	3~5
钙（%）	0.9~1.1	0.5~0.7	0.5~0.7	0.8~1.1	0.5~0.7	1
磷（%）	0.5~0.7	0.3~0.5	0.3~0.5	0.5~0.8	0.3~0.5	0.5
赖氨酸（%）	0.9~1.0	0.7~0.9	0.7~0.9	0.8~1.0	0.5~0.7	1.0
胱氨酸+蛋氨酸（%）	0.7	0.6~0.7	0.6~0.7	0.6~0.7	0.6~0.7	0.4~0.6
精氨酸（%）	0.8~0.9	0.6~0.8	0.6~0.8	0.6~0.8	0.6	0.6
食盐（%）	0.5	0.5	0.5	0.5~0.7	0.5	0.5
铜（毫克）	15	15	10	10	10	20
铁（毫克）	100	50	50	100	50	100
锰（毫克）	15	10	10	10	10	15
锌（毫克）	70	40	40	40	40	40
镁（毫克）	300~400	300~400	300~400	300~400	300~400	300~400
碘（毫克）	0.2	0.2	0.2	0.2	0.2	0.2
维生素A（国际单位）	6 000~10 000	6 000~10 000	6 000~10 000	8 000~10 000	6 000	8 000
维生素D（国际单位）	1 000	1 000	1 000	1 000	1 000	1 000

表 5-5　精饲料补充料建议营养浓度（每千克风干饲料含量）*

营养指标	生长兔		妊娠兔	哺乳兔	成年产毛兔	生长育肥兔
	3～12周龄	12周龄以上				
消化能（兆焦）	12.96	12.54	11.29	12.54	11.70	12.96
粗蛋白质（%）	19	18	17	20	18	19～18
粗脂肪（%）	3～5	3～5	3～5	3～5	3～5	3～5
粗纤维（%）	6～8	6～8	8～10	6～8	7～9	6～8
钙（%）	1.0～1.2	0.8～0.9	0.5～0.7	1.0～1.2	0.6～0.8	1.1
磷（%）	0.6～0.8	0.5～0.7	0.4～0.6	0.9～1.0	0.5～0.7	0.8
赖氨酸（%）	1.0	1.0	0.95	1.1	0.8	1.1
胱氨酸+蛋氨酸（%）	0.8	0.8	0.75	0.8	0.8	0.7
精氨酸（%）	1.0	1.0	1.0	1.0	1.0	1.0
食盐（%）	0.5～0.6	0.5～0.6	0.5～0.6	0.6～0.7	0.5～0.6	0.5～0.6

*　为达到建议营养供给量的要求，精饲料补充料中应添加适量微量元素和维生素预混料。精饲料补充料日饲喂量应根据体重和生产情况而定，为50～150克。此外，每天还应喂给一定量的青绿多汁饲料或与其相当的干草。青绿多汁饲料日喂量为：12周龄前0.1～0.25千克，哺乳母兔1.0～1.5千克，其他生长阶段兔0.5～1.0千克。

四、肉兔饲料的配制方法

肉兔饲料配制的方法很多，目前在生产实践中常用的主要有电脑运算法和手算法。

（一）电脑运算法

运用电脑制订饲料配方，主要根据所用饲料的品种和营养成分、兔对各种营养物质的需要量及市场价格变动情况等条件，将有关数据输入计算机，并提出约束条件（如饲料配比、营养指标等），根据线性规划原理很快就可计算出能满足营养要求而价格较低的饲料配方，即最佳饲料配方。

电脑运算法配方的优点是速度快、计算准确，是饲料工业现代化的标志之一。但需要有一定的设备和专业技术人员。

（二）手算配方法

手算饲料配合方法包括试差法、公式法和对角线法等，其中以试差法较为实用。现以生长兔饲料配方为例，举例说明如下。

1. 查出营养需要量　根据兔建议营养供给量（表5-4），每千克12周龄以上生长兔饲料中应含消化能10.45～11.29兆焦，粗蛋白质16%，粗纤维10%～14%，钙0.5%～0.7%，磷0.3%～0.5%。

2. 从饲料营养成分表中查出各自的营养成分，见表5-6。

表5-6　饲料营养成分

饲料	消化能（兆焦/千克）	粗蛋白质(%)	粗纤维（%）	钙（%）	磷（%）
稻草粉	5.52	5.4	32.7	0.28	0.08
玉米	15.44	8.6	2.0	0.07	0.24
大麦	14.07	10.2	4.3	0.10	0.46
麸皮	11.92	15.6	9.2	0.14	0.96
豆饼	14.37	43.5	4.5	0.28	0.57

3. 以现有的饲料原料为基础，根据经验初步拟出饲料配方，然后根据饲料所含营养成分计算出初步配方中的各指标的营养需要量，见表5-7。

表 5-7 饲料初步配方

饲料	配合比例（%）	消化能（兆焦/千克）	粗蛋白质（%）	粗纤维（%）	钙（%）	磷（%）
稻草粉	30	1.657	1.620	9.81	0.084	0.024
玉米	18	2.779	1.548	0.36	0.002	0.043
大麦	20	2.814	2.040	0.86	0.020	0.093
麸皮	15	1.788	2.340	1.38	0.021	0.114
豆饼	15	2.156	6.525	0.675	0.042	0.086
合计		11.194	14.070	13.09	0.169	0.390
营养需要		10.29～10.45	16	10～14	0.5～0.7	0.3～0.5
比较			−1.93			

以上配方所含的消化能和粗纤维已经能够满足兔的营养需要，但粗蛋白含量还缺 1.93%；所以，应该增加蛋白饲料的比例，再最后考虑钙、磷的含量。

4. 调整配方 用一定量的蛋白质含量高的豆饼代替等量玉米，所代替的比例确定如下：

$$\frac{1.93}{(0.435-0.086)}=\frac{1.93}{0.349}=5.5$$

调整后的饲料配方见表 5-8。

表 5-8 调整后的饲料配方

饲料	配合比例（%）	消化能（兆焦/千克）	粗蛋白质（%）	粗纤维（%）	钙（%）	磷（%）
稻草粉	30	1.657	1.620	9.81	0.084	0.024
玉米	12.5	1.930	1.075	0.25	0.001	0.030
大麦	21	2.814	2.04	0.86	0.020	0.093
麸皮	15	1.788	2.34	1.38	0.021	0.114
豆饼	20.5	2.946	8.918	0.923	0.057	0.117
合计	99	11.135	15.993	13.223	0.183	0.408

同营养需要相比较，消化能、粗蛋白、粗纤维和磷已经基本满足需要，只是钙含量不足，但可以通过添加石粉来提高钙的含量。1.5%的石粉可增加的钙为1.5%×35%（石粉含钙为35%）=0.525%，这时钙含量为0.525%+0.183%=0.708%，已经可以满足营养需要，剩下0.5%加食盐即可。

5. 根据调整结果列出饲料最后的配方和营养价值，见表5-9。

表5-9　12周龄以上生长兔饲料配方

饲料	配合比例（%）	营养价值	
稻草粉	30	消化能（兆焦/千克）	11.14
玉米	12.5	粗蛋白（%）	16
大麦	21	粗纤维（%）	13
麸皮	15	钙（%）	0.71
豆饼	20.5	磷（%）	0.41
石粉	0.5		
食盐	0.5		
合计	100		

该饲料配方可根据需要，按每吨饲料量添加一定量的维生素和微量元素添加剂。

以上所配饲粮是单一饲料，目前，我国肉兔生产中多采用的是“青粗饲料+精饲料补充料”的方式，为了适应这种饲喂方法，仍可采用上述饲粮配制方法，只不过要参照表5-5。设计营养浓度较高的精饲料补充料配方，然后再补充一定量的青粗饲料，合并饲喂，其饲喂量参考表5-5的注释。

（三）肉兔全价饲料配方举例

1. 肉兔幼兔全价配合饲料配方　该配方以草粉、大麦、玉米、豆饼、鱼粉为主。每千克饲料中含消化能10.46～10.88兆焦、粗蛋白质15%～17%、粗纤维12%～14%、粗脂肪2.5%～3.5%、钙0.7%～0.9%、磷0.6%～0.8%（表5-10）。

表5-10 肉用幼兔全价配合饲料推荐配方

饲　料	1～3月龄	3～5月龄
干草粉（%）	30	40
大麦或玉米（%）	19	24
小麦或燕麦（%）	19	10
豆饼（%）	13	10
麦麸（%）	15	12
鱼粉（%）	2	2.5
肉粉（%）	1	0.5
骨粉（%）	0.5	0.5
食盐（%）	0.5	0.5

注：每吨饲料添加多维200克，硫酸亚铁100克，碳酸钙25克，碳酸锌14克，硫酸铜3克。

2. 肉用种兔全价配合饲料配方　该配方以混合干草粉、玉米粉、豆饼、麦麸、鱼粉、骨粉为主。每千克饲料含消化能10.46～11.3兆焦，粗蛋白质15%～18%，粗纤维12%～14%，粗脂肪2.5%～3.5%，钙0.6%～1.1%，磷0.5%～0.8%。广谱饲料饲喂种公兔及妊娠母兔；哺乳母兔饲料可饲喂带仔6～8只的哺乳母兔；浓缩饲料可饲喂瘦弱兔或作“青粗饲料＋精饲料补充料”饲养方式的精饲料补充料（表5-11）。

表5-11 肉用种兔全价配合饲料推荐配方

饲　料	广谱饲料	哺乳母兔饲料	妊娠母兔饲料	浓缩饲料
混合草粉（%）	35	20	28	15
玉米粉（%）	35	40	40	40
豆饼（%）	10	20	15	25

（续）

饲　料	广谱饲料	哺乳母兔饲料	妊娠母兔饲料	浓缩饲料
麦麸（%）	12.5	12.5	10.5	5.5
鱼粉（%）	5	4	4	10
骨粉（%）	2	3	2	4
食盐（%）	0.5	0.5	0.5	0.5

注：每吨饲料添加多维 200 克，氯化胆碱 400 克，硫酸亚铁 100 克，硫酸铜 10 克。

3. 生长育肥兔全价配合饲料配方　该配方以草粉、大麦、玉米、豆饼、鱼粉等饲料为主。每千克饲料含消化能 10.46～11.88 兆焦，粗蛋白质 14%～15%，粗纤维 15%～16%，钙 0.6%～0.9%，磷 0.3%～0.4%（表 5-12）。

表 5-12　生长育肥兔全价配合饲料推荐配方

饲　料	配方 1	配方 2
优质干草粉（%）	30	20
秸秆粉（%）	10	20
大麦或玉米（%）	16	14
小麦或燕麦（%）	16	14
麦麸（%）	9	9
豆饼（%）	14	18
鱼粉或肉粉（含粗蛋白质 55%～65%）（%）	2	2
饲料酵母或骨粉（%）	1	1
骨粉（%）	1.5	1.5
食盐（%）	0.5	0.5

注：每吨饲料添加多维 200 克，硫酸亚铁 100 克，碳酸钙 25 克，碳酸锌 14 克，硫酸铜 3 克。

4. 各类生长阶段兔精饲料补充料配方　见表 5-13。

表 5-13 各类生长阶段兔精饲料补充料配方

饲料	生长兔			妊娠兔	哺乳兔	生长育肥兔
	3～8 周龄	9～12 周龄	12 周龄以上			
玉米（%）	36.8	35	35	25	27.5	35
大麦（%）	10.45	9.5	12.5	6	12.5	9.5
麸皮（%）	21.9	20	6.5	19	6	20
豆饼（%）	26.9	27	30.5	25	30.5	27
大豆（热处理）（%）	—	—	—	—	6.5	—
草粉（%）	—	5	12.4	23	12.5	5
骨粉（%）	0.9	0.8	0.75	0.6	3	0.8
石粉（%）	1.9	1.7	1.25	0.37	0.37	1.7
食盐（%）	0.57	0.50	0.60	0.60	0.63	0.50
赖氨酸（%）	0.28	0.25	0.19	0.15	0.19	0.25
蛋氨酸（%）	0.30	0.25	0.31	0.28	0.31	0.25

第六章 肉兔的饲养管理

肉兔的饲养管理指的是通过对不同阶段肉兔的科学喂养，配合以适宜的环境条件，耐心细致地管理，使其达到低投入、高产出、高效益的目的。饲养管理是养好肉兔的重要环节之一。实践证明，饲养管理得当，会使兔群健壮，产品合格率高，生产成本低；相反，缺乏科学的饲养管理，即使有了优良品种及丰富的饲料，仍然会出现肉兔繁殖率降低、生长发育不良、品质下降、死亡率增加、生产成本上升等问题。因此，肉兔的饲养管理关系到养兔业的成败。

第一节 肉兔的一般饲养管理技术

一、肉兔的一般饲养管理原则

肉兔属于食草家畜，因其消化道结构及消化生理的特殊性，对营养、饲料及饲喂技术的要求明显不同于其他畜禽。只有科学搭配饲料，科学喂养，才能保证兔群健壮。

（一）以青粗饲料为主，精饲料为辅

因为兔是单胃食草动物，如日粮中粗纤维含量过少，兔的正常消化功能就会受到扰乱，甚至引起腹泻。所以，肉兔养殖要以青粗饲料为主，精饲料为辅，这一原则更符合我国国情。即使现代化集约兔场全部用颗粒饲料饲喂肉兔，也要遵循这一原则，在颗粒饲料中要掺加适当比例的青粗饲料（如苜蓿草粉等）。在养

兔实践中要纠正两种偏向：一种认为兔是食草动物，只喂草（甚至质量低劣的草）不补料也能养好，结果造成兔的生长缓慢、生产性能下降，致使养殖效益差；另一种认为要使兔快长高产，必须喂以大量精饲料，甚至只喂料不喂草，结果造成兔出现严重的消化道疾病，甚至死亡。

（二）多种饲料，合理搭配

因为各种饲料所含的营养成分不同，而兔需要多种营养成分。所以，多种饲料合理搭配能取长补短，使兔获得全面的营养。例如，禾本科子实，一般含赖氨酸和色氨酸较少，而豆科子实含赖氨酸和色氨酸较多，这两类饲料合理搭配，能取长补短，营养全面。

（三）注意饲料质量，进行合理调制

饲喂肉兔的饲料不仅要新鲜，没有发生霉烂变质，而且要注意农药残留及“二噁英”的污染。农药残留已成为我国兔肉出口中存在的严重问题，每年都有一些兔肉产品因农药残留超标而被退货。1999 年，比利时、荷兰、德国、法国等相继发生因饲料被二噁英污染，导致畜禽产品含有高浓度二噁英而被销毁的事件，所以，饲料质量问题应引起各个养兔场（户）的高度重视。除了防止饲料被有害物质污染外，还要做到合理调制。例如，为防止青绿饲料被农药等污染或饲料中夹有泥沙，可以用清水冲洗干净，晾干后再喂；水生饲料应剔除变质、污染的部分，水洗后晾至半干再喂；块根、块茎饲料应洗净、切碎，最好切成丝后再与精饲料拌和饲喂；干草应除去霉烂变质部分，抖净尘土，最好加工成草料饲喂；粉状精饲料也应加水拌湿或制成颗粒饲料饲喂。

（四）变换饲料，逐渐过渡

一般农户喂兔的饲料种类随季节变化而有相应改变，夏、秋

季以青饲料为主，冬、春季以干草和块根、块茎类饲料为主。更换饲料时，要逐渐增加新换饲料的量，使兔对新饲料有个适应的过程。如果突然更换饲料，不仅会使肉兔食量下降，甚至会引起消化机能紊乱，易患肠胃疾病。

（五）掌握定时、定量的饲喂标准

兔的饲喂方式有两种：一种是自由采食（即不定量饲喂），通常集约化兔场采用全价颗粒饲料喂兔时多采用这一方式；另一种是限量（即定量）饲喂，我国广大农村多实行限量饲喂即定时、定量，这样不仅可减少饲料浪费，而且有利于饲料的消化吸收。定时、定量怎么定？要考虑各类肉兔不同的生长发育阶段。一般情况下，幼兔的饲喂次数多于青年兔，青年兔多于成年兔。定量就是根据不同品种、性别、年龄及生产性能等营养的需要，科学地制订饲料的喂量。兔的定量标准见表6-1、表6-2。

表6-1　兔干草日喂量与体重比例

体重（克）	日喂量（克）	占体重比例（%）	体重（克）	日喂量（克）	占体重比例（%）
500	155	31	2 500	325	13
1 000	220	22	3 000	360	12
1 500	255	17	3 500	385	11
2 000	300	15	4 000	400	10

表6-2　生长兔颗粒饲料日喂量

兔龄（周）	体重（克）	日增重（克）	日喂量（克）
4	600	20	45
5	800	30	70
6	1 100	40	100
7	1 420	45	135

（续）

兔龄（周）	体重（克）	日增重（克）	日喂量（克）
8	1 782	50	135
9	2 025	40	140
10	2 300	35	140
11	2 500	30	140
平均		36	112

（六）供给充足饮水

一般都不把水作为营养物质考虑，所以在饲养标准中也未列入。实际上，水分是动物除空气外最迫切需要的养料。兔体组成离不开水（兔体含水约70%）。水对饲料的消化吸收、养料的输送、废物的排泄、体温的调节以及体内渗透压的维持、减少关节的摩擦等都是必需的。兔如长期缺水，可引起消化障碍，产生便秘，肾、脾肿大，生长缓慢，体重下降等；如失去体内水分的20%，会引起死亡。所以，在日常饲养管理中不可忽视水的供应。兔的需水量一般为每天每千克体重100毫升左右，为饲料干物质的2倍。当然，饮水量与季节、饲料特性、年龄及生理状况等因素有关。炎热的夏季需水分较多，给肉兔饲喂大量的青绿多汁饲料，可减少水的供应。幼兔生长发育快，需水量更大。母兔分娩时失水较多，如供水不足，易发生吃仔现象。

（七）种兔和商品兔要区别饲养

“炒种”已成为制约我国兔业发展的重要因素之一。某些人利用供种、回收手段，甚至把回收来的不符合种兔标准要求的商品兔也当种兔高价出售，由此造成兔种退化、兔产品质量下降等严重后果。为了制止“炒种”，严格区分种兔和商品兔的饲养要求十分必要。众所周知，要培育高质量的种兔，必须从配种胎次、仔幼兔的培育抓起。在各个发育阶段，种兔与商品兔在营养要求和饲养技术上都是有区别的，种兔必须按要求进行培育，详细的培育技术将在后面叙述。

二、肉兔管理基本原则

（一）创造良好的生活小环境

环境条件是影响肉兔健康状况和生产性能的重要因素之一。肉兔胆小怕惊，对声响、光照、气味、颜色、气温、食物种类、饲养程序等突发性变化易产生应激反应。所以，饲养方式和笼舍设备是否合理，兔舍内空气是否新鲜，舍内温、湿度是否适宜等，必须随时检查，发现问题及时解决。由于兔胆小怕惊，所以要保持周围环境的安静，防止其受到惊吓，避免环境改变对兔产生应激反应。日常管理时，动作要轻，防止陌生人或其他动物进入兔舍。

（二）分群管理，专人喂养

一般要求把种兔和商品兔分开饲养；种公兔、妊娠母兔、哺乳母兔应单笼饲养；幼兔和青年兔也应按年龄、性别、强弱分群饲养。饲养员要定人、定岗，且要相对稳定，不要随意变更，必要时可实行定额管理、超产奖励制度，以调动饲养员的积极性和创造性，把肉兔养好。

（三）制定合理的工作程序

也就是说每天喂料要定时、定量、相对稳定；饲料变换不宜太突然、太频繁，要逐渐过渡。

（四）适当运动，增强体质

对种兔来说，运动非常必要。运动不但可以增强体质、提高性欲和繁殖性能，还可减少呼吸道等疾病的发生。但在笼养条件下，运动比较困难，可以根据具体情况采取如下办法：一是适当加大种兔笼的面积，产仔箱可悬挂笼外或进行定时哺乳，以方便兔在笼内活动；二是有条件的兔场，可以将种公兔定时放出笼外活动，但要防止公兔间出现互相咬斗。

（五）勤观察，细检查

观察和检查是一门科学，能体现饲养管理人员责任心的强弱。兔养得好坏，很大程度上在于饲养员是否勤快，是否多观察、多动手，是否及时发现问题并及时处理。兔群观察的内容包括以下几点。

1. 健康观察 包括肉兔的精神状态、行为表现、食欲好坏、粪便状况、被毛状况等，必要时可配合进行体温、呼吸、脉搏等常规检查。

2. 发情观察 母兔发情不像猪、牛表现得明显，全靠饲养人员进行外阴观察和检查才能发现母兔是否发情。否则，极易发生漏配不孕。一般在配种季节，要求饲养人员在喂食、清洁卫生完成之后，要对母兔进行发情检查和发情鉴定。

3. 采食观察 每次喂食后，饲养员要检查肉兔的采食情况，是否有剩料或喂量不足，可作下一次喂量调整的依据，以免浪费饲料或影响生长。特别注意的是什么时间采食多、什么时间采食少，以便适时增减饲料，这样做一方面可减少浪费，另一方面特别是在夏季可防止兔舍被腐烂的食物污染，减少兔只感染疾病的概率。

（六）保持卫生，严格防疫

加强卫生防疫工作，是兔场安全生产的保证。平时每天清除粪尿，以保持兔舍、笼具的清洁卫生，做好定期消毒和春、秋两季的防疫工作。一旦发生疫病，更要做好病兔的隔离、消毒、防疫及治疗工作。

三、肉兔饲养管理基本技术

（一）捉兔

捉兔是日常管理中经常要遇到的，如在发情鉴定、妊娠检查、疾病诊断、药物注射等时。捉兔方法应正确，否则易造成不良后果。

捉兔前，可将笼内食槽、水盆移开，右手从兔前部挡住兔子，使其匍匐不动，随即把其耳朵轻轻地压在肩峰处，并抓住颈部皮肤，将其提起。随后左手托住肉兔臀部，使其重心移到左手上。移兔时，为防止兔的脚爪蹬地、挣扎而嵌入到踏板的缝隙中，造成骨折或爪折，可将兔以背部向外的方式倒退离开兔笼（图6-1、图6-2、图6-3）。

图6-1　正确的捉兔方法

图6-2　错误的捉兔方法一

为防止兔爪搔伤皮肤，应使兔四肢向外，背部朝向人的胸部。对于有咬人恶癖的肉兔，可先将其注意力移开（如以食物引逗），然后再迅速抓住其颈肩部皮肤。

（二）公、母鉴别

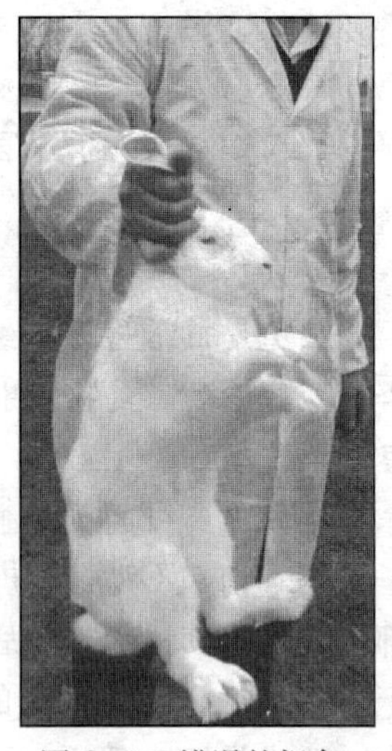

图 6-3 错误的捉兔方法二

仔兔出生后需要作性别鉴定时，一般可通过观察阴部生殖孔形状和与肛门的间距来识别。孔洞扁形而略大，与肛门间距较近者为母兔；孔洞圆形而较小，与肛门间距较远者为公兔。

对于开眼后的仔兔，可通过检查其生殖器来确定性别。用左手抓住仔兔的耳颈部，右手食指与中指夹住仔兔的尾巴，用大拇指轻轻向上推开生殖器，公兔的局部呈 O 形，并可翻出圆筒状突起；母兔的则呈 V 形，下端裂缝延至肛门，无明显突起。这种方法简便准确，容易掌握。

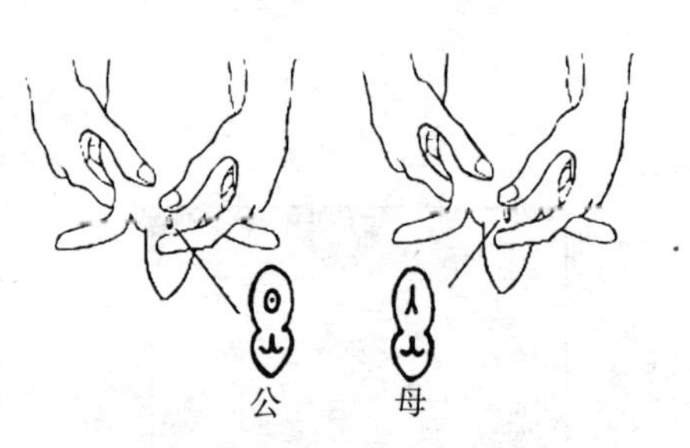

图 6-4 公、母兔鉴别

3 月龄以上青年兔的性别鉴定比较容易。一般轻压其阴部皮肤，当生殖孔张开时，中间有圆柱状突起者为公兔，有尖叶形裂缝朝向尾部者为母兔（图 6-4）。

（三）年龄鉴别

肉兔最准确的年龄鉴别就是查看记录档案。如果在无记录可查的情况下，只能根据肉兔的体表与外形大概估计。一般认为，6 个月至 1.5 岁的兔为青年兔，1.5～2.5 岁的兔为壮年兔，2.5 岁以上的兔为老年兔。鉴别时一般依据趾爪、牙齿、被毛等情况来判断（图 6-5）。

1. 幼兔 幼兔趾爪短细而平直，有光泽，隐藏在脚毛之中。白色兔趾爪的颜色基部呈粉红色，尖部呈白色。幼兔的趾爪红色多、白色少。一般情况下，红色和白色相等的幼兔约 1 岁，红色多于白色的幼兔不足 1 岁。幼兔眼神明亮。行动活泼。皮板薄而紧密，富有弹性。门齿洁白、短小而整齐，齿间隙极小。

图 6-5 不同年龄肉兔的趾爪

2. 青年兔 趾爪较长，白色稍多于红色。行动敏捷，精神饱满。牙齿呈白色，稍长大，粗糙，较整齐。皮肤结实紧密。

3. 老年兔 趾爪粗糙，长而不整齐，爪尖弯曲或折断，约一半趾爪露在脚毛之外。趾爪白色部分多于红色部分。眼神颓废。行动迟缓。门齿浅黄，厚而长，粗糙，不整齐，有破损，齿间隙大。

（四）编号

为了便于日常管理和生产性能的记录，以及选种、选配和进行科学试验，对种兔及试验兔应进行编号。

编号在仔兔断乳前进行，同时应进行造册登记。一般习惯将耳号打在一只耳朵上，公兔在左耳，母兔在右耳。有的习惯公兔用奇数、母兔用偶数来编号。具体编号方法如下。

1. 针刺法 在兔耳内侧中间无血管处用钢笔（笔尖在石头上磨掉尖部突出物）蘸取加有食醋的墨汁（墨汁中加入适量的醋亦可），刺破表皮，达到真皮即可。针刺时，笔尖不可刺破肉兔耳壳皮肤，要用力均匀，深浅一致，刺点距离匀称，数天后就成为永不退色的蓝色号码。此法简便，适合采用（图 6-

6）。

2. 耳标戳法 用大头针排成号码，铸在石膏上或熔铸在铝金属上，制成不同号码的戳印。在编号时，先在兔耳壳内侧中部消毒，然后涂些醋墨，再用戳印按刺一下即成。

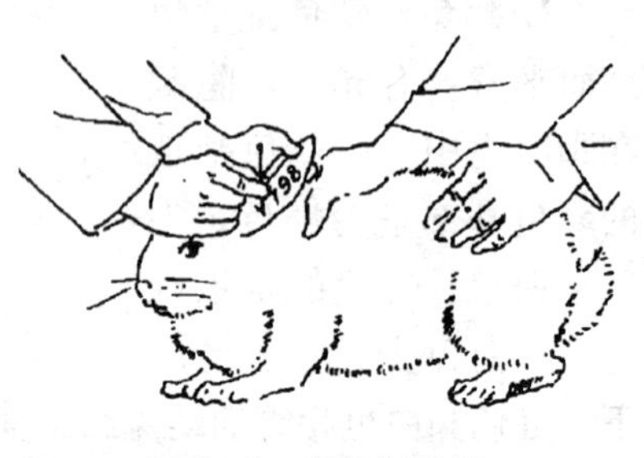

图 6－6 兔针刺编号

3. 耳标钳法 用特制的耳标钳，按一定的号码，在已消毒、涂过墨的耳内侧钳压一下即成（图 6－7、图 6－8）。

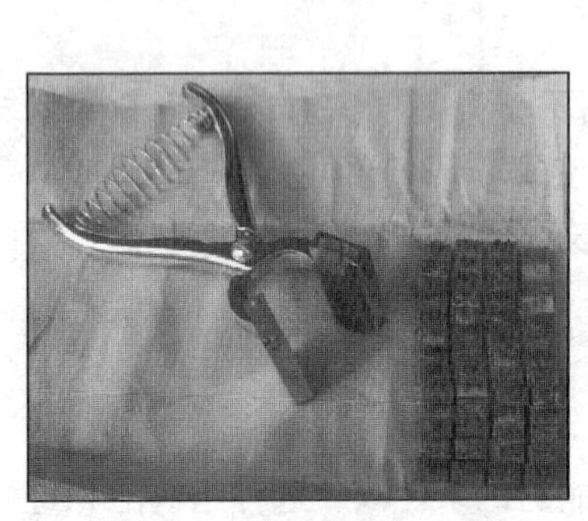

图 6－7 兔耳标钳及号牌

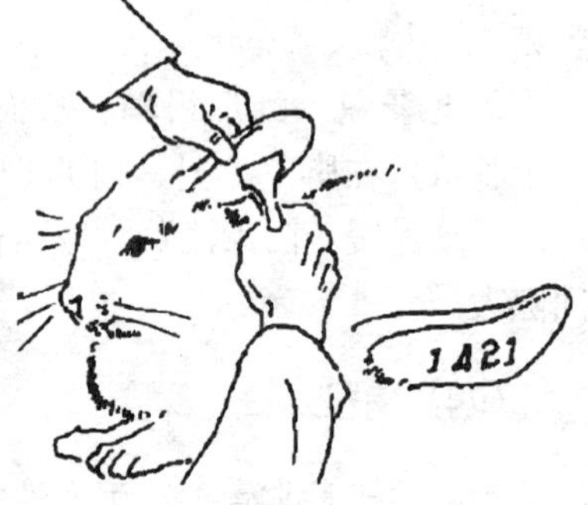

图 6－8 兔耳标钳编号

4. 耳标法 在铝制耳标上预先打印好要编的号码，然后卡在耳朵上。上耳标时，需两个人操作，一个人将兔保定，另一个人在耳朵根部上边内侧无毛处，先消毒，然后用小尖刀扎一个小口，将耳标穿进小口，围成圆圈进行固定即可。此法常使兔疼痛难忍，发出叫声，故多不采用。

（五）去势

凡不留作种用的小公兔都应进行去势。公兔去势后，性情温顺，便于群养，能加快生长速度，提高毛的产量，防止劣种流传。去势方法有以下几种。

1. 阉割法 阉割时，将公兔腹部向上，用绳子将四肢分开绑在桌角上。先用左手将睾丸由腹腔挤入阴囊并捏紧固定，然后用酒精消毒切口处，再用消过毒的手术刀将阴囊纵切一个小口后将睾丸挤出。如果是成年大公兔，由于血管较粗，为防止出血过多，可采用捻转止血法止血，或进行结扎，然后切断精索。随后，用同样的方法摘除另一侧睾丸。最后，在切口处用碘酒消毒（图 6－9）。实践证明，刀割去势法比较好。去势后，伤口愈合快，兔的痛苦较小。

2. 结扎法 用上述固定方法将睾丸挤到阴囊中，再在睾丸下边精索处用尼龙线扎紧，或用橡皮筋套紧，两侧睾丸分头进行（图 6－10）。采用此法，能阻止血液流通，达到去势的目的。结扎后，睾丸很快肿大，半个月后逐渐萎缩脱落。

图 6－9 阉割法　　图 6－10 结扎法

3. 药物去势法 用 3％的碘酒注入睾丸，每只睾丸注射 0.5～1.0 毫升。注射后，睾丸肿胀，半月后逐渐萎缩消失。此法适用于性成熟后睾丸已下降到阴囊中的较大公兔。注射时一定要将药液注入睾丸内，药液注在睾丸外能引起肉兔死亡。

（六）剪爪

爪是皮肤硬角质化的衍生物，有保护脚趾、挖穴打洞、搏斗的功能。在野生或地面散养条件下，由于兔爪与地面的不断接触会出现磨损，始终保持适宜长度。但是在笼养条件下，爪失去了磨损环境，导致越长越长，甚至出现畸形生长的情况、如端部带勾、左右弯曲等，迫使家兔用跗关节着地。久而久之，跗关节肿胀发炎，甚至发生脚皮炎，影响兔的活动，特别是影响种兔的配种。因此，应该定期对成年兔进行剪爪。剪爪可用普通的果树剪枝剪。方法是：术者左手提起兔的肩胛皮肤，使其臀部轻轻着地，右手持剪在兔爪红线（爪心血管）外端 0.5～1 厘米处将爪剪断。成年兔应 2～3 个月修爪一次。剪爪时，若经验不足，宜两人操作。

第二节　不同类型肉兔的饲养管理

按照生产类型和发育阶段的不同，肉兔可分为成年种兔、仔兔、幼兔、青年兔、商品兔（肉用、毛用、皮用），各阶段肉兔对饲养管理条件的要求不同。

一、成年种兔的饲养管理

（一）养好种兔的意义

1. 种用价值的高低取决于种兔的饲养管理　种公兔的种用价值，首先取决于精液品质；而精液品质的好坏，与种公兔的营养有密切关系，特别是蛋白质、矿物质和维生素对保证精液品质有着重要的作用。种母兔是兔群的基础，它除了有本身的生命活动外，还有妊娠、泌乳、哺育仔兔等负担。所以种母兔饲养管理工作的好坏，不仅影响其后代的品质，而且也是种兔场经济效益的重要环节。

2. 不能用养商品兔的办法养种兔 我国农村养兔场（户）对培育种兔一般不十分重视，往往用养商品兔的办法饲养种兔，这是造成种群质量不高、种质退化的重要原因。种兔和商品兔的生产目的不同，它们的生理机能和营养需求也有所差别，决不能用养商品兔的办法饲养种兔。

（二）种公兔的饲养管理

饲养种公兔的目的是为了配种。在选好公兔的基础上，加强饲养管理，使其发挥更好的配种性能，对于养殖户能否取得好的效益至关重要。俗话说，“母兔好，好一窝；公兔好，好一坡。”种公兔饲养管理的好坏，对整个兔群品质的改良起很大作用，它直接关系着育种工作的成败。对于一只好的种公兔的要求是：一要体格健壮，不肥不瘦，达到种用膘度；二要性欲旺盛，配种（或采精）能力强；三要精液品质好，与配母兔受胎率高。因此，种公兔饲养管理要注意以下几点。

1. 注意营养的全面性和均衡性 种公兔日粮中各种营养物质都不能缺少，特别是蛋白质、维生素和矿物质更为重要。实践证明，种公兔在配种期如能加喂适量的豆饼、豆渣、苜蓿、毛苕子等富含蛋白质的饲料，以及胡萝卜、大麦芽、青草等富含维生素的饲料，有助于提高种公兔的精液品质。此外，还应注意营养的长期均衡性。因为精细胞的发育需要一个较长的阶段，一般实行季节性产仔的兔群，在配种前20天左右就要开始调整种公兔的日粮，加强营养。特别是在配种旺季，更要保证种公兔较高的营养水平。实践证明，配种旺季每天如能加喂1/4～1/2个鸡蛋或5克左右鱼粉或牛、羊奶等，对改良精液品质大有好处。

2. 饲料容积要小 要培育1只好的种公兔，在其从小到大都不宜喂给容积大、水分过多、难消化的饲料，以防止增加消化道的负担，引起腹大下垂，造成配种困难。后备公兔如全部饲喂秸秆或大量多汁饲料，不仅发育缓慢，成年后达不到种兔应有的发育标准，而且配种（或采精）性能也差，失去种用价值。在实践中观察到，种公兔的食欲不如幼兔和母兔旺盛。所以，在种公兔的饲料选择上要注意其可消化性和适口性，不宜饲喂过多容积大的粗饲料。

3. 不宜饲喂过多玉米等高能饲料 实践证明，种公兔日粮中能量水平过高，如采用育肥日粮，会使公兔过肥，造成性欲减退，精液品质下降，影响配种效果。因此，饲料要定期称重，要求配种季节每月称重1次，非配种季节一个季度称重1次，根据体重变化来调整饲料配方，增加或减少能量饲料比例，使种公兔保持种用膘度和旺盛的性欲。

4. 管理要细致 满3月龄后的公、母兔或公兔之间，都要分开饲养，防止早配或互相爬跨咬斗。种公兔的笼舍占有面积要适当的大，便于种公兔能在笼中运动。如条件允许，可每天将种公兔放出让其运动2个小时，并让其多晒太阳。经常保持种公兔笼舍的清洁卫生，以减少生殖器官疾病的发生。

5. 使用要合理 关于公、母兔的比例，人工辅助交配以1∶10左右为宜；如采用人工授精，可以提高到1∶80～100。青年种公兔每天交配1次；成年种公兔每天可交配2次，应安排在上、下午各1次。配种2天休息1天，并要做到“四不配”，即公兔食欲不振、身体有病不配，换毛期间不配，饲喂前后不配，天热没有降温设备不配。另外，一定要掌握好种公兔的初配年龄，青年公兔可在性成熟后、体重达到成年兔的80%时开始配种，但要适当降低配种频率，以后随年龄和体重的增加再增加配种次数。

二、种母兔的饲养管理

可根据种母兔不同的生理时期将种母兔的饲养管理分为空怀

期、妊娠期和哺乳期3个阶段。

1. 空怀母兔的饲养管理 空怀母兔是指性成熟后或仔兔断奶后，到再次配种受胎之前这段时间的母兔，也叫休产期母兔。母兔空怀的长短视繁殖密度而定。如年产4胎，每胎休产期为10～15天；如年产7胎以上，就没有休产期。当仔兔断奶后，如母兔因前一个哺乳期消耗营养过多，身体瘦弱，可适当延长休产期，并喂以优质青绿多汁的饲料，补喂适量精饲料，以使其尽快恢复膘情，便于正常发情配种。但要防止过肥，因为肥胖对母兔繁殖不利。体型过肥者会使卵巢结缔组织中沉积大量脂肪，阻碍卵细胞的发育，体脂肪含量过多，压迫输卵管，使输卵管变得狭窄，从而影响卵子的正常运行与受精。即使妊娠，产仔数一般也较少，且死仔比例较大。所以，养好空怀母兔的关键是“看膘喂料”，即根据母兔的膘情调整其营养水平，即过瘦时加料，过肥时减料，甚至不喂精饲料，只喂青粗饲料。

在管理上要给空怀母兔创造适宜的环境条件，如温、湿度要合适，光照要充分，并要加强运动。对于笼养母兔，可将其放到室外运动场随意活动，接受阳光照射。长期不发情的母兔，可和公兔一起放到运动场让公兔追逐，以刺激母兔发情。提高母兔受胎率的措施，除了上述加强饲养管理外，对长期不发情的母兔，可用孕马血清促性腺激素（PMSG）催情。1次肌内注射100国际单位（1毫升）或苯甲酸求偶二醇，每只母兔注射1毫升，一般2～3天后即可发情。也可把公、母兔同时关在一笼内，让公兔追逐母兔以刺激其发情。对采取上述措施仍不怀孕的母兔可予以淘汰。

2. 妊娠母兔的饲养管理 妊娠母兔是指配种受胎后到分娩产仔这段时间的母兔。母兔妊娠期为30～31天。整个妊娠期可分为3个阶段：即胚胎期12天，胎前期6天，胎儿期12天，也有分两个阶段的，即妊娠前期和妊娠后期。妊娠前期指孕后前18天，包括胚期和胎前期。因前期胚胎增重速度很慢，需要的营养物质不多，饲养水平稍高于空怀母兔即可。妊娠后期即胎儿期，从妊娠第19天开始，胎儿增重很快，这阶段的增重量为初生仔兔重量的70%～90%，所以妊娠后期的饲养水平要比空怀期高1～1.5倍。但要视母兔消化和膘度情况而定，不能突然加料，以免引起母兔消化不良或过度肥胖。怀孕母兔的喂料量一般每天控制在140～180克，如以青粗饲料为主补加精饲料时，精饲料的量应控制在100～120克为宜。母兔临产前2～3天有减食现象，有的母兔出现拒食精饲料的情况时，可喂些优质青饲料以代替颗粒饲料。整个妊娠期所需的饲料，不仅在数量上随着胚胎的发育逐渐增加，而且在质量上也要注意优质全价。

在管理上着重做好护理保胎工作，防止母兔流产。母兔流产多发生在妊娠后第13天和第23天，前一个阶段是胚膜在发育过程中由卵黄囊向绒毛膜的过渡阶段；后一个阶段胚胎呈绷紧的圆形结构，受到压力时易被排出。母兔流产的原因有机械性（如惊吓、挤压、捕捉等），营养性（如喂给发霉变质的饲料或营养不全、喂量不足等），以及疾病（如巴氏杆菌病等）。因此，母兔在怀孕时，要采取相应措施，做好预防工作。流产一旦发生，治疗效果往往不好，流产出来的胎儿和胎盘常被母兔吃掉。

临产前2～3天应将产仔箱放入母兔笼内，让其熟悉环境，拉毛絮窝，冬季产箱内可放一些长4～5厘米的褥草。如预产期超过2天后，母兔仍不产仔或出现难产时，可进行人工催产。催产办法是先在母兔臀部注射2毫升普鲁卡因，让产门松开，再在臀部肌内注射1支催产素，几分钟后即可产出胎儿。注意产后应给母兔及时添加一些鲜嫩的饲草和饮用水，同时做好记录工作。

3. 哺乳母兔的饲养管理　哺乳母兔是指分娩后至仔兔断奶这一时期的母兔。

母兔的泌乳量较多，每天可产奶60～150毫升，高时可达250毫升（测定母兔泌乳量可用喂奶前后全窝仔兔重量之差来求）。所以，哺乳母兔营养消耗很大，所喂饲料必须量足（约为空怀母兔的4倍)、质优(营养全价且易消化的饲料);同时,饮用水不可间断。

给哺乳母兔加料必须逐步进行。分娩后1～2天,母兔体质较弱,食欲和消化能力较差,可以不喂或少喂精饲料,以饲喂青绿多汁饲料为主;3天后逐渐增加精饲料的喂量;20天左右泌乳量达到最高峰时,日产奶约200毫升,饲喂量也要相应增加。饲喂量的多少,要根据哺乳母兔的消化、泌乳情况与仔兔粪便量的多少加以合理调整。如果母兔消化正常,产仔箱内有少量的仔兔粪尿,而仔兔又能吃饱,说明饲喂量合适;如果母兔和仔兔都出现消化不良,粪便稀软,说明母兔饲喂量过多,仔兔吃奶过量,应及时减料。这里特别强调:母兔产后1～2周决不能加料太猛;否则,母兔可能因肠毒血症而突然死去,5～6日龄的仔兔也可能因奶肠毒血症而出现死亡。

母兔在哺乳期,营养水平要适宜。如果营养不良,不仅影响泌乳量,导致仔兔发育不良;而且会消耗母兔本身的养分储备,致使母兔体重减轻,体质亏损。如果营养水平太高,乳汁产生过多,由于哺乳次数少,乳房内胀满乳汁,母兔极易发生乳房炎。这点在饲养上要注意。

母兔正常产仔时,一般边产仔边喂奶,喂奶最迟也会在产后1～2小时内进行。如果母兔在产仔后的5～6小时还不喂奶,就要分析原因,并采取相应措施。首先,要检查母兔乳房是否有硬块,乳头是否出现破伤及红肿,如因乳房炎而不喂奶,就要按乳房炎进行治疗。其次,如母兔不是因患乳房炎而是由于母性不好,有奶不喂,这多见于初产母兔,就要强迫喂奶,方法是用手按住母兔,让仔兔找奶头吃奶,每天训练1～2次,经3～5天,母兔就会自行喂奶。第三,如母兔确系无奶时,一方面对仔兔采取寄养或人工喂奶,另一方面对母兔进行催奶,办法有:喂催奶片,每天2次,每次1片,连喂3～5天;多喂青绿多汁饲料,尤其是喂鲜蒲公英、车前草等药草更有效;可适当喂些牛羊奶、豆浆、豆腐渣及蚯蚓等含蛋白质丰富的饲料。鲜蚯蚓要用开水泡至发白后，切碎拌糖饲喂，每天2次，每次1～2条；干蚯蚓可研成粉拌入饲料饲喂。

总之，种母兔的饲养关键就在于掌握好“分期喂料”。对空怀母兔要看膘喂料，过肥的减料或不喂精饲料，只喂青粗饲料；过瘦的要适当加料，调整好膘情，使之有利于繁殖。配种前10～15天要对空怀母兔进行优饲，尤其在缺青饲料的季节，要增喂胡萝卜、大麦芽等维生素饲料，以促进母兔发情和提高受胎率。对妊娠母兔要看胎喂料，妊娠前期胎儿生长慢可少喂料，妊娠后期胎儿增重快要加料。产前与产后为预防乳房炎要减料。对哺乳母兔要根据母兔的消化和仔兔的发育情况逐渐加料，断奶前后又要适当减料。

三、仔兔的饲养管理

（一）仔兔的生理特点

从出生到断奶这一时期的小兔称为仔兔。这一时期可分两个阶段：①闭眼期，仔兔初生后开始的12天内眼睛紧闭，除吃奶外都在睡觉的时期称为闭眼期。②开眼期，从出生后第12天（第11～14天）眼睛开始睁开，称为开眼期。此时，仔兔有如下生理特点。

1. 体温调节能力差 仔兔出生时全身无毛，保温能力差，体温调节能力不健全，受外界温度变化影响大。一般4天长出绒毛，10天后体温才能保持恒定，其最适环境温度是30～32℃。

2. 视觉和听觉发育不完善 仔兔出生的7天内耳孔闭合，12天内眼睛紧闭，除了吃就是睡，身体缺乏防御能力。

3. 适应性差、抵抗力弱 仔兔的适应性较差，抵抗各种不良环境和疾病的能力弱，一旦发病难以控制，导致成活率降低。所以要特别注意饲养管理，尤其要注意卫生条件，防止其感染各种疾病。

4. 生长发育快 仔兔出生体重一般为40～65克，在正常情况下，7日龄时达130～150克，30日龄时达500～750克。仔兔增重快的原因：一是兔奶的营养平衡，干物质含量高，几乎可全被消化吸收；二是其消化道较长，乳汁在其中停留的时间较长，可得到充分的消化吸收。

（二）仔兔的饲养管理原则

1. 防寒暑、防鼠害 冬季防寒、夏季防暑是保证仔兔成活率的关键之一。因为初生仔兔体表无毛，体温随外界环境温度的变化而变化，自身对体温的调节功能很差，特别是寒冷季节幼仔很容易被冻死。所以，要保持产箱内温度在20～25℃。产箱用隔热材料制作，底部垫一层隔热保湿材料，如泡沫或塑料，箱内再垫些柔软的麦秸和稻草、干净的禽毛、碎刨花等，其上面用垫草和兔毛盖好。产箱内盖毛的多少要根据气温变化加以灵活调整，冬冷天多盖，夏热天少盖或不盖。

鼠害是农村养兔场常见仔兔伤亡的主要原因，特别是初生仔兔全身无毛，老鼠最爱吃，有时，可吃掉整窝仔兔，所以要重视鼠害防治工作。将兔笼、兔窝严密封闭（只留通气孔），不让老鼠钻入。最好将产箱夜间集中管理，防止老鼠危害。此外，还要防止“吊奶”造成仔兔冻死。“吊奶”是仔兔在正哺乳时母兔跳出产箱，将仔兔带出产箱外（图6-11），如不及时将仔兔送回产箱，其很容易被冻死。造成“吊奶”的原因：一是母兔在喂奶时受到惊吓；二是母兔乳汁少，小兔咬住乳头不放；三是母兔乳房有炎症。所以，应针对原因加以预防。

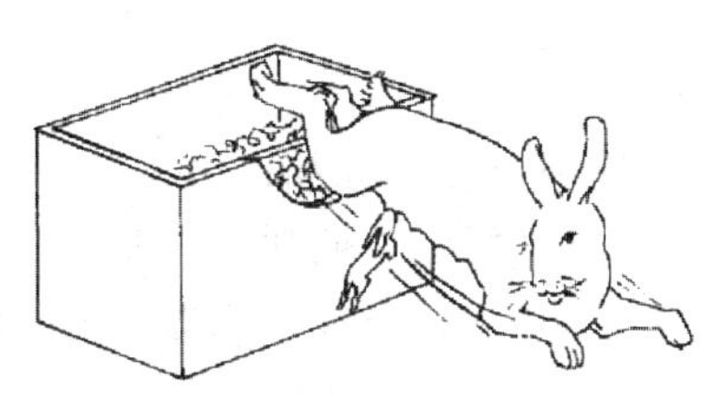

图6-11 防止“吊奶”

2. 早吃奶、吃足奶 刚生下的仔兔在前20天内全靠吃奶度日，特别是初乳（母兔产后1～3天内分泌的奶叫初乳），不仅营养丰富，含有较多的蛋白质、维生素、矿物质，而且还含有免疫抗体，能增强仔兔的抗病能力。所以，仔兔产后6小时之内应检查其是否吃到初乳。凡吃足初乳的仔兔，其腹部圆鼓，胃部呈乳白色（透过腹部可看到胃内乳汁），安睡不动。凡吃奶不足者，则其腹瘪胃空，到处乱爬，“吱吱”乱叫。发现仔兔吃不上或吃不饱奶时，要检查原因，设法解决。

3. 做好开食补料工作 刚产下的仔兔12天后开眼并追着母兔吃奶，生长加快，而母奶却日渐减少。为了避免仔兔出现营养不良，应及时补料。仔兔的开食补料时间一般从其产后的16～18天开始。过早补料，因其肠胃功能尚未健全，容易发生消化道疾病。开始可用少量的嫩青草、野菜诱食，23天左右可逐渐混入少量粉料。补料量要由少到多，少吃多餐，每天喂5～6次即可。

4. 搞好卫生、预防疾病 仔兔在睡眠时要安静睡眠，一般不要惊动它。母性好的母兔，不愿人们观看或移动仔兔。当有异味沾染仔兔时，母兔就会发生不顾仔兔或咬死仔兔的现象，这点在管理上要注意。每天要检查产仔箱，发现母兔在箱内排粪时，要及时清除，防止仔兔误食母兔粪便而感染球虫病。晴天将产箱放在太阳底下晾晒可起到消毒杀菌作用。仔兔开食后粪尿增多，更要保持产箱的清洁卫生。

仔兔在哺乳期常引发大肠杆菌病和黄尿病。由于笼舍和产箱卫生不良，母兔乳头感染了致病性大肠杆菌，当仔兔哺乳时将其吃到胃肠内，由于仔兔抗病力低，很容易发病死亡。所以，保持卫生是预防仔兔大肠杆菌病的重要措施。仔兔黄尿病是由于仔兔吸吮患乳房炎的母兔的乳汁而引起的，死亡率很高，预防该病主要应注意母兔乳房炎的防治。

5. 适时断奶 仔兔断奶时间的早晚应根据饲养水平、繁殖制度、仔兔发育情况以及品种、用途（种用还是商品用）等不同情况而定。国外的发展趋势是，在高水平饲养条件下多采取早期断奶，如法国 20～28 天、英国 21～24 天、德国 25 天、匈牙利 28～30 天，频密繁殖时必须在 28～30 日龄断奶。根据我国目前农村饲养水平，一般以 40 天左右断奶为宜。断奶方法是：如果仔兔发育均匀可 1 次断奶；如果仔兔发育大小不均，可分批断奶，先断大的，后断小的。

仔兔出生后，如果发现其吃不上或吃不饱奶时，首先要检查原因，察看是母兔本身的原因还是其他原因所致，然后针对其原因进行解决。如果是母兔本身不会哺乳，要采取调教的方法；如果是母兔产仔过多或者是患有疾病，则可采取下列办法。

（1）寄养　如果母兔产仔过多，或因其患乳房炎等，可采取寄养的方法喂养仔兔。“保姆兔”产仔时间先后不超过 3 天的容易寄养成功。只要将寄养母兔的乳汁涂抹一些在被寄养的仔兔身上即可，也可在母兔鼻端涂抹清凉油或大蒜汁。为了便于寄养，对母兔群实行同期配种、同期产仔有重要的经济意义。

（2）分批哺乳　如果母兔产仔较多，而无合适的“保姆兔”时，可将仔兔分成两批饲喂。清晨给体小的仔兔喂奶，傍晚给体较大的仔兔喂奶。这样只要加强母兔的营养供应，并及早给仔兔补料是可行的。

（3）人工喂奶　笔者曾用此法养活数批仔兔，即将牛奶等加温至 37℃左右，倒入注射器内，接上一段自行车的气门芯即可喂奶。由于兔奶的蛋白质及脂肪含量比牛、羊奶要多，所以最好在鲜牛奶中加入 1 个新鲜蛋黄。

（4）弃仔　在不得已的情况下，最好扔弃那些瘦小体弱的仔兔，以保证体质好的仔兔能够健康发育。特别是准备留作种用的仔兔，更要留少留好，保证留种后备仔兔的健壮。

（三）提高仔兔成活率的措施

提高仔兔成活率，是提高养兔经济效益的前提。实践证明，采取以下措施，可明显提高仔兔的成活率。

1. 调整寄养仔兔的数量 母兔一般平均每胎可产仔5～6只，多者可达10只以上，少者只有1只。为了保证仔兔能够多成活，可将部分产仔寄养给产仔少的母兔。寄养的仔兔和亲生仔兔的出生日期，以相差不超过2～3天为宜。由于母兔嗅觉灵敏，能识别仔兔是否为自己所生。所以，寄养时应先要把要寄养的仔兔放在巢箱内与亲生仔兔待在一起1～2小时，或者把母兔的尿液或被尿液污染的污物涂抹在被寄养的仔兔身上，这样即可寄养成功。寄养的数量依母兔的乳头数和泌乳量而定，不宜过多。

人工哺乳也是养兔生产中常用的措施。具体做法是：在5～10毫升的玻璃注射器或眼药水瓶的开口处安装一节自行车气门芯胶管，即可做成仔兔的人工哺乳器。在使用前应将注射器或眼药瓶煮沸消毒，每次用后要及时冲洗干净。在人工哺乳时还要注意乳汁的浓度、温度和喂量。如果饲喂牛、羊的鲜奶，最初可加入1～1.5倍的水，两周后再饲喂全奶。但要注意观察粪便的情况，随时调整乳汁的浓度。喂豆浆时应加入少许的食盐，温度以37～38℃为宜。每天喂1～2次。每次喂量的多少，以吃饱为限，但浓度切勿过大，以防消化不良。

2. 及时吃初乳 母兔初乳的价值很高，并含有丰富的抗体，还能帮助仔兔排出胎便。如果发现母兔产仔后4～5小时不给仔兔喂奶，要进行人工强制喂奶。即将母兔固定，露出乳头，再将仔兔对准乳头，这样即可哺乳。1天进行1～2次的辅助训练，几天后母兔即可自行哺乳。

3. 夏天防暑、冬天防寒 由于仔兔调节体温的能力不健全，冬天容易受冻而死亡。所以，保温防冻是寒冷季节仔兔出生7天内管理的重点。

肉兔舍要进行保温，产仔箱内可放置干燥松软的稻草或铺盖保温的兔毛，并将垫草整理成中间低四边高的浅碗底状，便于仔兔相互靠拢，增加御寒能力；有条件的可设仔兔哺育室。家庭少量养殖时可将产仔箱放在热炕头上，使母、仔分开，并按时放入母兔哺乳。仔兔开眼前要防止“吊奶”。如果仔兔掉在或产在产仔箱外时应及时捡回。应对冻僵但未冻死的仔兔做急救处理，方法是用热水袋包住仔兔，或将仔兔放入42℃左右的温水中浸泡（头露在外面），使其体温恢复，当皮肤由紫变红，四肢频频活动时取出，用软毛巾擦干后放回原窝（图 6 - 12）。仔兔出生后体表无毛，体温随着外界温度变化而变化，冬季和春季气温偏低，特别是我国北方，兔舍内要进行保温。

图 6 - 12　仔兔冻僵急救

夏季气温高，而肉兔排汗能力差、不喜高温，这就要求采取防暑降温措施。主要措施是加强通风换气，及时清除兔舍内的粪便等各种垃圾，以改善空气质量。同时，可在兔舍前后种植藤蔓类植物，以遮挡阳光、避免直接照射。有条件的养兔场可以安装空调降温消暑。

夏季高温期间，肉兔食欲差，要多喂青绿饲料。同时，要注意夜间补饲，提供充足、干净的饮用水。

4. 防止鼠害　出生后 1 周内的仔兔易受到老鼠的侵害。有些地区仔兔死于鼠害的概率可高达 30%～50%。所以，设法消灭老鼠，是兔养殖者的一项重要任务。夏季天气炎热，阴雨天较多，蚊蝇猖獗，仔兔生后身体无毛，易被蚊蝇叮咬。所以，夏天最好把巢箱放在安全的地方，用纱布遮盖，并注明母兔号码，按时将其送进笼内喂奶；同时，做好室内通风、降温工作。

5. 预防感染球虫病 患有球虫病时并未对母兔达到致病的程度，但可以使仔兔出现消化不良、拉稀、贫血、消瘦，且死亡率很高。因此，预防球虫病是提高仔兔成活率的关键措施。据报道，有些兔场因球虫病死亡的仔兔高达90%以上。预防方法主要是注意笼内的清洁卫生，及时清理粪便，经常清洗或更换笼底板，并用开水烫或日光暴晒等方法杀死球虫卵囊；同时，在饲料中拌入葱、蒜等，以增强兔的抵抗力。如果发现粪便异常，要及时采取药物防治措施。

6. 防止发生黄尿病 出生后1周内的仔兔容易发生黄尿病。患病仔兔体弱无力、皮肤灰白、无光泽，很快死亡。

防止此病的方法，主要是保证母兔健康，饲料要清洁卫生，笼内要通风干燥。同时，要经常检查仔兔的排粪情况，如发现仔兔出现精神不振、粪便异常，要立即采取防治措施。

7. 防止仔兔“吊奶”至箱外 泌乳量不足的母兔，往往在仔兔未吃饱时，就跳出箱外，这时有的仔兔仍咬住乳头不放而被吊出巢箱外。如不及时将其收回箱内，由于仔兔体表无毛，在气温较低的寒冷季节，很快就会被冻死。因此，应注意巢箱的高度并加强管理，防止“吊奶”的发生。

8. 防止仔兔窒息和残废 肉兔产仔做窝拔下细软的长毛，受潮湿和挤压后易黏结成块，难以保温。另外，由于仔兔在巢箱内爬动，易使细毛拉成线条，如缠结在腿部易致残，缠在颈部易窒息而死。因此，做巢用的长毛应及时换成短毛或棉花等。

9. 合理安排繁殖季节与产仔密度 在天气酷热和雨水较多的季节，母兔不宜产仔，也不利仔兔生长，仔兔的成活率低。因此，最好避开这样的季节。

冬季气候寒冷，应注意兔舍的保温。虽然母兔频繁产仔，可获得较多的仔兔，但因母兔妊娠、泌乳负担过重，体质瘦弱，可导致仔兔发育不良，母兔也易患疾病，母、仔兔的死亡率高。一般一只健壮的成年母兔，1年产4～5胎，每胎以6～8只为宜。

10. 保持清洁卫生　仔兔在出生后18～20天开始寻找鲜嫩的青饲料或调制好的饲料。此时，如果仔、母兔同用一个食盆，要增加食盆的容积，最好采用长条形食盆。

仔兔开眼后饲料营养要全面，且要保证清洁卫生，适口性好；同时，要训练仔兔饮水。

11. 适时断奶　仔兔断奶的时间因品种不同而异。小型品种兔40～45日龄，体重达500～600克；大型品种兔40～45日龄，体重达1 000～1 200克。已能独立生活时，即可断奶。

仔兔断奶的方法要根据全窝仔兔体质的强弱而定。如果全窝仔兔生长发育均匀，体质健壮，可采取一次性断奶法，即在同一天将母、仔分开饲养。断奶母兔在2～3天内只喂给青粗饲料，停喂精饲料，使其断奶。如果全窝仔兔生长发育不均匀，可采取分批断奶法，即先将体质强的仔兔分开，体质弱的仔兔继续哺乳，几天后，视情况再决定是否断奶。

12. 及时预防疾病　对仔兔的一些常见病进行及时预防，可减少因疾病造成的死亡。对仔兔进行科学的饲养管理并及时做好防疫等工作能提高仔兔的成活率。

四、幼兔的饲养管理

（一）幼兔的饲养管理原则

从断奶到3月龄的小兔称为幼兔。实践证明，幼兔阶段是死亡率最高，较难饲养的时期，这与幼兔的生理特点有关：第一，幼兔处在身体生长发育的高峰期，同时又处在第一次年龄性换毛期。因此，对营养物质有很迫切的需求，经常可以看到幼兔很贪吃。但是，幼兔的消化功能还不完善，消化能力差，往往会因贪吃而引起腹泻，一旦出现消化系统疾病，其肠壁的通透性会增大，一些大分子的有害物质可通过肠壁进入血液循环。所以幼兔得病后常表现十分严重，死亡率很高。第二，断奶后的幼兔不能获得一种抗微生物的乳因子，这种乳因子是由母乳中的一种基质与仔兔胃内的酶发生反应而产生的。第三，断奶幼兔胃内的胃酸浓度达不到成年兔的酸度，故幼兔特别容易感染球虫病。据北京市畜牧兽医站调查，幼兔的死亡率竟高达54.66%～82.5%，大部分幼兔死于消化系统疾病及球虫病等。所以，养好幼兔的关键是加强饲养管理，做好防病工作。

1. 断奶前后饲料、环境、管理三不变 由于刚断奶的幼兔适应环境的能力很差，所以对断奶后的幼兔要尽量做到断奶前的饲料、环境、管理三不变。即使要变化也必须逐步进行，使幼兔能够适应。

2. 分群饲养 断奶后的幼兔要按年龄与体重大小不同，实行分群饲养。一般笼养时以每笼4～5只、群养时以每群10只左右为宜。群养时最好设运动场，让兔自由出入活动，以增强其体质。

3. 限喂玉米等高能量的精饲料 试验证明，幼兔的死亡率与给其大量饲喂玉米等高能量饲料有关。所以减少玉米等高能量饲料的喂量，增加苜蓿等高纤维饲料的喂量，对防止幼兔肠炎有良好的作用。苜蓿粉是美国商品兔饲料中最主要的牧草成分，它含有丰富的蛋白质，而且兔对苜蓿粉中蛋白质的消化率高达75%～80%。对肉兔来说，苜蓿粉中的粗纤维虽然很难消化（消化率只有14%），但是这种粗纤维在肠黏膜上起着一种鳞片样的特殊保护作用，可以维护肠黏膜的健康，减少肠炎的发生。所以，美国肉兔颗粒饲料中的苜蓿粉用量高达54%～60%。美国养兔研究中心推荐的低肠炎饲料配方如下：小麦粉20%、豆饼粉21%、苜蓿粉54%、废糖蜜（制糖业加工副产品）3%、动物脂肪1.25%、磷酸钙0.25%、食盐0.5%。此配方中加入废糖蜜和动物脂肪，目的在于增加非淀粉的热能含量，满足幼兔快速生长时对能量的需要，以保证商品肉用兔平均日增重达到36克，56天能达到1.8千克的屠宰体重。

4. 保证饲料品质　含水分多的青绿饲料，特别是菜叶等要限喂，发酵酸败的饲料要禁喂。

5. 幼兔日粮中可拌入适量牛、羊奶　在肉兔养殖的实践中都有这样的体会：给断奶后的幼兔，特别是体弱或准备留作种用的小兔，在其日粮中拌入适量的牛、羊奶或奶粉时饲养效果很好，可提高成活率。其原因是可使幼兔消化道能更快地形成微生物群系，适应断奶后的新条件，而且奶中还含有丰富的易消化吸收的蛋白质等营养物质。

6. 要定时限量饲喂、少量多餐　因为幼兔有贪吃的习性，所以必须定时限量，尤其是对于幼兔爱吃的青绿多汁饲料等，更不能一次喂得过多，以防伤食和拉稀。每天固定时间饲喂，喂量多少要根据每次喂食后是否有剩料或不足进行下次饲喂量的增减。同时，结合观察粪便的软硬，以判断兔消化的好坏，以便将喂量进行合理的调整。

7. 注意防止出现寒流等天气候　幼兔对环境变化很敏感，特别是出现寒流等天气时，更要做好预防工作。其他如惊吓等也要防止发生。

8. 做好卫生防疫工作　幼兔阶段多种传染病易发，抓好防疫至关重要。首先做好笼圈的清洁卫生，注意消毒，以减少疾病的发生；其次要根据季节特点做好疾病的预防，如春、季节预防口腔炎、肺炎及感冒，夏季尤其是雨季重点预防球虫病，可在饲料中添加氯苯胍、磺胺、痢特灵等防球虫病的药物。饲料中经常加入洋葱、大蒜等，对于预防疾病、促进生长都有好处。按时给幼兔打防疫针更不可忽视，除了注射兔瘟疫苗外，还要根据实际情况注射巴氏杆菌、魏氏梭菌及波氏杆菌等疫苗，确保兔群安全。

总之，幼兔是养兔中最难养的阶段，要高度重视，并切实采取有效措施，把好断奶关、饲料关、环境关及防疫关，确保幼兔健康发育。

（二）幼兔死亡的常见原因

1. 饲喂不当 断奶后2个月的幼兔，消化机能发育不完善、胃肠容积小、消化能力弱，而其生长发育快，食欲旺盛。若饲喂不当，常常会因贪食而导致胃肠负担过重，造成消化不良。

2. 应激因素多 幼兔经历了断乳分窝后的母、仔分离，从食物来源到环境都发生了很大变化，再加上疫苗的注射、药物预防、打（刺）耳号等应激因素的影响，往往容易导致幼兔的抗病力下降。

3. 适应能力差 幼兔神经调节机能尚不健全，易受惊吓，造成惊群，影响采食、消化及排泄，阻碍其生长发育，严重时能诱发疾病。

4. 易发多种疾病 此期，球虫病、巴氏杆菌病、大肠杆菌病、兔瘟等对幼兔危害最为严重，防疫工作一旦疏忽，易暴发传染病，造成大批死亡。

（三）提高幼兔成活率的措施

1. 养育好仔兔 养育好仔兔是保证幼兔成活率的前提和基础。母兔分娩后，要让仔兔及时吃到初乳，以后每天定时哺乳2次，母、仔分开，可取仔留母或母、仔隔离。要重点预防母兔乳房炎和仔兔黄尿病的发生，经常检查母兔乳房和仔兔粪便情况，做到早发现、早治疗。另外，还要防“吊奶”带出仔兔和鼠害。适时补饲，仔兔16日龄开食，每天哺乳1次，将苦荬菜、胡萝卜、嫩青草等营养丰富、易消化、适口性好、新鲜的青饲料切细后拌少量精饲料定时饲喂。补料次数随日龄的增加而增加，由每天2～3次（青饲料30～50克、精饲料5～15克）逐渐增到3～4次（青饲料150～300克、精饲料15～20克）。使仔兔从以哺乳为主，平稳过渡到以采食为主，为安全断奶打好基础。及时注射各种疫苗，适量添加抗球虫、防腹泻等药物，确保仔兔健康发育。

2. 适时断奶　断奶时间的早晚对幼兔生长发育和成活率都有较大影响。及早断奶的幼兔生长缓慢，成活率低；较晚断奶则不利于幼兔消化道、生活能力的提高和锻炼，幼兔也会出现生长缓慢、成活率低的情况。一般断奶的时间为30天左右（早的27～28天，迟的35天左右）。断奶方法有两种：一种是一次性断奶，对同窝发育均匀的幼兔，可行一次性断奶；另一种是分批断奶，对同窝发育不均的仔兔，根据其发育情况分批断奶，发育好、体质强的先断奶，体质弱的后断奶。最好实行"离乳不离笼"的方法，做到饲料、环境、管理三不变，减少应激刺激。

3. 科学喂养　由于幼兔生长快、采食量少、消化能力差，所以要给其饲喂新鲜、体积小、易消化吸收、营养丰富的全价日粮。日粮中的蛋白质水平应在14%～18%。精饲料由豆饼、豆渣、鱼粉、玉米、大麦等组成。将叶片多、水分少、幼嫩新鲜的青绿料洗净、晾干、切细后饲喂或与精饲料混拌饲喂。饲喂时要定时、限量，少喂多餐。精饲料、青饲料分开饲喂时宜先精后粗，日喂混合精饲料20～50克、青饲料300～500克或粗饲料150～300克。有条件的可喂颗粒料，日喂50～130克，青饲料适量。随着日龄的增加，饲喂量也应逐渐增加。日喂精饲料2次（早晚为好）、青饲料3～4次；颗粒料3次，并增喂夜草。日粮组成尽可能多样化，更换饲料时要逐步进行。每天供给充足清洁的饮水，尤其是夏天，即能驱暑，又可促进新陈代谢，避免因供水不及时使兔暴饮而引起拉稀。合理供盐可提高幼兔的食欲，日喂量以0.3～1.5克为宜。

4. 加强管理　幼兔适应能力差，加强管理非常重要。断奶的幼兔，在断奶后的前2个月生长发育最快，所以，应让其多晒太阳、多活动，这有利于增强体质，促进生长发育，增强抗病能力。因此，要保证幼兔每天都有一定的活动时间。圈养的幼兔一般不存在活动不足的情况，笼养的则应尽可能每天放出活动2～3小时。春、秋两季宜早晨放出，晚间归笼；夏季宜黎明时放出，日出归笼；冬季宜中午放出，晚饲前归笼。活动时要公、母分开，大、小分开，以免发生“咬架”现象。保持环境安静，卫生清洁、干燥，做好冬防寒、夏防暑、雨季防潮湿的工作，以减少疾病的发生。

五、青年兔的饲养管理

从3月龄到初配这一时期的兔称为青年兔，或叫育成兔，打算留作种用的又称后备兔。后备兔的饲养管理直接关系到种用兔的配种繁殖效果及其品种优良性能的发挥，如果饲养管理不当，其优良特性会发生退化，甚至失去种用价值。

（一）饲养原则

由于青年兔的消化器官已得到充分锻炼，采食量增加，身体代谢旺盛，生长发育快，以骨骼和肌肉最为突出。因此，青年兔日粮要以青粗饲料为主，精饲料为辅。试验证明，让青年兔自由采食优质青饲料（日耗量127克），平均日增重36.8克；以青饲料为主，日喂75克颗粒饲料，平均日增重最高，可达到37.2克。当然，以青粗饲料为主，同样要注意营养的全价性，蛋白质、矿物质和维生素都不能缺少。对计划留作种用的后备兔，要适当限制能量饲料，防止过肥，并要注意饲料体积不宜过大，以免撑大肚腹，失去种用价值。

（二）管理原则

青年兔的管理重点是适时分群上笼。满3月龄后的青年兔已开始性成熟，为防止早配、乱配，公、母兔必须分开饲养。4月龄以上的公兔，准备留种的要单笼饲养，以免互相爬跨，影响生长；凡不适合留种的公兔，要及时去势，去势后的公兔可群养育肥。此外，还应加强后备兔的运动，以增强体质，促进骨骼肌肉的充分发育。在设计兔舍时，后备兔的兔笼应宽大一些，或设置运动场，以加大运动量。据报道，对增重量而言，运动充足的比得不到运动的要高5%～10%。

六、商品肉兔的饲养管理

商品肉兔的饲养管理是为了改善兔肉品质，提高产肉性能，使兔生产出又多又好的兔肉。作为肉用兔的有新西兰兔、加利福尼亚兔、日本大耳兔、哈尔滨大白兔、塞北兔等，近年来又引进了德国的齐卡杂交配套系和法国的布列塔尼亚杂交配套系，这些品种都表现出了良好的产肉性能，饲养到90天左右即可屠宰，且兔肉鲜嫩、口味好。但是这些配套系也存在制种成本较高、饲养集约化程度要求严格的问题，在农村大面积推广尚有难度。如果利用这些配套系中的快速生长系与我国某些地方的当家品种，如新西兰兔等进行二元杂交以生产商品兔，则可在短时期内获得很明显的经济效益。幼兔育肥一般不去势；成年兔育肥，去势后可提高兔肉品质及育肥效果。肉兔的饲喂方式，一般采用全价颗粒饲料任其自由采食，营养成分是根据肉兔的营养需要而配制的。适合肉兔的温度通常是5～25℃，同时需减少光照和活动范围，尽量不让肉兔运动，以达到迅速生长的目的。肉兔采用全价颗粒饲料自由采食时，肉兔增重快，饲料报酬高，但一定要给其供给足够的饮水。

肉兔的育肥在肉兔骨架生长发育完成以后进行效果最好。因为在育肥过程中，短期内所增加的体重主要是肌肉和脂肪。如用幼兔或中兔育肥，由于其体积过小，为其皮、骨所限，反而不如用骨骼已经长成的瘦兔进行育肥效果好。育肥的原理，就是一方面增加营养的储积，另一方面减少营养的消耗，以使同化作用在短期内超过异化作用，这就是使食入的养分除了用以维持生命外还有大量的营养储积于体内，形成肉与脂肪。由于构成肉和脂肪的主要原料是蛋白质、脂肪和淀粉，因此，对肉兔进行育肥时，必须以精饲料为主，在育肥兔消化吸收能力的限度以内充分给其供应精饲料。最适于做育肥的饲料源有大麦、麸皮、燕麦、豌豆、马铃薯、甘薯等。为了避免饲料改变得太快，在育肥以前应先有一段10～15天的准备期，此阶段要逐渐变换饲料成分。给饲的方法是少量多餐，以改变肉兔的习惯，最后完全给其饲喂精饲料，正式给饲前半小时，先给少量以引起食欲。为了使肉毛充分丰润，肉兔多在冬季被宰，即在11月至翌年2月。由于育肥兔缺少运动和光照，身体抵抗力比较差，容易患病；因此，要特别注意环境卫生。兔育肥期的确定主要是依据品种本身的生长特点和商品兔的收购要求，一般在90～120日龄、体重达2～2.5千克时屠宰较为理想，此时，饲料利用效率也最高。

（一）肉兔育肥的理论依据

1. 利用肉兔的生长规律，缩短育肥期，适时育肥出栏，提高出栏率和饲料报酬 肉兔是早熟家畜，前期（即3月龄之前）生长快，4月龄以后由于性器官的发育，生长速度明显减慢。研究资料表明，肉兔平均日增重为1月龄24克、2月龄33.1克、3月龄34.8克、4月龄22.2克、5月龄18.6克。可见，2～3月龄是肉兔生长最快的时期，在这期间如能加强饲养，可以发挥肉兔的生长优势，取得最大的增重效果。为此，饲养肉兔要抓好两个关键时期：①提高仔兔的断奶体重，在仔兔哺乳阶段就要抓好；②做好仔兔断奶后的饲料转换，使仔兔不因断奶而影响生长。例如，40日龄断奶体重为1千克，断奶后平均日增重30克，到90日龄即可达到2.5千克的屠宰体重。

随着体重的增加，单位体重所需的饲料也会相应增加。据试验，肉兔各饲养饲料报酬的变化为：3周龄时饲料转化率为2：

1，8周龄时降至3∶1，10周龄为4∶1，12周龄为5∶1。可见，随着年龄的增长，饲料报酬在逐渐降低。新西兰白兔3～8周龄日增重可达30～50克，8周龄以后，生长速度开始下降，饲料报酬也急剧降低。所以，在养兔养殖业发达的国家，通常商品肉兔10周龄体重达到2.4千克，或11周龄体重达到2.5～2.7千克时即被宰杀。在我国，如果采用传统饲养方法且饲养较好时，肉兔在3月龄体重也能达到2.5千克。此时，将其宰杀较好。

2. 围绕影响肉兔育肥的因素，扬长避短，发挥优势，尽最大可能使肉兔快速增长　了解影响肉兔育肥的主要因素，并加以控制，就能达到快速育肥的目的。影响肉兔快速育肥的因素如下。

（1）品种　品种的好坏是影响肉兔育肥的重要因素之一。一般，对肉用品种兔育肥优于兼用或毛用品种，杂种一代兔优于纯种兔，专门化配套系培育的商品兔更优于一般纯种兔。但是，品种的好坏是相对的，不能离开当地的饲养和技术条件。凡是生长快的品种，必须要有较高的营养水平和技术措施；否则，还不如选养能适应当地条件的老品种。

（2）杂交　由2个不同品种或品系的公、母兔进行杂交所产的第一代杂种，一般比纯种兔生长速度快20%左右。试验证明，加利福尼亚兔公兔与新西兰母兔杂交，杂种一代兔56日龄体重可达2千克。用加利福尼亚公兔与比利时母兔杂交，杂种一代兔56日龄体重也可达2千克。用加利福尼亚公兔与比利时母兔杂交，杂种一代兔90日龄体重可达1.8千克，优势率达28%～30%。当然，不同杂交组合在不同地区所表现的优势率是不一样的，所以选用什么品种（或品系）杂交，正交还是反交，要经过杂交组合试验才能得出结论。

（3）饲料营养　保证较高的营养水平是快速育肥的关键。育肥日粮推荐的营养水平为：粗蛋白质16%～18%、消化能11.3～12.1兆焦/千克、粗纤维8%～10%、钙1%、磷0.5%、食盐0.5%。为了提高育肥效果，可选用一些添加剂，如调味剂、生长促进剂及复合添加剂。有条件的尽量采用全价颗粒饲料，但要给兔提供充足的饮水。

（4）环境条件　黑暗或弱光的安静环境对育肥有利，以适宜温度5～25℃、相对湿度60%～70%、光照强度为50勒左右（每平方米4瓦左右）为宜。空气流速夏季不超过每秒50厘米，冬季不超过每秒20厘米。育肥兔的换气，夏季按每千克活体重2～3米^3/小时为宜。如果自然通风，排气孔的面积为地面面积的2%～3%，进气孔的面积为地面的3%～5%为宜。

（5）去势　用来育肥的公兔要不要去势？要视育肥方法而定。如果采用幼兔直线育肥法，可以不去势。因为出栏年龄不超过3.5～4月龄，此年龄公兔才达到性成熟。在此之前，睾丸间质细胞的雄性激素分泌甚少，对食欲与增重影响不大，少量雄性激素还有利于减少尿氨的排出，促进蛋白质的合成、骨骼和红细胞的生长。如果采用阶段育肥法和淘汰成年公兔育肥，不去势会影响其生长发育，所以必须去势。

（二）专用肉食兔的育肥

专用肉食兔是指仔兔断奶后专门用来育肥的商品兔，它不包括淘汰兔的育肥。专用肉食商品兔的育肥大致上可分以下两种方法。

1. 直线育肥　也称“一条龙”育肥或快速育肥。这种方式是充分利用兔早期生长发育快的优势，采取一系列综合措施，使之在短期内出栏，实现高投入、高产出的生产经营方式。这些措施包括配套的品种（配套系或优良杂交组合）、配套的技术（包括高营养、含蛋白质18%左右的全价颗粒饲料，消化能10.47兆焦/千克，粗纤维10%～12%等）、配套的设备管理（高密度笼养，每平方米笼底面积饲养18只左右；控光控温控湿，采取全黑暗或弱光育肥，温度在15～25℃、湿度在60%～65%）。育肥兔70～80天出栏，育肥期日增重45克左右，饲料报酬达3∶1，全进全出，年可周转4.5次。这种方式在养兔发达国家多被采用，经济效益很高。我国农村家庭养兔目前还不具备以上条件，但某些先进的技术措施仍可借鉴，如利用杂种优势，采用全价颗粒饲料，采用弱光育肥等。

2. 阶段育肥　这种育肥方式在我国农村普遍采用，也称传统育肥方法。其优点是充分利用青粗饲料，节约饲料成本。育肥期可分3个阶段：第一阶段，圈养1个月左右，即把断奶后的幼兔实行分群圈养，每群20～50只，每平方米可饲养1～1.5只，内设草架、食槽、饮水器，让幼兔自由采食。这一阶段以精饲料为主，青粗饲料为辅；第二阶段，圈养或笼养1个月左右，以青粗饲料为主、精饲料为辅，充分利用青粗饲料，拉大骨架发育；第三阶段，笼养催肥0.5～1个月，以精饲料为主、青粗饲料为辅，日喂4～6次，让兔多吃快长。通过这样育肥，2.5～3个月体重达到2～2.5千克时即可出栏上市。育肥条件较差的，4个月左右也能出栏。

3. 淘汰兔的育肥　淘汰兔指年龄老不适宜作种用的公、母兔以及长毛兔等。淘汰兔要不要育肥要根据具体情况和经济效益是否合算而定。淘汰兔本身已经很肥，就没有必须再催肥，只要停止繁殖，饲养一段时间即可直接上市。对那些身体过瘦的淘汰兔，育肥不易上膘，而且要消耗较多饲料，经济上不合算，不必催肥就宰杀为好。老龄公兔淘汰后应去势再育肥效果较好。淘汰兔育肥的技术措施和原则可参考一般商品兔的育肥措施，如控光、控温、控湿，让兔多吃少活动，达到出栏标准体重即上市出售。

七、肉兔不同季节的饲养管理

当前我国利用空调等现代化设施，实行封闭式、集约化生产的兔场很少，但农村大部分仍沿用开放式的养殖方式，受季节、气候影响较大，特别是在每年的6月初至7月中旬的雨季，七八月的“三伏天”及一二月的“三九天”对兔的影响很大。所以，一定要加强不同季节的饲养管理。但我国南北各地的气候条件差异很大，在长江中下游“清明时节雨纷纷”，而在北方地区却“春雨贵如油”；当长江流域梅雨已结束，而黄河流域却刚进入雨季。所以，在对待四季养兔法时，一定要因地制宜，灵活应用。

（一）春季

春季气温渐升，阳光充足，青饲料相继供应，是母兔繁殖和仔、幼兔最多的季节。但春季在我国南方多阴雨，湿度大，温度不稳定，病原微生物繁殖旺盛，也是肉兔发病最多，仔、幼兔死亡的高峰期。因此，在饲养管理上应注意做好以下几点。

1. 抓好饲料供应　春季虽然野草已逐渐萌芽生长，但含水量高容易霉烂变质。所以要严格掌握饲料的品质，不给兔饲喂霉烂变质或带泥、堆积发热的青饲料；阴雨多湿天气要少喂高水分饲料，适当增喂干粗饲料；雨后收割的青草要晾干后再喂，饲料中最好拌入少量大蒜、洋葱、韭菜等杀菌性饲料，以增强兔的抗病能力。

2. 做好笼舍卫生　春季因雨量大、湿度大，对病菌的繁殖极为有利，所以一定要做好兔舍、兔笼的清洁卫生工作。要保证笼舍的清洁干燥，做到勤打扫、勤清理、勤洗刷、勤消毒。地面湿度较大时可撒些许草木灰或生石灰进行消毒、杀菌和防潮。

3. 加强检查工作　春季是肉兔发病率最高的季节，尤其是球虫病的危害很大。因此，每天都要检查幼兔的健康状况，发现问题及时处理。对食欲不好、腹部膨胀、腹泻、拱背的肉兔要及时隔离治疗。除此之外，还要认真抓好仔兔的补饲工作，对减少春季仔、幼兔的死亡效果显著。北方春季雨量较少，温度适宜，阳光充足，适宜肉兔的生长、繁殖，要有计划地安排好繁殖工作。

4. 做好卫生和防疫　春季气温开始升高，湿度增大，各种病原微生物也开始大量繁殖。所以，做好卫生，抓好春防决不能忽视，及时给兔注射兔瘟、巴氏杆菌病等疫苗。春季早晚温差大，除注意保温和兔舍通风外，还要预防幼兔出现感冒、肺炎等疾病。

（二）夏季

夏季高温多湿，肉兔因汗腺不发达，常因炎热而出现食欲减退，抗病能力降低，尤其对仔兔、幼兔的威胁很大。因此，在饲养管理上要注意以下几点。

1. 防暑降温　此季节养兔的中心环节是防暑降温，可采取综合措施。在兔舍四周提前种植藤蔓植物，如丝瓜、葫芦、葡萄等；兔舍向阳墙表面刷成白色，以利反光，减少吸热；室外兔笼要搭建凉棚；幼兔群养时应降低饲养密度；室温超过30℃时地面可洒水降温；打开门窗，加强通风；有条件的可在兔舍内安装风扇、空调等降温，防止兔中暑。在炎热季节到来之前对毛用兔一定要剪毛1次，以利防暑降温。

2. 精心饲养　夏季中午炎热，肉兔易出现食欲不振；因此，对于每天饲喂的青绿饲料一定要做到早餐早喂、晚餐迟喂、中餐多喂，同时要供给充足的清洁饮水。夏季以供应低温水为好，如在饮水中加入2%的食盐，既可补充体内盐分的消耗，又有利于解渴防暑。

3. 控制繁殖　夏季肉兔采食量减少，体质下降。公兔精液品质明显下降，无精、死精增多。母兔妊娠时会增加负担，并且极易引起流产；所产仔兔体质较弱，母兔母乳量减少，拒绝哺乳者增多，还易引起多种疾病；高温高湿也不利于仔兔生长，高温期间应停止配种繁殖。对种公兔要采取保护措施，防止高温对其睾丸组织的破坏，尽可能把公兔养在窑洞、地窖等阴凉处，有条件的可在公兔舍内安装空调降温。为了提高母兔的年繁殖效率，可在立秋前后抢配一次，尤其是对于中小型品种，效果不错。

4. 做好卫生，预防球虫病 夏季蚊蝇滋生，鼠类活动猖獗，所以要做好卫生，消灭蚊蝇；堵塞墙洞，消灭老鼠；经常消毒笼舍，减少疾病的发生。

夏季肉兔易发生的疾病主要有：黏液性肠炎、沙门氏菌病、魏氏梭菌病、疥癣病和中暑等。可在高温季节来临前，除了可通过注射疫苗预防疾病以外，还可以在饲料中增喂大蒜等。

夏季是球虫病的暴发季节，常造成幼兔大批死亡，特别是雨季气候潮湿，更要加强球虫病的防治，做到无病早防，有病早治，并定期投喂抗球虫药物，如氯苯胍、克球粉、敌菌净、球虫宁等药物且要注意药物的交替使用。

（三）秋季

秋季天高气爽，气候干燥，饲料充足，营养丰富，是肉兔繁殖的好季节。在饲养管理上，做好繁殖和换毛期的饲养是这个阶段的饲养重点。

1. 做好繁殖工作 秋季是肉兔繁殖的大好季节，配种及受胎率都较高。产仔数多，仔兔发育良好，体质健壮，成活率高，应抓紧做好繁殖工作。有条件的地方，7 月底 8 月初就可安排肉兔配种。

2. 加强饲养 秋季正值成年兔的换毛期，换毛肉兔一般体质虚弱，食欲减退。因此，要加强营养，应多给其饲喂青绿饲料，并适当增喂蛋白质含量较高的精饲料。

3. 细心管理 秋季早晚与午间的温差大，有时可达 10～15℃，幼兔容易发生感冒、肺炎、肠炎等疾病，严重的会造成死亡。因此，必须细心管理。群养时，肉兔应在傍晚被赶回室内，每逢大风或降雨应不宜让其在露天活动。

4. 做好卫生防疫 秋季是肉兔疾病的多发季节，特别是幼兔容易发生感冒、肠炎等病。因此，要从饲养管理入手，加强对这些常见疾病的防治。定期打扫并消毒兔舍和兔笼，定期驱虫；同时，做好兔瘟、兔巴氏杆菌病的防疫工作，还要严防球虫病的暴发和加强对疥癣病的防治。

（四）冬季

我国的主要养兔省区冬季气温低，日照时间短，缺乏新鲜青绿饲料，寒冷对仔幼兔的生活威胁较大；除此之外，还会大幅度地增加饲料消耗，影响体重的增长。因此，为了保证肉兔能顺利越冬，必须做好以防寒保暖为重点的饲养管理工作。

1. 做好防寒保温工作 除了新生仔兔外，冬季兔舍温度并不要求十分暖和，但温度要保持相对稳定，切忌忽冷忽热；否则，易引起肉兔感冒。室内养兔时，要关闭门窗，防止贼风侵袭；室外养兔时，笼门上应挂好草帘，防止寒风侵入。最好将仔、幼兔集中到有加热装置或有较好保温条件的暖房内。

2. 及早准备充足饲料 冬季因气温低，肉兔热量消耗多，所以每天供给肉兔的日粮应比其他季节多20%～30%，特别要给其饲喂一些含能量高的精饲料。又因为冬季缺乏青绿饲料，肉兔易发生维生素缺乏症，所以，每天应设法给其饲喂一些菜叶、胡萝卜、大麦芽等，以补充维生素的不足。干粗饲料、树叶等最好粉碎后加少量豆渣或糠麸，用水拌匀再喂。为了使兔能得到更多的能量，应适当增加饲喂次数和饲喂量，夜间8～9点钟时再加喂一次草料，不要饲喂冰冻饲料。

3. 认真做好管理工作 冬季，对仔兔巢箱要加强管理，勤换褥草。应在笼舍内铺垫少量干草，以备肉兔夜间休息。白天应让兔多晒太阳、多运动，有条件的地方应在中午阳光充足时放兔运动。

4. 防控疾病 冬季肉兔细菌性疾病的发病率较低，但容易发生寄生虫性疾病和病毒性疾病。要注意经常打扫兔舍，清洗食盆，保持笼具、食具和舍内的清洁卫生；经常在饲料中拌些大蒜和辣椒粉，严禁饲喂冰冻饲料。

第七章 兔场与兔舍建造

兔场是集中饲养肉兔的场所，是肉兔生产重要的外部环境。兔场的建筑应根据肉兔的生物学特性和当地的实际情况，因地制宜地进行设计，以保证肉兔的正常生产和繁殖。

第一节　兔场建筑

一、兔场场址的选择

小规模家庭饲养肉兔，可利用庭院或闲房旧屋改造，有利于降低饲养成本。但若规模化饲养，应慎重选择场址。

（一）地势

兔场应建在地势高燥、背风向阳、稍有缓坡（坡度为3%～10%）、地下水位较低的地方，不宜在地势低洼、排水不良的背阴地带建场。如要在低洼地建场，必须将地基填高，开挖排水沟，以保持地面干燥。

（二）土质

兔场用地要求土壤渗水性较强，导热性能小，既能保持干燥的环境，又有良好的保温性能，所以，最好是沙壤土。不宜在含有机质多的土壤上修建兔舍，更不能在黄土、黏土上修建兔舍。因为有机质不断分解产生有害气体，如氨气等，会污染空气、水源及土壤，对兔的健康不利；黏土透水性差，遇雨泥泞，冬季水分冻结，土壤体积膨胀，会影响建筑物的寿命。

（三）风向

兔场应位于居民区及办公生活区的下风向，距居民区200米以上，这样既有利于卫生防疫，又可防止兔场排出的有害气体和污水污染周围环境。此外，不可把兔场建在山坳处及易形成涡流的地方。因为这些地方的空气难以流动，易污浊，容易造成疫病的流行。

（四）水电

兔场必须要有充足的水源，且水质较好，以保证全场生活和生产用水。有条件的最好首先选用自来水，其次是江河水。水质应清澈透明，无色无臭，入口微甜无苦涩味。在没有上述水源的地方，可打井取水。塘、渠、堰中的死水，因其易受细菌、寄生虫和有机物的污染，如要取用，应设沙缸过滤、澄清，并加1%的漂白粉消毒后使用。

选择场址除了考虑水源问题外，还要考虑供电是否方便，是否能满足全场照明和生产、生活。工厂化养兔更要保证电力充足，必要时还应自备电源，以备停电应急之需。

（五）交通及居民区等

兔场既要考虑交通方便，又要避开噪音干扰和疾病传染，以选择比较僻静的地方为好。一般要远离交通干线和市场、屠宰场等500米以上，离一般公路和居民区200米以上。场区应设围墙与外界隔开，避免闲杂人员和猫、犬入内，有利于兔场防疫。

（六）面积及综合利用

建场既要考虑节约使用土地，又要为今后发展留有余地。例如，以每只基础母兔及其仔兔占 0.8 米^2 的建筑面积计算，兔场建筑系数为 15%；那么，500 只基础母兔的兔场需占地 2 700 米^2 左右。

此外，建场还应考虑生态的良性循环，要因地制宜、综合利用，以提高综合效益。例如，可将兔场和鱼塘、温室共建，利用兔粪和剩余草料喂鱼，利用兔自身散发的热量为温室增温；另外，也可将兔粪送入沼气池，既能产生沼气，为兔场供热，又可减少粪中细菌、寄生虫对环境的污染。

二、肉兔养殖场内的布局

场址选定以后，就应根据养殖任务、规模大小、饲养工艺要求、粪尿处理以及当地的地形、自然环境等具体情况，确定兔场的总体布局。具有一定规模的兔场，通常分为 4 个功能区：生产区、管理区、生活区和病兔隔离区（图 7－1）。兔场建筑布局的原则要求是：①办公生活区应和养兔生产区分开，尽量避免闲杂人员进入生产区，防止其带入病源，确保兔群安全；②车库和饲

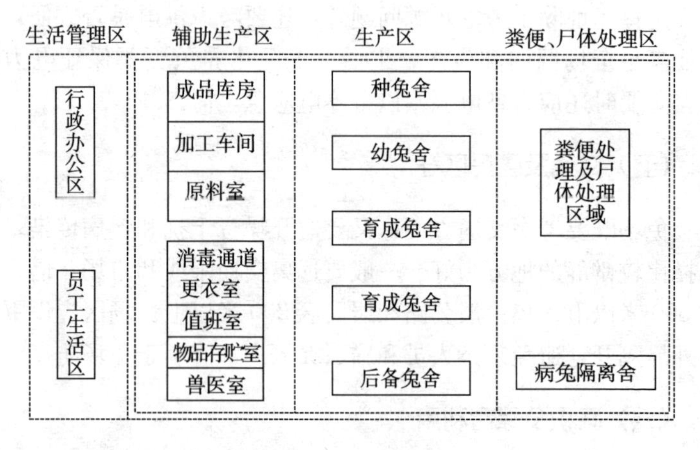

图 7－1　兔场总体布局

料加工等机械设备要远离兔舍，以防噪音影响兔群休息；③病兔隔离舍应远离健康兔舍，并位于下风向。

第二节 兔　　舍

一、兔舍建筑的原则和要求

兔舍作为肉兔的生活环境和实施肉兔生产的场所，其构建时必须依据肉兔的生物学特性和饲养管理特点，全面考虑兔舍的防寒防热、通风换气、采光照明、排水防潮、供热保暖等诸多因素，为肉兔建造一个理想的生活和工作环境。由于我国地域辽阔，气候条件差异很大，肉兔的饲养分布广、种类多；所以，兔舍构建的规格和形式具有明显的地域特点。建造兔舍应遵循的原则如下。

（一）兔舍的设计

兔舍的设计必须符合肉兔的生物学特点，有利于环境控制和卫生防疫，便于饲养管理和经营，利于操作。建造兔舍，在设计上还应根据当地的自然气候条件，综合考虑兔舍的保温、防暑、去湿、通风、噪音的隔离等性能。尽量创造一个冬暖夏凉、空气新鲜、干燥、清洁、安静的适于肉兔生活和生产的小环境。

（二）兔舍选材

要因地制宜，就地取材，要经济、坚固、实用以减少建造成本。要考虑资金的回收期，一般小型兔场1～2年、中型兔场2～4年、大型兔场4～6年应收回全部投资。

（三）肉兔的笼舍规划

规划笼舍时要考虑将来是否要扩大再生产。在考虑种兔笼舍的同时，还应考虑兔的产仔繁育，仔、幼兔的生产，后备种兔的选择和选育以及商品兔的生产。饲料库、青饲料的加工调制、病兔的隔离和治疗等附属设施，也应包括在内。

（四）兔舍的建造

建造兔舍，应有利于控制和防止疾病的传播和流行，具有防鼠、防蚊蝇等有害动物进入的功能。在场地条件许可的条件下，兔舍规模不宜太大，以单列和双列兔笼为好。若利用大的旧房改造，应设隔墙划分单元。实行分群或分单元饲养，每栋（或每个单元）兔舍饲养的基础母兔以50～100只为宜。门窗应加设纱窗和纱门。

二、兔舍的基本构成

（一）兔舍地面

兔舍最好建在沙壤土上，兔舍内地面要高出舍外20～30厘米，而且要坚固、平整，有一定的坡度以利于粪尿的排出。舍内通道的高度不应低于地面，宽应在120厘米以上。

（二）兔舍墙体

兔舍墙体应具备坚固、耐火、抗机械作用能力以及防潮、抗震和抗冻能力，同时具备良好的保温与隔热功能。我国建造的兔舍多用砖块垒砌，大多是一至半块砖（即一扁砖，约12厘米）的厚度。内墙表面抹灰浆以增加防潮和隔热能力。为增加反光能力、保持清洁卫生，内墙多刷成白色。离地面1米以下的墙面，必须要耐酸碱和冲洗，一般以水泥墙面为宜。

（三）舍顶和天棚

舍顶位于兔舍上部的外围，起着防雨、防风和防太阳照射的作用。天棚也叫顶棚或天花板，可将兔舍与舍顶下空间隔开，形成一个不流通的空气缓冲层，其作用是冬季保暖，夏季防热，还有利于通风换气。由于热空气上升，舍顶和天棚的面积较大，可散失兔舍热量的36%～44%，这就要求舍顶的材料要防雨隔热，天棚的材料要求隔热保温。天棚的具体材料可选择玻璃棉、聚苯乙烯泡沫塑料、聚氨酯板等。屋顶的坡度也有一定的要求，寒冷季节和多雨地区屋顶的坡度可大些，采用高跨比。一般屋顶高度和屋的跨度之比为1∶2～5，高跨比为1∶2适于雨雪及风较大的地区。

一些新的养兔户在建造兔舍时，以石棉瓦做顶棚，这不科学。因为石棉瓦质薄、导热快，炎热夏季阳光直射，易引起兔笼位置温度较高，使兔造成中暑。寒冷季节因其散热快，易导致舍内温度过低，对兔的越冬不利。

（四）门

兔舍的门要求结实耐用，开启方便，关闭紧实，能防止鼠等进入，保证生产过程（运料、清粪、笼具的进出等）的顺利。门上不应有尖锐的突出物，门下不应有门杠和台阶。兔舍的门不宜太大，一般宽1.5米左右、高2米左右；人行便门宽0.7米、高1.8米即可。每栋兔舍一般有两个便门，设在两端的墙上，正对中央通道，便于运料及管理。较长的兔舍（大于30米）可在阳面纵墙上设门。寒冷地区侧面墙及北墙可不设门，阳面多开门。为加强保温，通常设门斗。

（五）窗

兔舍的窗主要是用于自然采光和自然通风。窗户的面积越大，进入舍内的光线越多，通风的效果越好。兔舍的采光效果以采光系数来表示，采光系数就是窗户的有效采光面积同舍内地面面积之比。兔舍合理的采光系数为种兔舍1∶10左右，育肥兔舍

1∶15 左右。从采光效果看，立式窗户比水平式窗户好，但立式窗户散热较多，冬季不利于保温。因此，在寒冷的地区，兔舍南墙可设立式窗户，北墙可设水平窗户。

（六）舍高、跨度及长度

舍高通常以净高来表示，指地面至天棚（天花板）的高度。无天花板时指地面至屋架下缘的高度。兔舍较高有利于通风，但不利于保温。在寒冷的地区，应适当降低舍高，一般 2.5～2.8 米为宜；炎热的地区则加高 0.5～1 米。兔舍跨度应根据肉兔的生产方向、兔笼的形式、兔笼的排列方式以及气候环境而定。一般单列式兔舍的跨度不大于 3 米，双列式兔舍的跨度 4 米左右、三列式 5 米左右、四列式 6～7 米。兔舍的跨度不宜太大，一般控制在 10 米以内，过大既不利于兔舍的采光和通风，也给建筑带来一定的难度。兔舍的长度没有严格的规定，可根据具体情况灵活掌握，一般控制在 50 米以内或根据生产定额，以一个班组的饲养量确定。

（七）排污系统

排污系统由粪尿沟、沉淀池、暗沟、蓄粪池等组成。

1. 粪尿沟 粪尿沟是将兔舍内的粪尿和污水排山舍外。其位置可设在墙根内外、每排兔笼的前后或笼下。有承粪板的兔笼，粪尿沟宽 25～35 厘米；无承粪板的以粪尿不落在道路上为宜。粪尿沟不易过宽，底面呈月牙形。粪尿沟深度以起始端 5～10 厘米，按坡度为 1%～1.5%确定终端深度。粪尿沟应不透水、表面光滑，一般以水泥抹制或在表面镶贴瓷砖。粪尿沟以保持清洁和干燥为原则。

2. 沉淀池 沉淀池为口圆形或方形小井，上连粪尿沟，下通地下沟。其作用是沉淀粪便中的固形物。

3. 暗沟 暗沟是沉淀池通向蓄粪池的地下管道，一般为圆形的水泥管或烧制的瓷管。为防止臭气回流，暗沟要开口于池的下部，管道呈3%～5%的坡度。

4. 蓄粪池 蓄粪池用于蓄积舍内流出的粪尿和污水。应建在舍外5米以外的地方，池底及四壁要坚固，不透水。池底大小根据污水排出量而定，一般可贮存4周以上的粪尿。池的上部保持80厘米×80厘米的出口，并设活动盖，其余部分密封。池的上部要高出地面10厘米以上，以防止地面的水流入池内。

（八）通风换气系统

因为兔舍内兔群高度密集，呼出的气体及排出的粪尿会严重污染环境，不利于兔群的生活和生产，必须通过通风换气系统对室内的空气进行排放，净化舍内环境。通风的方式可分为自然通风、机械通风和混合通风。在温暖的季节，可打开门窗或修建开放式、半开放式兔舍进行通风换气。自然通风适于小规模兔场，比较经济，在饲养密度不大的情况下效果较好。但在舍内温度高、舍外空气又不流通的情况下，对大规模、高密度的兔舍不适用；而在炎热夏季，为加强通风散热常辅以机械通风。寒冷季节和地区，为了保温，关闭门窗，自然通风不能保持正常的换气量，必须设置特殊的换气装置。

三、常用兔舍的主要形式

我国各地兔舍的建筑形式主要有封闭式、半开放式及开放式、栅栏式、塑料大棚、地沟式等多种形式。

（一）封闭式兔舍

1. 室内单列式兔舍 这种兔舍四周有墙，南北有采光、通风窗。屋顶为人字形，三层兔笼叠于近北边，兔笼与南墙之间为饲喂通道，清粪道靠北，南北距地面20厘米处留对应的通风孔。兔舍跨度小，通风、保暖性好，光照适宜，操作方便（图7-2）。该种兔舍适宜于江淮及其以北地区采用，尤其适宜用作母兔分娩舍。

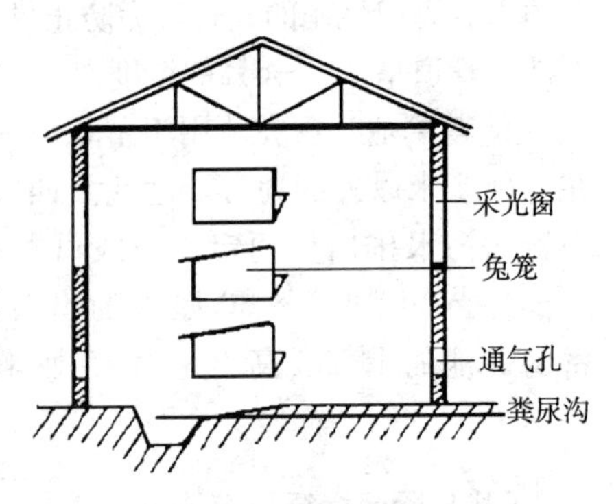

图7-2　室内单列式兔舍

2. 室内双列式兔舍　室内双列式兔舍的屋顶为人字形，有两种排列形式：①两列三层笼背靠背排列，两列兔笼之间为粪尿沟，靠近南北墙各有一条饲喂通道。南北墙开有采光通风窗，接近地面处留有通风孔（图7-2）。②两列三层兔笼面对面排列，两列兔笼之间为一条饲喂通道，靠近南北墙各有一条粪尿沟。南北墙开有采光通风窗，接近地面留有通风孔（图7-3）。这种兔舍，室内温度易于控制，通风、透光良好，能合理利用空间，但朝北一列兔笼的光照、通风、保暖条件较差。由于饲养密度大，在冬季门窗紧闭时有害气体浓度也较高。

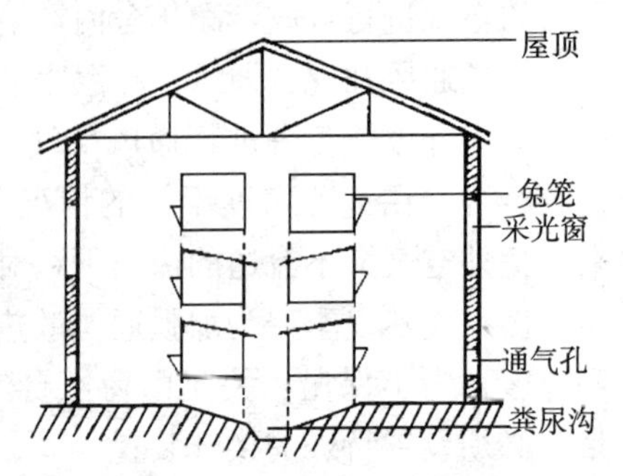

图7-3　室内双列式兔舍

另外，在我国很多地方，由于气候环境的不同，各地也出现了各种各样的兔舍形式，并且都取得了很好的饲养效果（图7-4、图7-5）。为了降低成本，也可以将其他废弃建筑物加以改造，或者充分利用当地丰富的材料资源也可以建成有利于肉兔生长发育和繁殖的有利兔舍。

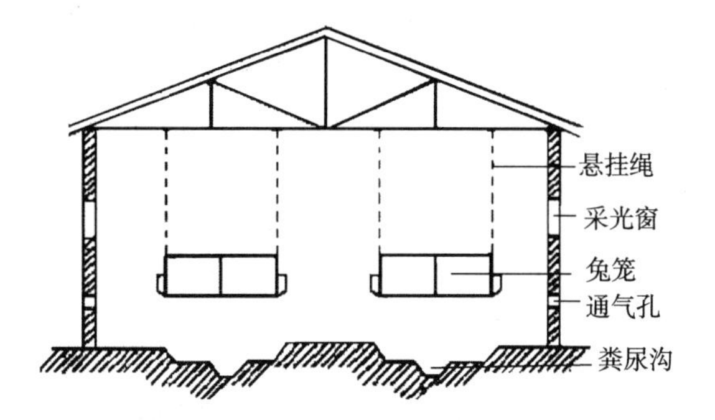

图 7-4　室内单层悬挂式兔舍

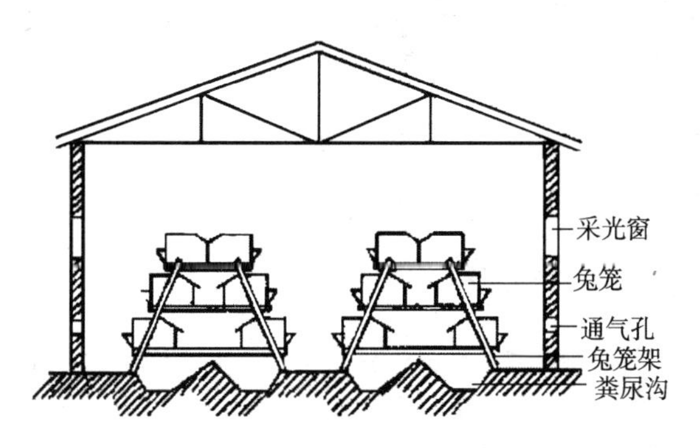

图 7-5　室内四阶梯式兔舍

（二）半开放式及开放式兔舍

半开放式兔舍（图 7-6、图 7-7）三面有墙，一面半截墙；开放式兔舍为三面有墙，一面无墙，或者直接把兔笼建在露天场所，顶上加盖石棉瓦遮阴避雨（图 7-8）。此类兔舍空气流动性大，舍内温度随舍外气温升降而变化，随季节昼

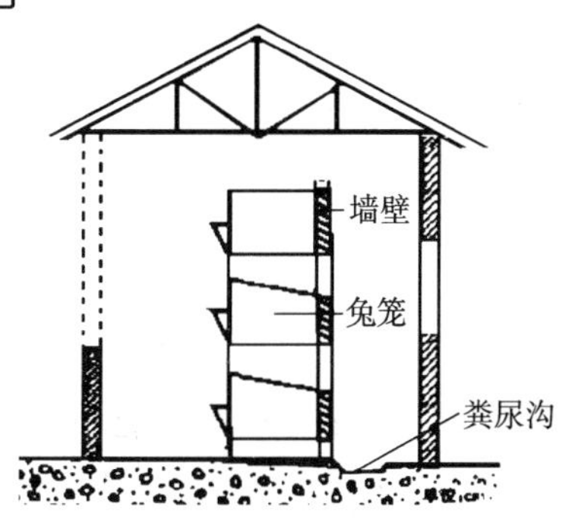

图 7-6　半敞开式单列肉兔舍

夜和天气的变化而波动。但能够避开寒流的直接侵袭，防寒能力强于棚式兔舍，低于封闭式兔舍；防暑能力高于封闭式兔舍，次于棚式兔舍。所以这种兔舍适于冬季不太寒冷、夏季不太炎热的地区。为提高防暑性能，夏季可在后墙多开窗户，促使空气对流，防暑降温；为提高防寒性能，冬季除封闭后墙的窗户外，前墙的开露部分应挂上草帘、塑料薄膜等物品，以使兔舍形成一个不太严密的封闭式环境。

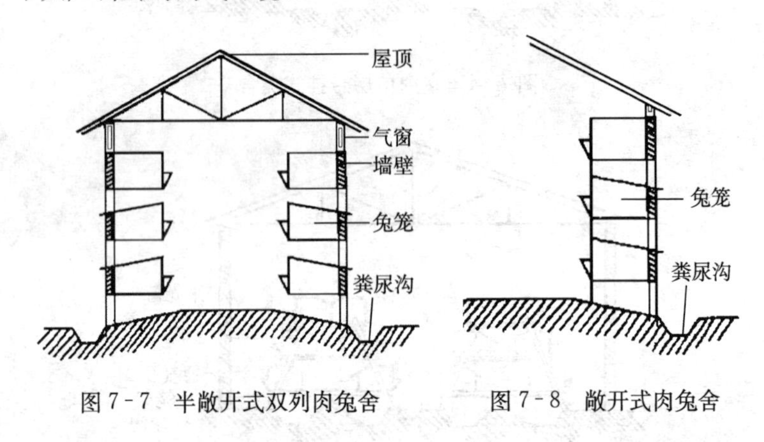

图 7-7　半敞开式双列肉兔舍　　　图 7-8　敞开式肉兔舍

（三）栅栏式群养兔舍

这种兔舍既可用空闲屋改建，也可以新建。具体是在屋内设前墙或前、后墙用 80～90 厘米高的竹片、竹竿或铁丝网筑成一列或双列多格的围栏，双列栏中间要留人行道，以便进行饲养管理。围栏也可用砖砌。每栏的面积可根据需群养兔的数量来决定。栏圈的地面设置栅栏状的底板，以便粪尿漏下，保持清洁卫生。可在墙上开洞通往室外围栏（运动场）。室外围栏的建造同室内，其面积宜大于室内，并辅以干河沙，以便打扫和保持清洁。晴天可在运动场上进行喂饮，阴雨和冷天在室内栅栏里饲喂。这种兔舍适于饲养肉兔的幼兔，每栏饲养 30 只幼兔或 20 只青年兔（图 7-9）。

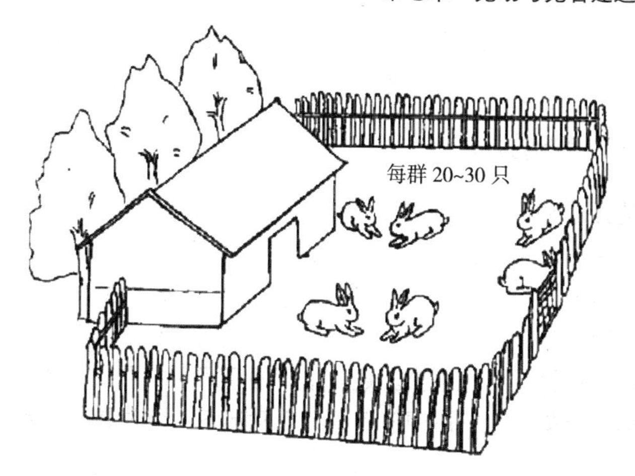

图7-9 肉兔栅养

这种兔舍的优点是节省人工和建材，饲养管理较为方便；除此之外，肉兔也能呼吸到新鲜空气，并能得到充分的运动。缺点是兔舍利用率不高，难以给兔分食；兔相互之间易发生咬斗，难以控制疾病的传播。一般此种兔舍适宜后备兔和商品兔的饲养。

（四）塑料大棚兔舍

其原理是仿温室结构。简单的就在地面上搭个塑料棚，兔笼安放在棚中央即能养兔。寒冷地区宜在地下建棚，深度约2米。如果是散养，棚南面最好有运动场，供喂食和兔做运动用。塑料棚北高南低，棚顶加横梁，梁上铺塑料薄膜，薄膜用绳子或其他重物固定。在棚东面开个小门，供饲养人员进出用。若为地下散养，在棚内西边和北边挖小洞，深50厘米、宽30厘米、高35厘米，供母兔产

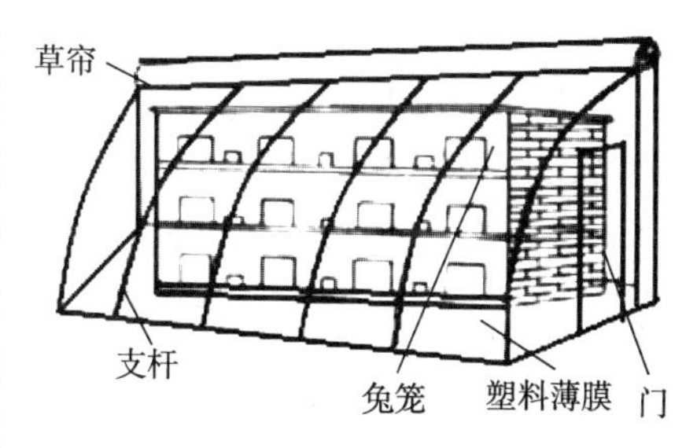

图7-10 塑料大棚兔舍

仔用。当室外气温达零下33℃时，这种地下塑料棚的棚内温度可达5℃以上，不对肉兔冬繁造成影响（图7-10）。

（五）地沟式群养兔舍

选择地势高燥、排水良好的地方，利用地沟可以群养肉兔。挖一条深1.2米、上宽2米、底宽0.8米的长方形沟，沟长视养兔的多少而定。沟的一边挖成斜坡，便于肉兔进出活动。在沟边砌一座小屋，南有窗，窗下有小门，门外有小的运动场。优点是造价低、省材料、冬暖夏凉。缺点是不便管理和打扫，雨季较潮湿。这种形式的兔舍，只适用于我国北方和地下水位比较低的地区。

第三节　兔笼及其他设备

一、兔笼设计要求

兔笼设计一般应符合肉兔的生物学特性，以造价低廉、经久耐用、便于操作管理为原则。兔笼规格应按肉兔的品系类型和性别、年龄等的不同而定。一般以种兔体长为尺度，笼长为体长的1.5～2.0倍，笼宽为体长的1.3～1.5倍，笼高为体长的0.8～1.2倍。大小应以保证肉兔能在笼内自由活动，便于操作管理为原则。

（一）笼门

笼门应安装于笼前，要求启闭方便，能防兽害、防啃咬。可用竹片、打眼铁皮、镀锌冷拔钢丝等制成。一般以右侧安转轴，向右侧开门为宜。草架、食槽、饮水器等均可挂在笼门上，以增加笼内使用面积，同时减少开门次数。

（二）笼壁

笼壁一般用水泥板或砖、石等砌成，也可用竹片或金属网订成。笼壁应平滑，坚固防啃，以免损伤兔体和钩脱兔毛。如用砖砌或水泥预制件，需预留承粪板和笼底板的搁肩（3～5 厘米）；如用竹木栅条或金属网条，则以条宽 1.5～3.0 厘米、间距1.5～2.0 厘米为宜。

（三）承粪板

承粪板宜用水泥预制件，厚度为 2.0～2.5 厘米，要求防漏防腐，便于清理消毒。在多层兔笼中，上层承粪板即为下层的笼顶。为避免上层兔笼的粪尿、冲刷污水等落到下层兔笼内，承粪板应向笼体前伸 3～5 厘米，向笼体后延长 5～10 厘米，前后倾斜角度为 10%～15%。以便粪尿经板面自动落入粪沟，并利于清扫。

（四）笼底板

一般用竹片或镀锌冷拔钢丝制成，市场上也有用塑料一次成型压制而成的兔笼底板和养兔户自己用竹片订制而成的兔笼底板（图 7－11）。不管使用哪一种笼底板，都要求其平而不滑，坚固

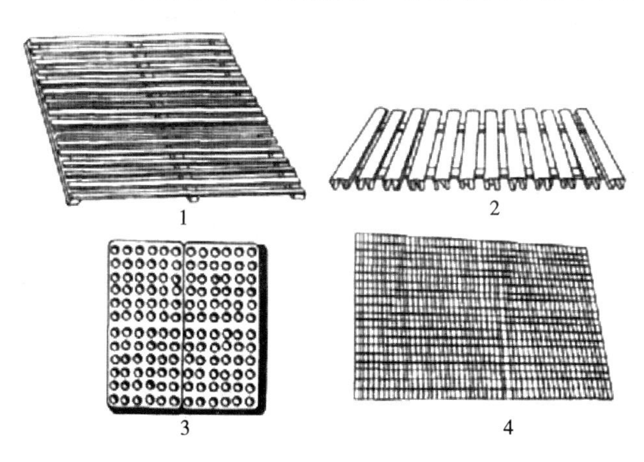

图 7－11　肉兔笼底板类型

1. 竹片底板　2. 条式塑料底板　3. 板式塑料底板　4. 金属底网

而有一定弹性。宜设计成活动式，以利清洗、消毒或维修。如用竹片钉成，要求条宽 2.5～3.0 厘米、厚 0.8～1.0 厘米、间距 1.0～1.2 厘米。竹片订制方向应与笼门垂直，以防兔打滑两脚形成向两侧的划水姿势。

（五）笼层高度

目前国内常用的多层兔笼一般由 3 层组装排列而成。为便于操作管理和维修，兔笼以 3 层为宜，总高度应控制在 2 米以下。最底层兔笼的离地高度应在 25 厘米以上，以利通风、防潮，亦使底层兔有较好的生活环境。

集约化或半集约化养兔场往往采用金属笼。优点是通风透光，易于观察，耐啃咬，适于多种方法消毒；缺点是容易锈蚀。如配以竹制底网和塑料承粪板，将能提高其使用效果。应根据肉兔用途和体型大小选用不同规格的笼层高度（表 7 - 1）。

表 7 - 1　金属笼规格

用途	体重（千克）	兔笼规格（厘米）*	备　注
种兔	4	40×50×30	如果种母兔笼带产仔箱，宽度可增加 15 厘米；种公兔笼稍大点，以圆形为佳，直径 60～80 厘米，便于配种
	4～5.5	50×60×35	
	≥5.5	55×70×40	
育肥兔		50×30×35	

注：* 兔笼规格数据代表深×宽×高。

二、兔的饲喂设备

（一）食槽

兔用食槽有很多种类型，有简易食槽，也有自动食槽。因制作材料的不同，又有竹制食槽、陶制食槽、水泥食槽、铁皮食槽、塑料食槽之分。给兔配置何种食槽，主要根据兔笼形式而定。简易食槽虽然制作简单，成本低，适合盛放各种调制类型的饲料，但喂料时的工作量大，饲料容易被污染，也容易造成兔扒料而浪费饲料。自动食槽虽然容量较大，可安置在兔笼前壁上，适合盛放颗粒饲料，方便从笼外添加饲料，喂料省时省力，饲料不容易被污染，浪费也少，但食槽制作较复杂，成本也比较高。

1. 竹制简易食槽　将粗竹筒劈成两半，除去竹节，两端分别钉在两块梯形木块上，使之不易翻倒。梯形木块上端宽 10 厘米左右，底边宽 16 厘米左右，高 6 厘米左右，食槽的长度可任意确定。

2. 陶制食盆　该种食盆为圆形，食盆口径 14 厘米左右，底部直径 17 厘米左右，高 5 厘米左右。食槽剖面呈梯形，可防止食槽被兔掀翻。这种食槽的最大优点是清洗方便，同时也可作水槽使用（图 7－12）。

图 7－12　肉兔陶制食盆

（二）翻转式食槽

翻转式食槽是用镀锌铁皮制作，形状有多种。食槽底部焊接一根钢丝，伸出两端各 2 厘米左右（用作转轴），卡在笼门食槽口的两侧卡口内，用于翻转食槽。食槽外口的宽度大于笼门的食槽口，防止食槽全部翻转到兔笼里边。喂料后，将安装在食槽口上方的活动卡子卡住食槽即可。这样的食槽拆卸比较方便，喂料无需打开笼门（图 7 - 13）。

（三）抽屉式食槽

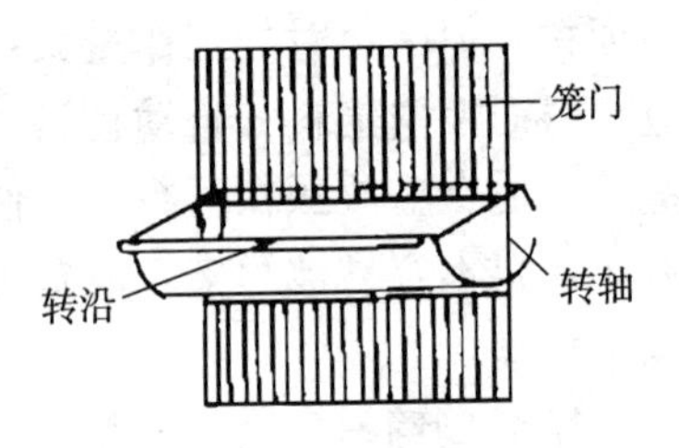

图 7 - 13　翻转食槽

抽屉式食槽是用镀锌铁皮制作，形状如半个圆盆，圆形面朝里、平面向外安装在笼门的食槽口内。在食槽一侧外缘焊接一根钢丝（与食槽垂直），上、下两端各伸出 1.5 厘米左右（用作转轴），卡在笼门食槽口的一侧，用于转动食槽。食槽的另一侧安装一个活动搭扣，喂料后将食槽扣在笼门上作固定。这种食槽同翻转式食槽一样，喂料时无需打开笼门，拆卸也比较方便。

（四）自动食槽

自动食槽是用镀锌铁皮制作或用工程塑料模压成型。自动食槽兼有喂料及贮料的功能，加料一次，可满足兔只几天的采食需要，多用于大型兔场及工厂化养兔场。食槽由加料口、采食口两部分组成，多悬挂于笼门外侧，笼外加料，笼内采食。食槽底部均匀地分布着小圆孔，以防颗粒饲料中的粉尘被吸入兔只的呼吸道而引起咳嗽和鼻炎。这种食槽使用时省时省工，但制作复杂，造价较高，对兔饲料的调制类型有限制（图 7 - 14）。

图 7 - 14　肉兔自动食槽

（五）草架

为防止饲草被兔踩踏污染，节省饲草，一般采用草架喂草。

草架的制作比较简单，用木条、竹片钉成 V 形，木条或竹片之间的间隙为 3～4 厘米，草架两个端底部分别钉上一块横向木块，用以固定草架，以便能够平稳地被放置在地面上，供散养兔或圈养兔草食用。笼养兔的草架一般固定在兔笼前门上，亦呈 V 形，草架内侧间隙为 4 厘米、外侧为 2 厘米，可用金属丝、木条和竹片制成（图 7－15）。

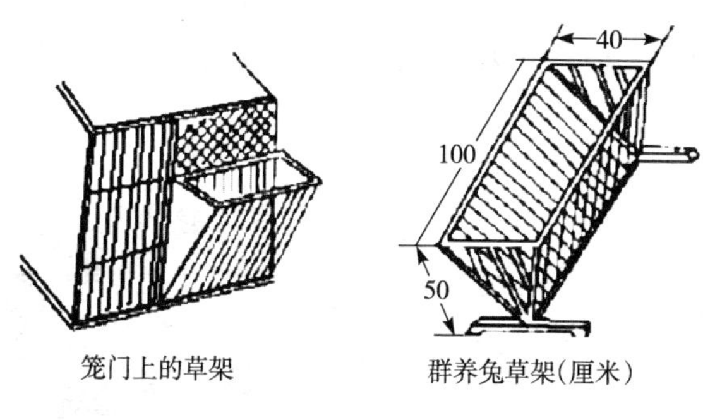

图 7－15　草　架

三、兔舍常用其他设备

（一）饮水设备

一般家庭养兔，可就地取材，用前面介绍的陶制食槽、水泥食槽作盛水器。这种饮水器价格低，易于清洗，但容易被兔脚爪或粪尿污染，每天至少需要加一次水，比较费时费工。具有一定规模的养兔场大多采用专用饮水器。专用饮水器一般是由工厂批量生产，市场上可以买到。

贮水瓶式饮水器有两种形式：一种是采用塑料瓶倒挂在兔笼外，瓶盖或瓶塞上接一根通向笼内的弯铜管，管口比管身略小，管口内放一个玻璃圆珠作为活塞，用以堵塞管口。兔饮水时只要用舌舐动活塞，活塞缩进时水即可从管口流出（图 7－16）。另一种是用胶木制成饮水器底盘，固定在笼门上，一端伸在笼内供兔饮水，另一端在笼外，将盛满水的玻璃瓶或塑料瓶倒置在其上，饮水器底盘内的水被饮完后，瓶内的水利用压力可自动流出。这类饮水器最大的优点是能够独立使用，比较卫生，尤其适合水中给药以防治兔病。乳头式自动饮水器采用不锈钢或铜制作，其工作原理和构造与鸡用乳头式自动饮水器大致相同。饮水器与饮水器之间用乳胶管及三通相串联，进水管一端接在水箱，另一端则予以封闭。这种饮水器使用时比较卫生，可节省喂水的时间，但也需要定期清洁饮水器乳头，以防其结垢而漏水（图 7－17）。

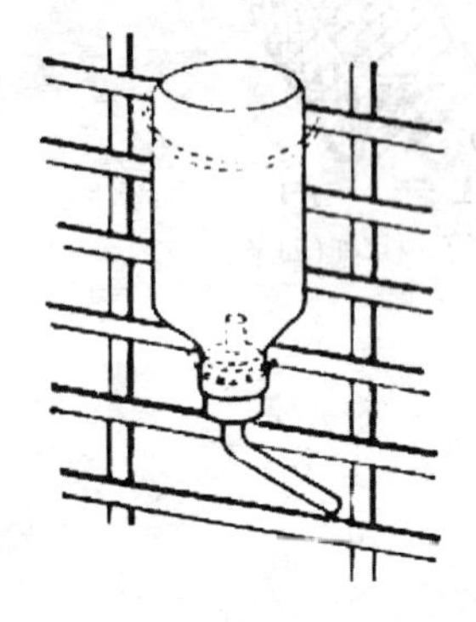

图 7－16　瓶式自制饮水器

图 7－17　兔乳头式自动饮水器

（二）产仔箱

产仔箱又称巢箱，供母兔筑巢产仔，也是 3 周龄前仔兔的主要生活场所。通常在母兔接近分娩时放入笼内或挂在笼外。产仔箱的制作材料有木板、纤维板、塑料等。

1. 悬挂式产仔箱　悬挂式产仔箱采用保温性能好的发泡塑料、轻质金属等材料制作。产仔箱悬挂于金属兔笼的前壁笼门上，在与兔笼接触的一侧留一个大小适中的方形缺口，缺口的底部刚好与笼底板平行，以便母兔出入。产仔箱上方加盖一个活动盖板。这种产仔箱模拟洞穴环境，适于母兔的习性。同时，产仔箱悬挂在笼外，不占笼内面积，管理非常方便。

2. 平口产仔箱　平口产仔箱用1厘米厚的木板订制，上口水平，箱底可钻一些小孔，以利排尿、透气。产仔箱不宜做得太高，以便母兔跳进跳出。产仔箱上口四周必须制作光滑，不能有毛刺，以免损伤母兔乳房，导致乳房炎。这种产仔箱制作简单，适合于家庭养兔场采用。

3. 月牙状缺口产仔箱　月牙状缺口产仔箱采用木板订制，其高度要高于平口产仔箱。产仔箱一侧壁上部留一个月牙状的缺口，以供母兔出入（图7-18）。

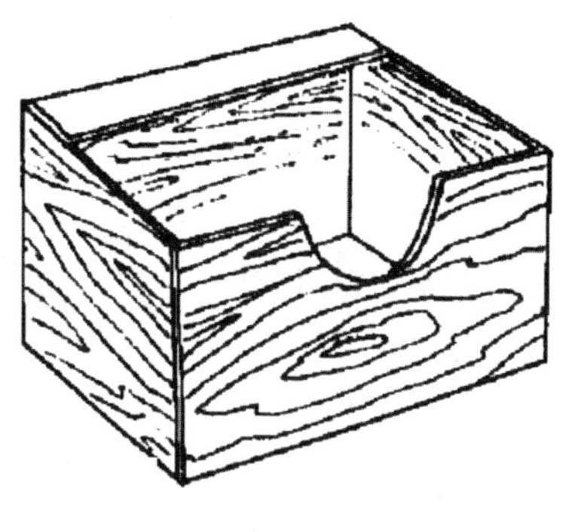

图7-18　兔产仔箱

（三）喂料车

喂料车主要是大型兔场采用，用其装料喂兔，省工省时。喂料车一般用角铁制成框架，用镀锌铁皮制成箱体，在框架底部前后安装4个车轮，其中前面两个为万向轮。

（四）运输笼（箱）

运输笼仅作为种兔或商品兔运输用，一般不配置草架、食槽、饮水器等。要求制作材料轻，装卸方便，结构紧凑。笼内可分若干小格，以分开放兔，要坚固耐用，透气性好，大小规格一致，可重叠放置，有承粪装置（防止途中尿液外溢），适于各种方法消毒。运输笼有竹制运输笼、柳条运输笼、金属运输笼、纤维板运输笼、塑料运输箱等。金属运输笼底部有金属承粪托盘；塑料运输箱系用模具一次压制而成，四周留有透气孔，笼内可放置笼底板，笼底板下面铺垫锯末屑，以吸尿液。

第八章 肉兔的屠宰及其加工

第一节 肉兔的屠宰方法及初步加工

自 2000 年以来，我国的兔肉产量逐年增加，且在销售上已从以前的以外贸出口为主向国内市场内销为主转化。因此，我国的养兔业在一定程度上改变了长期受国际市场影响的局面，肉兔生产实现了稳步增长，兔肉产量和出口量居世界第一位。我国加入世界贸易组织给养兔业带来了机遇和挑战，同时也对肉兔的屠宰、加工、兔肉及其制品的质量等均提出了更高的要求。

一、肉兔的屠宰

肉兔屠宰加工过程、产品加工工艺应符合出口和内销的不同要求。为保证兔肉的卫生和质量。屠宰加工厂场址的选择、场区布局，加工、检疫人员的管理，产品卫生质量等应符合国家及国际相关规定要求，如 GB/T 20094—2006《屠宰和肉类加工企业卫生管理规范》。另外，还可根据本地实情参考一些相应的地方标准。

(一) 宰前准备

1. 宰前检验 对送宰活兔应按照规定进行检验和处理。兽医卫生检验人员向押运员索取产地兽医检疫证明，核对数目，对不符合要求的必须查明原因，然后逐笼视检，对病兔或可疑病兔应转移到隔离舍观察，根据疾病的种类按有关规定进行处理。肉兔经运输入场后在待宰室内休养时，检验人员进行一次检查并在送宰前进行最后一次检查，以便及时发现病兔，最大限度地做到病健隔离、病健分宰。经检查后的健康兔，兽医卫生检验人员开具送宰证明。

对来自非疫区的发育良好、膘情适中、体重不低于2千克的肉兔，经上述检查合格后即可屠宰。加工冻兔肉或兔肉制品的原料肉，应以肥度适中、屠宰率高为宜。一般来讲，幼龄兔肉质细嫩，含水量高，脂肪含量低，不容易储藏，缺乏风味；老龄兔风味较浓，但结缔组织多，肉质较硬。因此，选择4月龄、体重在2千克左右的肉兔进行屠宰为宜。

宰前检验后，兽医卫生检验人员根据检验结果按《肉品卫生检验试行规程》进行处理：经检查确认健康、肥度适中的准予屠宰；确诊为患有严重传染病或严重人兽共患病的，禁止屠宰，采取不放血方法扑杀后销毁；患有一般性疾病或有外伤的，送急宰车间急宰；经检查无显著病症的可疑病兔须隔离观察，妊娠兔、瘦弱兔应围养。

2. 宰前管理　肉兔运输到加工厂至屠宰前应有一定的休息时间。由于肉兔经过长途运输，机体处于疲劳状态，其正常的生理机能受到抑制，抵抗力大大降低，血液中微生物数量增加，容易在屠宰时造成放血不完全，引起肉尸腐败，影响肉的品质和储存时间。同时，疲劳的肉兔体内常积聚不良代谢产物，肌肉的胶体状态发生了变化，肌肉组织与水的结合能力减弱，导致肉质下降。因此，在加工厂内的候宰室内放养24小时左右，有利于宰前进行进一步的检查，尽可能剔除病兔。候宰室应清洁、干燥，并应定期消毒。否则，将影响皮毛质量，容易污染胴体降低肉品质量。对放养在候宰室内的肉兔可进行饲喂，避免体重减轻，但在屠宰前8～12小时应给予断食，主要是为了减少消化道中的内容物，防止在加工过程中肉品被二次污染，便于内脏器官的整理；抑制微生物的繁殖；使肉质得到改善；肉质肥嫩，肉味增加。保证肉兔在安静的环境中进行充分的休息；在宰前断食期间应给予足量的饮水至屠宰前3小时停止，饮用水应符合NY5027—2001无公害食品畜禽饮用水水质要求。这样，既能保证待宰兔的正常生理机能，促进粪便排出，有利于剥皮操作，又能达到充分放血，提高产品质量目的。

（二）屠宰加工工艺

以前，由于我国兔肉生产一直以对外贸易为主，因此，兔肉的加工过程和生产工艺，均是按照世界卫生组织的要求进行设计和操作的。目前，我国各地建造的较大规模的兔肉加工厂，多数是采取机械流水线作业，辅以科学严格的管理。个体养殖户或一些小型加工厂屠宰多以手工操作为主。

下面主要介绍出口冻兔肉的加工过程和工艺。

冻兔肉的加工过程包括：活兔入场验收、管理→送宰→电麻、放血→淋湿→剥皮→截肢→净膛→卫生检验→修整→胴体复检→分等级→预冷→剔骨→冷却→装箱→速冻→贮藏。

1. 击晕 击晕的目的是为了实施“无痛苦宰杀”而采取的措施。其目的使肉兔暂时失去知觉，减少或消除宰杀时肉兔的挣扎，便于放血操作，并减少兔体内肌糖原的消耗，有利于肉品成熟，提高肉品品质。目前，规模化养殖场屠宰肉兔时普遍采用电麻法击晕肉兔，其击晕通常采用的参数为电压70伏、电流0.75安，通电2～4秒钟即可。有些小型加工场所采用棒击法（图8-1）、颈部移位法（图8-2）和空气注射法（图8-3）。棒击法是将兔两耳提起，用圆木棒猛击后脑使其昏迷。颈部移位法是固定兔的后腿和头部，两手向相反方向用力使兔身尽量伸长，然后突然用力一拉；同时，迅速扭转头颈使颈椎脱位致昏。空气注射法就是向兔的耳静脉注射2～3毫升空气，使其发生空气栓塞血管，影响血液流通而迅速死亡。前两种方法易造成兔头颈部淤血，降低胴体质量，且劳动强度大，不符合现代动物屠宰要求，但在偏远地区仍采用，简便易行且不需设备。空气注射法要求技术熟练程度高，且劳动强度大。

图 8-1　棒击法

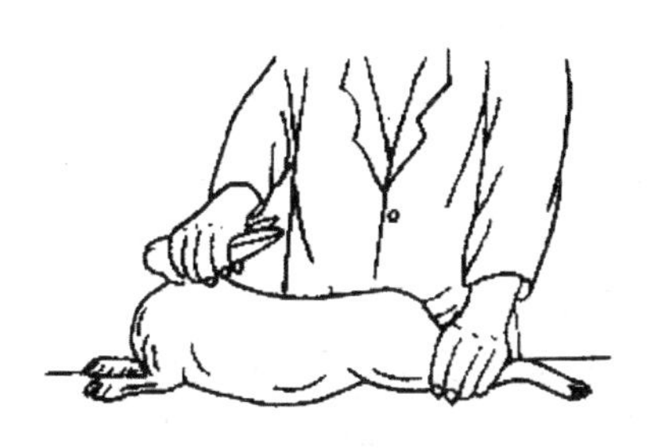

图 8-2　颈部移位法

2. 宰杀、放血　现代化兔肉加工厂多用机械割头法，既可减轻劳动强度、提高工效，又能防止毛飞血溅。此设备多为机械化程度较高的兔肉加工厂所采用。而在广大农村及小型兔肉加工厂，宰杀肉兔时，大都是手工或半机械化操作，即将宰兔倒挂，用刀割断其颈部动脉血管，放出体内血液致死。

图 8-3　空气注射法

放血是否充分对兔肉的品质和耐藏性起着决定性作用，无论采取何种放血方法，都必须放净血液。放血充分的兔肉含水量少，保存时间长，肉质细嫩；放血不充分的兔肉含水多，保存时间短，胴体内残余的血液易导致细菌繁殖，影响兔肉质量。放血时间应保证 2～3 分钟，且避免放出的血液污染皮毛而降低皮毛质量。为防止兔毛飞扬，要用清水淋湿兔体。

3. 剥皮、去头　充分放血后应尽快剥皮，为避免兔毛污染胴体宜用“脱套式”（又称脱袜式）剥皮法。将兔后肢吊挂在金属挂钩上，用刀在两后肢跗关节上方环形切开皮肤，再从左至右沿着股内侧经过尾根处切开皮肤，注意不要划破腿部肌肉。在第一尾椎处断尾，剥离切口处皮肤，将整个皮套向头部方向用力顺势下拉。但注意用力不要太猛，防止撕破皮肤。剥皮时应做到手不沾肉，肉不沾毛。接触毛皮的手和工具未经消毒或冲洗不得接触胴体。有些部分兔肉制品需带皮的胴体，此时不能剥皮，而采用褪毛方法（图 8-4）。皮板向外的筒皮剥离后，沿着腹中线剪开，将前肢腕关节、后肢跗关节及尾部皮张修整呈方形，应细心剔除附在板皮上的脂肪和肌肉，不能划伤皮板，否则会影响板皮质量。修整后将毛面向下，皮板面向上展开铺平置通风处晾晒。

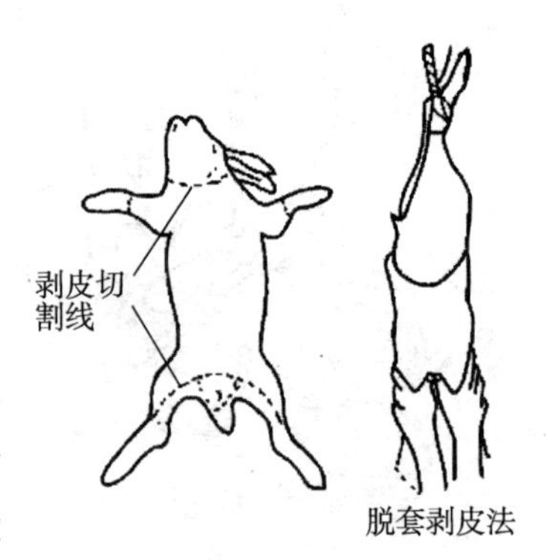

图 8-4　兔的剥皮方法

4. 净膛　双手用力将耻骨联合处分开，从肛中线下刀切开腔壁，切口不要太深，以免切破脏器。观察内脏和胴体有无病理变化，必要时可进行实验室检验（图 8-5）。应注意有无充血淤血、质度有无变化、色泽、大小、脓肿、结节、水肿、寄生虫等和其他异常现象，尤其要检查蚓突（盲肠的游离端，直径较细，管壁薄）和圆小囊（回肠与盲肠连接处膨大成一厚壁圆囊）的病变。检查完毕后，根据加工要求和不同地区的风俗取出脏器进行加工处理和保存。这个环节是宰后检验的重点，直接关系到兔肉及其制品的质量和防止疾病传播，达到无

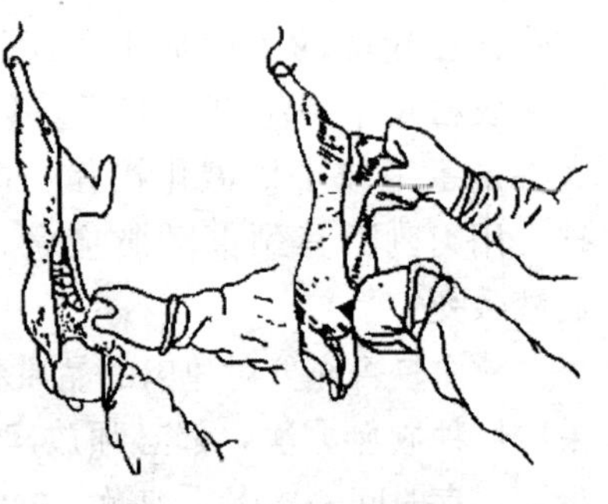

图 8-5　剖腹取内脏

公害生产。

5. 修整　其目的是除去残留的脂肪、淤血和污秽等，达到洁净、完整、美观的要求。主要包括修除残存的内脏、生殖器官、结缔组织、颈部血肉等；修除体表脂肪、外伤部分（指背部、臀部、腿部外侧的主要部位，但一只兔不得超过两处，每处不得超过1厘米^2）及其他不符合要求的残留物。用干净的海绵、棕榈刷或T形擦血架擦除体腔内残存的血水。有条件的加工厂可用除血机（采用真空泵）除血，能避免胴体受到污染。肉兔胴体通常不采用湿洗（即用水冲洗胴体的内外侧），因肉兔胴体脂肪含量少，易吸水，在体表难以形成干燥的薄膜，不耐贮藏。

二、冻兔肉制品加工

冻兔肉是我国出口的主要肉类品种之一。冷冻保存不但可阻止微生物生长、繁殖，还能促进物理、化学变化而改善肉质，所以冻兔肉具有色泽不变、品质良好的特点。

（一）工艺流程

冻兔肉的生产工艺流程如下：原料→修整→复检→分级→预冷→过磅→包装→速冻→成品。

1. 原料处理　进入冷冻加工厂加工冻兔肉的原料肉必须新鲜，放血干净，经剥皮、截肢、割头、取内脏和必要的修整之后，经兽医卫生检验未发现任何危及人体健康的病症，方可进行冷冻加工。

2. 分级标准　我国出口的冻兔肉，主要有带骨兔肉和分割兔肉两种。

（1）带骨兔肉分级标准

①特级　每只净重1 501克以上。

②一级　每只净重1 001～1 500克。

③二级　每只净重601～1 000克。

④三级　每只净重400～600克。

（2）分割兔肉分级标准

①前腿肉　自第十与第十一肋骨间切断，沿脊椎骨劈成两半。

②背腰肉　自第十与第十一肋骨间向后至腰荐处切下，劈成两半。

③后腿肉　自腰荐骨向后，沿荐椎中线劈成两半。根据不同国家的不同要求，参考出口规格，应切除脊椎骨、胸骨和颈骨。

3. 散热冷却　又称预冷。刚屠宰的胴体温度一般在37℃左右；同时，因胴体本身的"后熟"作用，在肝糖分解时还要产生一定的热量，使胴体温度处于上升趋势。如果胴体在室温条件下放置时间过久，由于微生物（细菌）的生长、繁殖，会使兔肉腐败变质。所以，预冷的目的就是为了迅速排除胴体内部的热量，降低胴体深层的温度并在胴体表面形成一层干燥膜，阻止微生物的生长和繁殖，延长兔肉保存时间，减缓胴体内部的水分蒸发。

冷却间的温度最好维持在－1～0℃，最高不宜超过2℃，最低不得低于－2℃；相对湿度最好控制在85%～90%，经2～4小时即可进行包装入箱。

4. 包装要求　目前，我国出口的冻兔肉，包装要求大致如下。

①带骨或分割兔肉均应按不同级别用不同规格的塑料袋套装，外用塑料或瓦楞纸板包装箱，箱外应印刷中、外文对照字样（包括品名、级别、重量及出口公司等）。上海产的纸箱内径尺码是：带骨兔肉为57厘米×32厘米×17厘米，分割兔肉为50厘米×35厘米×12厘米。

②带骨兔肉或分割兔肉，每箱净重均为20千克。分割兔肉

包装前应先称取5千克为一堆，整块地平摊，零碎的夹在中间，然后用塑料包装袋卷紧。装箱时，上、下各两卷成“田”字形，四卷再装入一只聚乙烯薄膜袋。每箱兔肉重量相差不得超过200克。

③带骨兔肉装箱时应注意排列整齐、美观、紧密，两前肢尖端插入腹腔，以两侧腹肌覆盖；两后肢须弯曲使形态美观，以免背向外，头尾交叉排列为好，尾部紧贴箱壁，头部与箱壁间留有一定空隙，以利透冷、降温。

④箱外包装带可用塑料或铁皮，宽约1厘米。因铁皮包带久贮容易生锈，所以大部分冻兔加工厂目前多采用塑料包带，但打包带必须洁净，不能有文字、图案、花纹；不宜采用纸带，以防速冻或搬运时破损、散落。

⑤箱外需打包带三道，即横一竖二，切勿因横面操作不便而不加包带。五分包带需用五分包扣，切忌五分包带用四分包扣，或四分包带用五分包扣，以防箱边破损，兔肉外漏。

（二）冷冻技术

1. 冷冻设施　目前，我国冻兔加工多采用机械化或半机械化作业，其工艺水平和卫生标准已达国际水平。

冷冻加工间主要包括冷却室、冷藏室和冻结室等。规模中等的冻兔肉加工厂由于屠宰间一般都设在厂房的顶楼，所以肉类冷却室也应设在顶楼，以便与屠宰间相接，顺次为冷藏室、冻结室，而冻结室则应设在底楼，以便直接发货或供其他加工间临时保藏之用。冷却、冷藏及冻结室内应装有吊车单轨，轨道之间的距离一般为600～800毫米，冷冻室的高度为3～4米。为了减轻胴体受微生物的污染程度，除屠宰过程中必须注意之外，对冷冻室中的空气、设施、地面、墙壁等乃至工作人员均应保持良好的卫生条件。在冷冻过程中，与胴体直接接触的挂钩、铁盘、布套等只宜使用一次，在重复使用前，须经清洗、消毒，干燥后再用。

2. 冷却条件 主要是指温度、湿度、空气流速和冷却时间等。兔肉冷冻，首先是肌肉纤维中水分与肉汁的冻结，然而冻兔肉的质量则与冻结温度与速度有很大关系。据试验，在不同的低温条件下，兔肉的冻结程度不同。通常新鲜兔肉中的水分，－1～－0.5℃开始冻结，－10～－15℃时完全冻结，详表8-1。

表8-1 兔肉在不同温度下的冻结程度

肉温（℃）	－0.5	－1	－1.5	－2	－2.5	－3	－3.5	－4	－5	－6	－7	－8	－9	－10	－15
冻结程度（%）	2	10	29.5	42.5	53.5	61	66	71	78	83	87	91	94.5	100	100

根据测定，在整个冷却过程中，冷却初期因冷却介质（空气）和胴体之间的温差较大，冷却速度较快，胴体表面水分蒸发量在开始的1/4时间内，约占总蒸发量的1/2。因此，空气的相对湿度也要求分为3个阶段：冷却初期的1/4时间，相对湿度以维持95%以上为宜；冷却后期的3/4时间内，相对湿度应维持在90%～95%；冷却临近结束时，应控制在90%左右。空气流速是影响冷却时间和程度的又一重要因素。一般冻兔肉在冷却时，空气流速以每秒2米为宜。

3. 冷却方法 目前，我国冻兔肉加工厂都采用速冻冷却法，速冻间温度应在－25℃以下，相对湿度为90%。速冻时间一般不超过72小时，试测肉温达－15℃时即可转入冷藏。

如无冷却设施的小型加工厂，则应配备适量的风扇、排风扇，炎热季节必须设法使肉温低于20℃，然后直接送入速冻间速冻，使肌肉纤维中的水分和肉质全部冻结。上海冻兔肉加工厂为加快降温，采用开箱速冻法，使原先需要72小时的速冻时间压缩到36小时，既节电，又可提高冻兔肉质量，是一项有效的措施。该厂的具体做法是：打开箱盖，送入管架速冻，待速冻后再行打包转入冷藏。

（三）冷藏条件

冷藏是将已经冻结的兔肉，为保持肉温不上升，需在冷藏间储存待运。合理的冷藏条件是，冷库温度应保持在－19～－17℃，相对湿度为90%。冷库内温度升降幅度一般不得超过1℃，在大批量进出货过程中，一昼夜的升温不得超过4℃，空气流动以自流、对流为好。如温度忽高忽低，易造成肉质干枯和脂肪发黄而影响肉品质量。

冷藏堆放的方法是，长期冷藏的冻兔肉应堆成方形堆，地面应用不通风的木板衬垫，衬垫高约30厘米，堆高2.5～3米。在冷库容积和地坪负荷允许的条件下，堆放的体积和密度越大越好，冷库的堆装量越多越能提高冷库的利用率。

肉堆与周围墙壁、天花板之间，应保持30～40厘米的距离，距冷却排管40～50厘米；肉堆与肉堆之间保持15厘米的间距；冷库中间应有运送小车的通道，一般不少于2米。

冻兔肉的冷藏期限主要取决于冷藏温度和原料类型等。实践证明，冷库温度愈低，兔肉的保藏期愈长。在4℃冷库中，保藏期仅35天；在－5℃条件下，保藏期为42天；在－12℃条件下，保藏期可达100天左右；出口冻兔肉的冷藏温度如能保持－19℃～－17℃，则兔肉的保藏期可达6～12个月。

第二节 兔皮及其初加工

兔皮分为毛皮和革皮两种，生产中多以毛皮为主，大量用作制裘；其次为革皮，残次皮多用于制革。肉兔的毛皮被毛浓密，质地轻柔，美观，可制造各种衣着用品；其中，白色兔毛皮经过染色加工后，可模拟各种高级兽皮，制成的衣物尤为美观。革皮是除去毛被后经过鞣制而成的产品。肉兔皮板柔韧，鞣制成革皮后，既可代替鹿皮擦拭机件，也可当作女式和童式鞋的绒面革、手风琴革、书面皮、领带、女式裙、帽等制品。为了开发兔革皮的原料来源，夏季的兔皮用以制革，冬季的兔皮用以制裘。这样，既可以保证兔裘皮制品与革皮制品的质量，又能充分开发与利用肉兔的皮张资源。

一、兔皮的防腐方法

防腐是采取相应措施，使生皮达到不适于微生物和酶作用的条件而能长期保存的目的。刚从兔体上剥下来的生皮，称鲜皮又叫血皮。鲜皮中含有大量的蛋白质和水分，是各种微生物繁殖的优良培养基，如不及时进行防腐处理，生皮极易腐败。鲜皮腐败的主要原因来自两个方面：一是微生物作用，兔鲜皮表面微生物种类很多，在温度适宜（20～37℃）的情况下，分解鲜皮中蛋白质的腐败菌很快繁殖，将鲜皮分解。在夏季兔皮剥下后如不及时处理，2～3 小时后鲜皮就会发生腐败现象。另外一种就是酶的作用，在肉兔未屠宰前，鲜皮中所含的酶，具有促进皮组织的合成和分解作用，而且这种作用是平衡的。兔在死亡之后，这种酶的合成作用就会停止，只能促使皮组织分解，即产生自溶作用。微生物和酶都会促使皮组织分解，轻者可使生皮变质，重者则造成生皮腐败。所以，从兔体上剥下来的鲜皮，不能及时加工处理的，应冷却 1～2 小时后立即进行防腐处理。防腐处理的基本原理就是创造一个不适宜鲜皮中微生物和酶作用的环境，抑制两者的活动而达到保鲜的目的。在生产实践中，兔皮防腐主要常采用的有干燥法和盐腌法两种方法。

（一）干燥法

是指降低鲜皮水分，使其水分含量低于 12%～16%，从而阻止细菌和酶活动的最简单的防腐措施。有的地区把用这种方法制成的干皮称为甜干皮或淡干皮以区别于盐干皮。具体做法是如下。

在自然干燥时，将鲜皮按其自然皮形，皮毛朝下，皮板朝上，贴在草席或木板上展平，呈长方形，置于阴凉通风处，不要放在潮湿的地面或草地上。在干燥过程中要严防雨淋或被露水浸湿，以免影响水分的蒸发。干得过慢，不利于抑制细菌的有害作用，易导致生皮全面变质。同时，也不要放在烈日下直晒，或放在晒热了的沙砾地与石头上。因其温度过高，干得过快，会使表层变硬，影响内部水分的顺利蒸发，造成皮内干燥不匀。而且过高的温度会使皮内层蛋白质发生胶化，在浸水时容易产生分层现象。同时，经过烈日暴晒的生皮，皮上附着的脂肪，就会熔化并扩散到纤维间和肉面上，造成后期鞣制时药液浸入困难。

干燥法具有方法简便、成本低、分量轻、皮板洁净、便于运输的优点，但只适合于干燥地区和干燥季节采用。干燥不当时，易使皮板受损，在保管过程中容易发生压裂或受昆虫侵害，而且搬运时附在其上面的尘土会对工作人员的健康不利。

（二）盐腌法

在鲜皮晾晒前用盐腌制，此种方法实际上是用食盐吸出皮内水分并抑制细菌繁殖，达到防腐的目的。盐腌晾晒后的干盐皮优点是始终含有一定水分，适于长时间保存不易生虫，但是阴雨天容易回潮。因此，在阴雨季节仓库须密封，以免潮气浸入。盐腌法有以下两种，但用盐量均为鲜皮重量的30%～50%，所用盐的颗粒以中粗的为好，冬季腌盐的时间要适当长一些。

1. 撒盐法 将清理好的鲜皮毛面朝下，板面向上，平铺在水泥地上或水泥池中，把边缘及头、腿部位拉开展平，在皮板上均匀地撒上一层盐；然后再按此方法铺上一张，撒一层盐，直到堆码达适当高度为止；最上面的一张皮需要多撒一些盐。为了防止出现“花盐板”，一般在五六天后翻一次垛，即把上层的皮张铺到底层，再逐张撒一层盐。再经过五六天时间，待皮被腌透后，取出晾晒。

2. 盐腌法 将清理好的鲜皮浸入浓度为25%～35%的食盐溶液中，经过16～20小时的浸泡，捞出来再按上述撒盐的方法撒盐、堆码，1周后可晾晒。

二、生皮保存

（一）仓库及设备

保存生皮的仓库应设在地势较高的地方，库房内要通风隔热、防潮，最适宜的相对湿度为50%～60%，最适宜的温度为10℃，最高不得超过30℃。要有充足的光线，但又要注意避免阳光直接晒在皮张上。库内在适当位置要放置温度计与湿度计，以便经常检查库内的温度和湿度变化。有条件的单位，最好安装通风设备，以便及时调节库内空气。皮张入库前，库房应干燥、清洁并消毒。

（二）入库前检查

原料皮在入库前要进行严格检查。没有晾晒干或带有虫卵以及大量杂质的皮张，必须剔出，再经晾晒、加工整理或药剂处理后方能入库。

（三）堆码

在库房内，同品种皮张必须按等级分别堆码。垛与天棚、垛与地、垛与墙之间应保持一定距离，以利通风、散热、防潮，垛与垛之间应留出人行道以方便检查。亦可使用木架或箱、柜保管。每个货垛都应放置适量的防虫、防鼠药剂。如果在一个库房内保管不同品种的皮张，货位之间要隔开，不能混垛。干腌和湿腌的皮板必须分开保管，在露天保管时，垛位距离地面要高一些，货垛四周应有排水渠道并应严防雨淋。

（四）库房管理

储存原料皮，应本着以防为主、防治结合的原则，加强库房管理，定期经常检查，发现问题及时采取有效措施。

1. 防潮防霉 由于原料皮具有吸湿性，遇到阴雨天气，空气潮湿，很容易返潮、发热和发霉。原料皮返潮发霉的表现是：皮板与毛被上产生一种白色或绿色的膜，轻者局部变色有霉味，重者皮板呈紫黑色，板质受损。因此，应有通风、防潮的设备，并要采取各种控制与调节空气湿度的措施。

2. 防虫防鼠 特别是春、夏季节，应经常保持库内外环境卫生。在皮张入库上垛前，应在皮板上洒防虫药剂，如精萘粉、二氯化苯等。如在库内发现虫迹，要翻垛检查，及时采取灭虫措施。另外，在库房内还要采取措施防治鼠害。

三、生皮的包装和运输

（一）包装

制革原料皮的皮张，一般采用绳捆法，即将同品种、同等级的生皮捆成一捆。每捆的张数根据原料皮张幅的大小而定，一般大张幅的每捆10～20张，中张幅的每捆20～30张，小张幅的每捆50张。打捆时要毛被对毛被，皮板对皮板，层层堆码，但每捆上、下两层必须是皮板朝外，在最外层用席片或硬纸片覆盖，然后用绳子按“井”字形捆紧。

利用兔皮制革，是近年来开发的新品种，而采用于5～9月份屠宰的肉兔皮张，由于张幅较小，皮板较薄，所以在搬运皮捆时，要抓捆绳不能只抓皮张的边角，以免撕破兔皮。

制裘原料皮张幅都比较小，而且皮板较薄，要忌尘土污染和阳光照射。这类皮张品种较多，规格也比较复杂，因此，在打捆时，要按品种、等级、尺码大小等分别打捆，然后装入木箱或洁净的麻袋，并撒入一定量的防虫药剂。在包装物上，要注明品种、等级和数量。

（二）运输

运输工具必须有防雨设备，以免中途遭受雨淋。而且在运输之前要进行严格的检疫与消毒，防止病菌传播。

第三节　兔副产品的加工利用

一、兔脏器的利用

兔的脏器食用价值很低，弃之却十分可惜，但经综合利用，其经济价值甚为可观。

1. 兔肝　兔肝呈红褐色，位于腹腔前部，重40～80克，占体重3%左右。兔肝在医药工业上可用以制肝浸膏、肝宁片和肝注射液等。

2. 兔胰　兔的胰脏既是消化腺，又是内分泌腺。胰液中含有胰蛋白酶，胰脂肪酶、胰淀粉酶，利用胰脏可提取胰酶、胰岛素等。

3. 兔胆　用兔胆提取胆汁酸，提取率可达3%左右，而牛、羊胆的提取率只有0.3%。所以，兔胆是提取胆汁酸的良好原料。

4. 兔胃　兔胃属单室胃，位于腹腔前部，可分为贲门部、幽门部、胃底及胃体部，胃壁黏膜能分泌胃液，含有盐酸和胃蛋白酶原，在医药工业上常用兔胃提取胃膜素和胃蛋白酶等。

5. 兔肠　兔肠管长度为体长的10倍左右，在医药工业中可用兔肠作为提取肝素的原料。

二、其他副产品的利用

随着科学技术的迅速发展，兔血、兔骨、兔头、兔毛以及兔胎盘等重要副产品的潜在效能和特殊用途已逐渐被人们所认识，成为食品、医药和饲料工业的贵重原料。

1. 兔血　兔血除少数地区有食用习惯之外，全国绝大部分地区还很少利用。其实，兔血具有很高的营养价值，可加工成多种产品，供食用、药用，或作为畜禽的动物性饲料。

（1）食用　兔血营养丰富，蛋白质含量较高，必需氨基酸含量高，微量元素丰富，可加工成血豆腐、血肠等营养食品。

（2）医用　兔血中可提取多种生物药物和生化试剂，如医用血清、血清抗原、凝血酶、亮氨酸、蛋白胨等。

（3）饲料　利用兔血加工成普通血粉或发酵血粉，是解决畜禽动物性饲料的有效途径之一。

2. 兔骨　兔的全身骨骼可区分为中轴骨和附肢骨两部分。成年兔的全身骨骼约占体重的8%。兔骨经高温处理后，骨油可提取食用骨油或工业骨油，骨渣可提取骨粉、活性炭或过磷酸钙，骨汤则可提取工业骨胶或医用软骨素、骨浸膏或骨宁注射液等。

3. 兔头　兔头食用价值很低，屠宰加工时多废弃，但兔头骨是提取蛋白胨的好原料，如能开发利用，其经济价值甚为可观。

4. 兔毛　肉用兔的残次毛可提取胱氨酸。

5. 兔胎盘　母兔分娩时，胎盘多被母兔自食或废弃，如能及时收集，积少成多，即可加工成兔胎盘粉。

三、兔粪尿的利用

1. 兔粪尿是一种优质高效的有机肥料　兔粪中含的氮、磷、钾比其他畜禽粪便都高，除此之外，还含有多种微量元素和维生素。1只成年兔1年大约可积肥10千克，10只成年兔的排粪量相当于1头猪的排粪量。每100千克兔粪相当于硫酸铵10.85千克、过磷酸钙10.90千克、硫酸钾1.79千克的肥效。

兔粪尿能改良土壤团粒结构，提高土壤肥力，并具有杀虫灭菌、抗旱保墒等作用。施用兔粪尿的土壤，能减少蝼蛄、红蜘蛛、黏虫等地上和地下的害虫，在棉苗期施用稀兔粪尿能防治侵害棉苗的地老虎，用兔粪尿熏烟可杀死僵蚕菌，使蚕茧丰收。施用兔粪尿对各种作物都能起到增产作用。

兔粪尿中的尿素、氨态氮及钾、磷等都能被植物直接吸收利用，但其中未被消化吸收的蛋白质不能被植物直接利用，需经发酵腐熟后才能被吸收。所以必须对兔粪尿进行加工处理，以提高其肥效和利用率。

(1) 堆积发酵　将兔粪尿和残剩草料一并堆积，边堆边加水，使其水分含量达到50%左右。堆成圆形，周围用泥封闭，任其发酵。经数周后，里边温度可达50℃以上。待温度下降后，打开粪堆，再任其发酵一段时间，一般以变为褐色、无臭味和酸味，手感质松软、不沾手，即已腐熟好。

(2) 制成兔粪尿液　将收集到的兔粪尿中的杂草去掉，按1∶7加水入缸封闭（用塑料或泥土将缸口封住）。夏、秋季3～4天，冬、春季10～15天即可发酵好，然后，用麻袋或纱布滤去渣，即成兔、粪尿液。使用时再加入10倍水稀释，装入喷雾器，施于农作物叶面上。每亩施用5～10千克，对大麦、小麦、水稻进行穗期叶面喷施，可获得明显的增产效果。

(3) 制成颗粒肥料　将兔粪尿中的饲草、杂质去掉，晒干后装入塑料袋，扎紧袋口待用。此种颗粒肥料易保存、肥力强，使用方便，可作穴肥施于果树、茶园、蔬菜。作基肥使用时，除肥效显著外，还具有抗旱保墒、杀虫灭菌等作用。

2. 兔粪喂鱼　用肉兔屠宰的下脚料（包括兔粪及部分兔胃

肠）喂鱼，可以大大提高产量。其方法如下：将屠宰下脚料（包括胃肠道中的粪便）放入锅中，加水煮熟后再加入玉米面、麸皮、谷糠等，继续煮沸 5 分钟（下脚料占 60%、混合精饲料占 40%左右），使之成为稠粥样。取出放在水泥地上再掺入一部分玉米面、麸皮、谷糠等组成的混合精饲料，晒干制成颗粒饲料适口性好，饲喂鲤鱼时其生长较快。

第九章 肉兔常见病防治

第一节　兔病发生的原因及其诊断方法

一、肉兔发生疾病的原因

了解肉兔生病的原因，积极采取措施，有效预防和控制疾病发生，才能获得肉兔生产的良好经济效益，并使其持续发展。和其他动物一样，当肉兔受到体内外各种不良因素的作用时，也会发生疾病。但兔是小型经济动物，与其他家畜相比，在解剖生理、生活习性和行为上有许多自身特点，饲养管理上也存在很大差别，因而上述各种已知因素在兔疾病发生中所起作用的重要程度又有所不同。为便于理解，结合兔生产实际，现将导致兔生病的主要原因归纳为以下 4 个方面。

（一）环境条件差

肉兔的环境，是指其周围各种外界因素的总和，包括各种自然条件因素和兔生产者所提供的各种条件因素。外界环境因素十分复杂，无论是自然因素，还是人为因素，都能以各种各样的方式，经由各种不同途径，单独或综合地对兔机体发生作用和影响，引起兔各种各样的反应。

兔正常生长发育和繁殖需要一定的外在条件。有些外界环境因素对兔有利，有些对兔不利，甚至有害，如污染的空气、饮水和场地，水源不足，气候骤变，炎热、潮湿、寒冷，光照不足等。这些不利或有害的因素超过一定限度时，就会使兔生病，甚至死亡。兔周围环境中各种不利或有害因素越多，环境就越差，致病因素也就越多，兔就越容易生病。因此，要养好兔，就必须选择较好的环境条件，并通过建造适宜兔生产的场舍；同时，进行科学的饲养管理，以改善和控制环境条件，满足兔生产的需要。

（二）饲养管理不当

肉兔饲养管理的基本原则和要求，是根据兔的生理学特征、生活习性和行为，以及饲料与营养学的研究资料，并结合兔生产实践提出来的，有一定科学依据。随着科学研究的不断深入，认识水平的不断提高，各项饲养管理措施将不断完善。如果不懂科学，不相信科学，进行粗放地或错误的饲养管理，必将给兔的正常生长发育和机体健康造成损害。比如，饲料品种单一、选择不当或配合不合理，易致兔营养不良或营养缺乏症，饲料突然变化，饲喂不均，饲料发霉、腐败或变质，饲料调制不当等，易引起胃肠道疾病及中毒病；饲养密度过高、拥挤，舍内通风不良等也易导致多种疾病。总之，良好的饲养管理可以消除许多致病的外界因素，否则就容易使兔生病。

（三）卫生防疫工作未落实

卫生防疫工作包括内容较多，涉及面较广，主要包括卫生打扫、场（舍）消毒、杀虫灭鼠、疫病检查、防疫注射、药物预防和病兔处理等；同时，还涉及场（舍）选址建造、种兔引进和日常饲养管理等。其有关内容将在后面“肉兔疾病的综合防制措施”中讲述。

卫生防疫工作对于改善和控制兔舍环境，预防传染病和寄生虫的发生与流行具有重要意义，对于控制其他疾病的发生也有一定作用。因为通过各项卫生防疫工作的认真实施，不仅可以使场舍清洁，空气清新；更重要的是能消除周围环境中的各种病原微生物、寄生虫卵及传播这些病原体的媒介物，或降低其危害性；同时，可使兔机体的疫力提高，增强其抵抗疾病的能力。因此，各个兔场必须建立、健全各项卫生防疫制度，并认真贯彻落实。尤其是现代规模化、集约化的兔养殖场，必须对此给以足够的重视。

（四）应激因素所致

应激因素广泛存在于机体内外环境之中，体内外各种因素的变化都可能成为应激因素，引起机体一定的反应。在兔正常生活活动中，体内外各种因素都在不停地发生变化，但大多数变化比较轻微，机体已经适应（也就是说已经习惯了），这样兔就不会产生应激反应。只有那些变化比较大、发生比较突然，而且持续时间比较长的因素，才能引起机体较强的应激反应，如气候突变、突然更换饲料、粗暴地捕捉、长途运送、燃放鞭炮等。处于应激状态的动物，惊慌不安，机体免疫机能受到抑制，抵抗力下降，从而可能导致多种疾病的发生。

二、肉兔的日常健康检查

目前，我国的肉兔养殖已经进入集约化、规模化的养殖阶段，每只肉兔的健康对于保证整个兔群的健康极为重要。因此，加强肉兔的日常健康检查显得极为重要。一旦发现问题，要做到早隔离、早治疗，对患有难以治愈疾病的肉兔或烈性传染病的肉兔要采取淘汰处理的措施。

日常健康检查，主要就是在平常的饲养管理过程中，通过饲养员的观察和触摸，了解肉兔的精神状况、营养状况和体格发育状况及食欲、粪便等是否正常，初步判断肉兔的健康状况。

（一）精神状态检查

肉兔的精神状态是衡量其健康与否的标志。一旦发病，肉兔首先会在精神上发生改变，其神态、行为、姿势和耳郭活动就会有异常。

肉兔胆小怕惊，健康状态下总是保持机警状态。头、耳灵活，眼明亮有神，反应迅速，行动敏捷。如有陌生人接近或稍有响动，便会立即抬头竖耳，并转动耳郭，小心地分辨外界的情况，并随时准备逃避。当其受到惊吓时，常表现用后脚拍打地面（跺脚或顿足）；有时表现不安，在笼舍内窜跑。当遇到危险情况时，则呈俯卧隐蔽状态；带仔母兔有时具有攻击性或出现食仔现象等。

肉兔一旦患病，精神状态会出现异常，表现为精神沉郁或者兴奋。多数情况下，肉兔会出现精神沉郁，低头耷耳，闭目呆立；或伏卧于一角，对喂水、喂料等外界刺激反应迟钝。如果疾病影响肉兔神经系统，其早起会表现出兴奋，出现惊恐不安，对外界刺激反应强烈，可能会出现无故狂奔乱撞，肌肉痉挛似癫痫样发作，或见全身颤抖、角弓反张、惊叫等，有时表现痛苦状。

（二）营养状况和体格发育检查

营养状况和体格发育紧密联系在一起，主要反映出肉兔的营养供给、消化吸收和代谢的基本情况。一般可根据肉兔体躯大小、骨骼发育、被毛和肌肉、体重来判断其营养状况和体格发育情况。

营养和体格发育良好的肉兔，其大小与年龄相称，体躯各部结构紧凑均匀、比例适当，活动自然，轮廓浑圆，肥壮有力，被毛亮泽光顺，肌肉丰满肥厚、坚实富有弹性，体重。

营养不良、发育不好的肉兔，则表现为体躯矮小，结构不匀称，比例不协调，四肢变形，消瘦无力，被毛粗乱无光泽，皮肤松软无弹性，骨骼突起外露明显，体轻。

肉兔若长期营养不良，会导致体格发育不良，尤其是幼年兔表现更为明显。除饲养管理因素外，营养不良多由慢性消耗性疾病（如寄生虫病、结核病）或消化不良引起的。

（三）行为姿势检查

肉兔有昼伏夜出的习性，其嗅觉和听觉特别灵敏。白天除采食外，大部分时间都处于休息、假眠和嗜睡状态，其姿势主要有蹲伏、侧卧和伏卧。冬天以蹲伏为主，并尽可能使身体蜷缩以减少散热。兔在蹲伏时两前肢平行伸直撑立地面，两后肢自然置于体下，以跖部着地负担大部分体重。运动时则臀部抬起跳跃前进或走动，动作轻快捷。休息时眼睛全睁，呼吸动作明显而均匀。假眠时眼半闭，呼吸动作轻微。嗜睡时则双眼全闭，呼吸微弱。但无论是假眠还是嗜睡，稍有动静，并会立即睁眼觉醒并做出相应的反应。若兔出现行为姿势出现异常，如不能正常站立、伏卧、反应迟钝、运动迟缓不协调或出现跛行等，说明其某一系统或全身患有疾病。

（四）食欲和渴欲检查

食欲能反应全身及消化道的健康状况。健康肉兔食欲旺盛，吃得多而快。对正常饲喂的饲料，一般在 15～30 分钟既可以吃完。在正常饲养管理情况下，肉兔不吃、采食速度缓慢、食量减少或拒食，则为食欲减退或食欲废绝的表现。食欲减退表明胃肠功能障碍，是许多疾病早期的症状表现；食欲废绝说明有严重的全身性疾病或全身功能严重紊乱。食欲时好时坏常患有慢性疾病，特别是慢性消化器官疾病。若想吃而不愿意咀嚼或采食过程中突然停止，常患有口腔疾病。另外，肉兔还有夜间采食软粪的习性。除此之外，若见其采食异常，喜食泥土、石灰、砖瓦碎片、被毛及母兔吞食仔兔等，则称异食癖，应考虑是否患有微量元素或维生素等营养缺乏症。

健康兔的饮水量一般不多，随着外界气候的热冷变化稍有增减。若见其渴欲增强，饮水量异常增多，可能患有某些发热性疾病、胃肠炎、毛球病及食盐中毒等。相反，饮水量异常减少或不饮水，可见有消化不良、腹痛和其他较严重的疾病。

（五）粪便检查

健康肉兔的粪便如同豌豆粒大小，表面光滑，匀整，呈茶褐色或黄褐色，内含有较多草纤维。消化系统一旦发生病变，首先会出现粪便形状、颜色变化。因此，平时应注意观察肉兔的排粪次数、粪便形状、粪便量、粪便的颜色和气味、是否混有异物等。若粪便干硬细小、排粪量减少或不见排粪，是便秘的表现，此时腹部触诊可触及干硬的粪球；如果粪便稀软呈长条形状或成堆、湿烂，且有酸臭味，多为积食或消化不良；粪便稀如水样，甚至带有胶冻样黏液、混有血色或呈煤焦油样黑色，气味恶臭，是胃肠炎的表现。

三、肉兔疾病的临床检查

日常饲养管理过程中，一旦发现肉兔异样，就要进行进一步的临床检查。肉兔疾病临床检查，必须在先了解肉兔的解剖结构、生理与病理的基础上，才能对疾病作出初步诊断，合理用药，及时控制疾病。对患急性传染病的兔来说，及早确诊尤为重要。

（一）体态检查

主要通过视诊和触诊，对病兔全身情况进行检查。重点检查其营养状况、精神状态和有无异常姿势。营养状况检查，主要是用于触摸背部。如脊柱椎骨突出，表明兔体很瘦，可能是营养不良或疾病所致。精神状态一般指肉兔是兴奋还是沉郁。而异常姿势多见于骨折、脱肛、子宫脱出、瘫痪、斜颈、皮肤脓肿等。

（二）体表及被毛检查

肉兔皮肤、被毛的异常变化是皮肤、被毛疾病或全身营养代谢疾病的一种症状。应注意皮肤的颜色、温度、弹性、湿润度是否正常，有无病损、肿胀、脱毛（指非季节性、年龄性换毛和孕期拉毛）、无毛等现象。如脚底皮肤受损时，就可见脚底肿胀、化脓、行走不便等。耳、脚部皮肤结痂，常见于疥癣。耳部皮肤发红发热表示患有热性疾病，血液循环旺盛；耳郭冰凉、苍白、发黄常表示循环不良，营养缺乏，或患有贫血、慢性消耗性疾病、肝脏疾病等；耳郭类有较多黄褐色积垢，则意味着可能发生中耳炎。如果臀部被毛上有粪便，可能发生了腹泻；如果被毛上有黏液，可能发生了泌尿生殖道炎症。

（三）可视黏膜检查

肉兔的可视黏膜包括眼结膜、鼻腔黏膜、口腔黏膜和阴道黏膜，重点要检查眼结膜。健康肉兔可视黏膜的色彩不尽相同，白色兔一般都近于粉红色。单眼结膜潮红可能是眼睛局部发生炎症；双眼结膜潮红多标志着全身循环状态改变；眼结膜弥漫性充血常见于各种伴有发热的疾病，如感冒、急性传染病或肺炎等；眼结膜树枝状充血常见于脑炎、心脏疾病等；眼结膜苍白主要见于各种贫血（营养不良性、出血性、溶血性的）；眼结膜发绀（结膜呈蓝紫色）是血液含氧量极度降低、机体严重缺氧的表现，常见于各种伴有心、肺功能障碍的急性病症和多种中毒性疾病，常伴有呼吸困难或呼吸微弱等症状。

（四）体温检查

对肉兔体温的测定，是检查疾病的重要手段之一。测量体温时，应注意影响体温变化的经常性因素和临时性因素。前者如兔的年龄、性别、营养状况等，如一般幼年兔体温较成年兔略高，营养好的较差的稍高等。后者如当气温高时，也可使体温有所上升。测定次数要依据病情而定，一般日测1～2次。肉兔体温的正常值为38.5～39.5℃，高温季节最高可达40.5℃。

（五）采食、饮水等动作的检查

该项检查包括采食、饮水、咀嚼、吞咽4个项目。当肉兔出现采食、咀嚼、吞咽等动作异常时，应对口腔、咽头进行细致检查。口腔检查主要用视觉、嗅觉方法，注意口腔的颜色、湿润度、气味、舌苔，有无外伤、流涎、溃疡，牙齿有无异常。咽头检查主要靠视诊和触诊，可用开口器或徒手打开肉兔口腔，可较为清楚地看到病变。当肉兔患传染性水疱性口炎时，嘴唇、舌、口腔黏膜会出现大量水疱、溃疡并流涎。

（六）胃肠道及粪便检查

该项检查可用视觉、听觉和触觉等方法进行。例如，肠臌气的病兔，可看到其有庞大的腹围，腹部皮肤紧绷似鼓。有水泻的病兔在摇晃兔子时，可听到其腹内的拍水音及看到被粪污染的臀部。粪便的形状、硬度、颜色可因饲料的改变而异，但必须在正常的范围内。而各种疾病也常会引起粪便性状的改变。腹泻是肠道机能紊乱或肠道结构发生病理变化的重要表现。肉兔一旦发生腹泻，应首先考虑饲料中粗纤维的含量是否不足，其次考虑是否患有魏氏梭菌病、大肠杆菌病、副伤寒、球虫病、肠胃炎等，要仔细鉴别。

（七）呼吸系统的检查

该项检查主要包括呼吸次数、方式、呼吸是否困难和均匀性等。在适宜的环境温度和安静状态下，兔的呼吸次数为 50～60次/分。健康兔的呼吸方式是胸腹式的，即当呼吸时，胸部和腹部都有较明显的起伏动作。当腹部有病，如患腹膜炎时，常会出现以胸部活动为主的胸式呼吸；当胸部有病，如患胸膜炎时，又常会出现以腹部活动为主的腹式呼吸。在正常情况下，健康兔的呼吸是很平和的。如发现它们的呼吸次数、方式有了不同程度地改变，出现呼吸困难时，要仔细检查原因。例如，当肉兔出现慢性鼻炎时，可引起上呼吸道狭窄而见吸气性困难；当患胸膜肺炎时，吸气和呼气都会出现困难。

此外，还有鼻分泌物的检查。健康兔的鼻端没有分泌物，鼻端出现分泌物是有病的表现。从鼻腔、喉头、气管到肺，不论哪部分有病，所产生的分泌物都要从鼻腔排出。从鼻分泌物中常可以分离到多杀性巴氏杆菌、波氏杆菌、金黄色葡萄球菌等。

（八）心率检查

在正常和安静状态下，肉兔的心率数为 150 次/分。兔在剧烈运动或受到惊吓时，心率数可产生生理性的急剧上升。非这些因素而致使心率数的减慢或加快，就意味着某部分器官出现了病理变化。

（九）泌尿、生殖器官检查

兔正常尿液为淡黄色、混浊状。一旦发现血尿，即可视为患有泌尿系统的疾病。如发现外生殖器的皮肤和黏膜发生水疱性炎症、结节和粉红色溃疡，则可疑似为密螺旋体病；如阴囊水肿，包皮、尿道、阴唇出现丘疹，则可疑似为兔痘；患李氏杆菌病时可见母兔流产，并从阴道内流出红褐色的分泌物。

（十）神经系统的检查

神经系统的检查要看兔子的精神状态是否正常，有无行动障碍，运动、感觉器官有无异常。患李氏杆菌病或因巴氏杆菌感染引起斜颈的兔，均会出现神经症状。兔患中毒病时，也大多有神经症状。

（十一）解剖检查

当肉兔出现病因不明的死亡时，应立即进行解剖检查，以帮助诊断。在进行尸检时，先剥去毛皮，然后沿腹中线切开，暴露内部器官。首先检查胸腔内的心、肺。正常的肺呈淡粉红色。若肺呈紫色、红色斑点状或有黄色或白色区，则可能是一种病痕。如肺有较多芝麻大点状出血，则为病毒性出血症的典型症状。其次是检查腹腔。正常的肝呈酱色，质地柔软有光泽；若色泽有变化或出现白色区，则是有病的表现。患肝球虫病时，即可见到肝上有黄白色小结节。消化道的检查从胃开始。胃中的毛球是由于兔吃进自身或其他兔的毛所致，称为毛球症。小肠末端有一膨大壁厚的圆小囊，开口于盲肠，盲肠内有半固态食物。盲肠末端形成一个细长壁厚而色淡的蚓突，它是盲肠的阑尾。蚓突一旦变肥厚变粗，浆膜下出现许多黄色或白色小结节，可考虑是肉兔是否患有伪结核、球虫病或副伤寒等。脾脏位于胃大弯处，有系膜相连，使其紧贴胃壁，呈扁薄长条状，色泽深褐。当感染兔瘟时呈紫色，肿大数倍。伪结核病兔常见脾脏呈紫红色，肿大数倍，有芝麻至绿豆大的灰白色结节。肾脏位于腰椎下方，正常情况下由脂肪包裹，大小如拇指状，位于脊柱两侧，呈深褐色，表面光滑。有病变的肾脏表面粗糙、肿大，颜色有变化或有白点、出血点。在进行尸检时，应注意尸体、解剖场地和器械等的消毒，以防病原扩散。解剖结束后应对尸体进行消毒、深埋或焚毁。

第二节 肉兔病综合防治

一、肉兔疾病的综合防治措施

疾病是严重影响兔业养殖的主要因素之一。在肉兔生产中，因疾病导致兔的死亡普遍存在。特别是传染病，一旦发生，可在短时间内导致兔的大批死亡，给养殖者造成重大的经济损失。其他许多疾病虽经治疗可以痊愈，但仍会影响兔体健康、生长发育及兔产品质量；同时，又增加了兔产品的生产成本。因此，预防和控制疾病发生是保障兔生产顺利进行和提高生产效益的重要措施之一。根据兔个体小，饲养群体大；个体价值低，群体效益高；个体耐受性差、易死亡，群体防治效果好的特点，结合兔疾病发生的主要原因，应认真贯彻"预防为主、防治结合"的原则，积极采取以下综合防治措施，有效地预防和控制兔疾病的发生。"防重于治"是预防疾病的基本方针，对于肉兔来说尤其重要。有的兔病只能靠预防，发病后很难治愈，如兔瘟等；而有的兔病治疗的经济价值不大。扑杀往往是防止该类疾病扩散的最佳方法。

（一）重视场址选择，合理规划建设

创建兔养殖场，首先要考虑的问题就是在哪养、怎样养和怎么才能养好，这就涉及场址的选择、场内布局和场（舍）建造等具体问题。兔舍是兔生活的场所，在规模化饲养的条件下，是构成兔生存的小气候环境。兔舍的小环境因素（包括温度、湿度、光照、噪音、尘埃、有害气体、气流变化等）时刻都在影响着兔体，适应者能正常生长发育。否则，其正常生理机能会受到影响，严重者会患病死亡。所以兔舍既是兔生存的基本环境，也是兔生产的必要基础。相对兔舍来说，兔场则是

兔生活的大环境。另外，兔生产中所必需的饮水与饲料的品质和来源，与生产密切相关的电力、交通条件等，也都和兔场的地理位置及其周围环境紧密相关。因此，从事兔生产，就应根据兔的生活习性和生理特性，结合所在地区的气候特点与环境条件；同时，考虑拟养兔品种和数量、饲养方式、生产强度以及投资力度等，选择、设计和建造有利于兔群健康、方便生产、符合卫生条件、便于饲养管理、有利于控制疾病、科学实用和经济耐用的兔场（舍）。

（二）引进优良品种，科学饲养管理

引种是养兔的开始，引进的品种是否优良、是否适合养殖，直接关系到养兔的成败和效益。肉兔品种很多，各个品种都有其优缺点和品种特性。引进品种时，要相互比较，权衡利弊，周密考虑。既要注重生产性能的优劣，又要了解适应能力的强弱和抗病性能的好坏；同时，要结合自己现有的饲养条件和管理水平。要能识别良种兔，千万不要贪图一时便宜而购回低劣品种，尤其不要把有病的兔子引入场内作为种用。

饲养管理是否得当，对兔生产有很大影响，加强科学管理是搞好兔保健防病工作的重要措施。不仅要给肉兔提供品质优良、营养齐全、适口性好的饲料，而且还要为其营造一个舒适、清洁、安静的兔舍环境。如果饲养管理不当，即使有良好的品种、丰富的优质饲料、适宜的场（舍），也会导致饲料浪费，兔的生长发育不良、抗病力差，甚至引起品种退化。饲养管理失误，会导致兔群生产受阻或疫病暴发，造成重大的经济损失。因此，从一定意义上讲，养兔是否成功在很大程度上取决于饲养管理水平。科学的饲养管理是增强兔体抗病力，预防疾病发生，发挥良种兔的生产潜力，提高养兔经济效益的关键技术之一。所以必须按照兔的饲养管理的基本原则和方法，认真做好各项工作，抓好各个环节。实践证明，要使兔群健康，产品优质高产，生产效益

好，就必须实行科学的饲养管理。

（三）严禁从疫区和发病兔场引种购物，引进种兔时要检疫

为了防止疫病传入，必须从不存在肉兔传染病和其他可以感染肉兔的畜禽传染病的地区及饲养场引入或购进种兔、饲料和用具等，不可随意购买。《中华人民共和国动物防疫法》规定：国内异地引进种用动物及其产品，应先到当地动物防疫监督机构办理检疫审批手续并须检疫合格、出具检疫证明；动物凭检疫证明出售、运输。对从外地采购或调入的种兔，要在离生产区较远的地方隔离饲养1个月以上，经本场兽医全面检查，特别要注意对兔瘟、魏氏梭菌病、密螺旋体病和球虫病的检查，确认健康无病者，经驱虫、消毒，没有预防接种的要补注疫（菌）苗后，方可进入生产区混群饲养。涉及进出境的动物检疫，按《中华人民共和国进出境动植自检疫法》执行，对肉兔重点检疫兔瘟、黏液瘤病、魏氏梭菌病、巴氏杆菌病、密螺旋体病、野兔热、球虫病和疥癣病等。

（四）进入场区要消毒

在兔场和生产区门口及不同兔舍间设消毒池或紫外线消毒室。池内消毒液要经常保持有效浓度，进场人员和车辆等须经消毒后方可入内。兔场工作人员进入生产区，应换工作服、穿工作鞋、戴工作帽，并经彻底消毒后方能进入；出生产区时应及时脱换。出入时注意用消毒液洗手，在区内不能随便串岗、串舍，非饲养人员未经许可不得进入兔舍。

（五）场内谢绝参观，禁止其他闲杂人员和无关动物等进入场区

原则上，谢绝入区进兔舍参观，必须参观或检查时，应严格遵守各项消毒规章。场外的车辆、用具不准进入生产区，出售兔

应在场区外进行，已调出的兔严禁再送回兔舍，种兔场的种兔不准对外配种，决不能将来源不清的肉兔任意带进生产区。场区不准饲养其他畜禽，严防其他畜禽和野兔等进入生产区。兔场要做到人员、用具相对固定，不准乱拿乱用。结核病人不能在养兔场（舍）工作。

（六）搞好兔场环境卫生，定期清洁消毒

病原体广泛存在于兔舍及其周围环境中，随时都有侵害兔体的可能。因此，兔笼、兔舍及其周围应每天打扫干净，经常保持清洁、干燥。兔舍内温度、湿度、光照应适宜，空气清新无臭味。食槽、饮水器和其他器具也应每天清洗，保持清洁，3～5 天消毒 1 次。每隔 1 周更换一次笼壁或对笼底进行刷洗、消毒，兔笼、产仔箱、工作服和其他用具也应定期清洗、消毒。在兔每次分娩和转群之前，兔舍、兔笼等均应进行消毒。兔舍每隔 1～2 个月、全场每隔半年至 1 年进行一次大扫除和消毒。清扫的粪便、杂物和其他污物等，应集中堆放于远离兔舍的地方，并进行焚烧、喷洒化学药物、掩埋或作生物发酵消毒处理。

（七）杀虫灭鼠，消灭传染媒介

蚊、蝇、虻、蜱、跳蚤、老鼠和黄鼠等是许多病原体的携带者和传播者，要设法消灭。结合场（舍）日常清扫、消毒工作，彻底清除场（舍）内外杂物、垃圾及乱草堆等，填平死水坑，使鼠类无繁殖场所，防止蚊、蝇等孳生，也可选用敌百虫、敌敌畏、灭蚊净、灭害灵等杀虫剂喷洒杀虫。老鼠等鼠类在兔场极为常见，不仅携带病原，传播疾病，而且偷吃饲料，从设计建场时就应考虑防鼠措施。兔场灭鼠应采取综合性措施，除保持场（舍）整洁，使鼠类无藏身之地外，常用的方法有物理灭鼠和化学灭鼠。物理灭鼠即利用鼠夹、鼠板压、鼠笼关、电猫打，或用

堵、挖、灌、熏等方法破坏鼠洞对鼠进行扑杀；化学灭鼠即有计划地投放毒饵，在一个区域、统一时间内，围杀鼠类。沿兔场周围老鼠经常出没的通道投放毒饵，长期坚持，效果很好。但灭鼠药种类很多，要注意选择对人、畜毒性较低的药物，并定期更换，以防药物失效、老鼠拒食或产生耐药性。另外，放置毒饵时也应注意防止兔误食中毒和人员中毒。

（八）按免疫程序进行预防接种，有效控制疫病发生

预防接种即免疫注射，是激发兔体产生特异性免疫力，以抵抗相应传染病，达到有效防病目的的一种手段。预防接种通常使用病毒疫苗、细菌菌苗、类毒素等生物制品作为抗原激发动物产生抗体，使之获得免疫力。根据所用生物制品的种类不同，常采用皮下、肌肉或皮内注射等不同的接种途径。一般接种后经几天至十天即产生有效抗体，可获得数月至 1 年的免疫力。为了更好地使用疫（菌）苗和有效地控制兔疫病的发生流行，各兔场（舍）应根据当地各种传染病的发生和流行情况，及不同年龄兔对病原微生物的易感性，同时结合各种病菌的免疫性能和本场实际等，每制订合理的免疫程序并在疫病流行之前认真安排实施。免疫接种可分预防接种和紧急接种两大类。

1. 预防接种 预防接种是平时有计划地给健康肉兔进行的免疫接种，它是预防和控制肉兔传染病的重要措施之一。预防接种常用疫苗，采用皮下或肌内注射等途径接种后经一定时间（数天至数周）可获得数月至一年的免疫力。为了达到良好的免疫效果，必须注意疫苗质量（如疫苗的有效期、保存条件等）、免疫程序和方法等。

2. 紧急接种 紧急接种是在发生传染病时，为了迅速地控制疫病的流行，而对威胁区尚未发病的肉兔进行应急性的免疫接种。

（九）加强饲料质量检查，注意饲料饮水卫生

饲料、饮水卫生的好坏与兔的健康密切相关，应严格按照饲养管理的原则、要求和标准养兔，随时检查饲料质量和卫生状况，严禁给兔饲喂发霉、腐败、变质、冰冻或有毒饲料，保证饮水清洁而不被污染。

加强饲养管理，搞好清洁卫生，是预防疾病的首要工作。常言道“病从口入”。因此，饮水必须清洁。另外，最好将带泥的饲草清洗一遍，晾干后再给兔饲喂。

按饲养标准供给配合饲料。在饲养中应根据肉兔不同生理阶段和不同的生产目的，满足肉兔对各种营养物质的需要。为此，必须采用多种饲草饲料，并要合理搭配。除饲料、饮水外，兔笼及兔舍的卫生状况与疾病的发生也有着密切的关系。兔舍空气是否流通、环境是否卫生是控制兔病发生的关键。如兔舍笼位多，养兔的密度过大，湿度又高，兔舍内的空气流通差，疾病发生的机会就多。如兔舍空气流通好，湿度低，病原微生物的数量就会减少，空气就新鲜，呼吸道疾病发生的几率就会大大减少。笼舍要每天清扫，对兔舍、巢箱作定期消毒。消毒方法可视各自的条件而异。兔舍可用消毒药水冲洗、喷雾或熏蒸，巢箱可用消毒药水冲洗或浸泡，有条件的用火焰喷灯消毒更为理想。消毒时特别要注意先清除笼舍内的粪便、毛等杂物。

（十）坚持自繁自养，培养健康兔群

养兔场（户）应选择抗病力强、生产性能好的父母代兔所生养的优良后代作为种兔进行自繁自养，这样既可以降低养兔成本，又可避免因购兔而带入疫病。但在自繁自养中应注意世代间隔，防止近亲繁殖和品种退化。为此，可推广应用人工授精繁殖技术。

为了作好自繁自养工作，各兔场要积极创造条件，结合选

种、选育工作，建立一定数量的健康兔群，作为繁殖用的核心兔群。对核心兔群的公、母兔，从幼兔时期开始就要经常定期检疫和驱虫，及时淘汰病兔和带菌（及带毒、带虫）兔，使其保持相对无病和无寄生虫侵害的状态。同时，要加强卫生防疫工作，严格控制各种传染性病原的侵入，保证兔群的安全与健康。

（十一）发现疾病及时诊治或扑灭

在养兔生产中，饲养管理人员要和兽医人员密切配合，结合日常饲养管理工作，注意观察兔的行为变化并进行必要地检查。发现异常，及早查明原因。疑为患病时，应与兽医配合进行诊治，根据情况采取相应措施，以减少不必要的损失或将损失降低至最低程度。

二、肉兔疾病的药物预防和驱虫

药物预防是针对不同地区、不同兔群在不同时期常发的某些疾病，有目的的选用某些化学药物或中草药，或加入到饲料或饮水中，或直接投服对兔群进行预防和早期治疗的一种重要的防疫措施。对于预防多种疾病的发生与流行，可收到良好的效果，尤其在某些疫病流行季节之前或流行初期，选用适宜的药物进行预防，效果更为明显。

药物预防通常使用一些安全、有效、价廉的药物。例如，母兔产后 3 天内喂服复方新诺明、长效磺胺或土霉素，可预防乳房炎等疾病；用氯苯胍或球痢灵可预防球虫病；添喂磺胺二甲基嘧啶或强力毒素可减少波氏杆菌病、巴氏杆菌病及球虫病的发生；用喹乙醇可预防巴氏杆菌病及魏氏梭菌病；平时，在饲料中混入一些葱、蒜等可预防球虫病、滴虫病及其他细菌感染性疾病；春季喂茵陈、蒲公英，夏、秋季喂败酱草、马齿苋，冬喂桑叶可预防感冒；用金银花、甘草、绿豆汤可预防中毒病等。详细内容可参看第九章有关疾病防治部分。但必须注意，长期使用药物预防疾病时，容易使病原体产生耐药性，从而影响预防效果，发病后治疗效果也差；还可能诱发维生素缺乏、慢性中毒等其他疾病。因此，应经常进行药敏试验，选择有高度敏感性的药物用于防治疾病，并注意用药量，反对将药物作为饲料添加剂长期不间断地使用。在兔出栏屠宰前一段时期应减少药用或不用药物，以免药物残留而影响肉品质量，危害人体健康。

兔的寄生虫病不仅影响其生长，降低饲料报酬，诱发其他疾病，有的还影响兔肉品质，甚至使兔发病死亡。要消灭或控制寄生虫病，必须根据所在兔场及地区兔的寄生虫种类和不同寄生虫病的流行特点，制订综合防治措施。在生产实践中较为有效、可行的方法就是计划驱虫，其具有药物预防（消灭传染源、防止病原扩散）和治疗病兔的双重意义。因此，每年都要定期、适时驱虫，一般是在春、秋两季进行2次全群普遍驱虫。目前，高效、低毒、广谱的驱虫剂种类较多，可选择使用。但选择药物时应考虑使用方便，以节省人力和物力。

丙硫咪唑是较为理想而常用的驱虫药物，它可以驱除体内线虫、绦虫、绦虫蚴及吸虫等。仔兔最易暴发球虫病，死亡率高，应重点防治，特别是在炎热多雨季节更要加强预防。

兔螨病是危害养兔业的又一种严重寄生虫病，预防和根治该病是一大难题。因兔不耐药浴，目前只能通过定期普查，发现病兔及早治疗，用依维菌素皮下注射疗效较好。

驱虫过程中应注意：①新用药物应先做小群驱虫试验，取得经验并肯定药效和安全性后，再进行全群驱虫；②使用驱虫、杀虫药物时，剂量要准确；③用药后要加强护理和注意观察，必要时采取对症治疗，及时解救出现毒副反应的病兔；④驱虫期间要加强粪便、污染物的无害化处理，防止病原扩散。

三、肉兔喂药方法

内服给药是最常用的一种给药方法。优点是操作比较简便，适用于多种药物的给药；缺点是药物受胃肠道内容物的影响较大，药效出现较慢，吸收不完全。

（一）经口给药

1. 混于饲料给药 对于适口性好、毒性较小的药物可拌于饲料中，让兔自行采食，可广泛用于兔群的预防或治疗给药；毒性较大的药物，由于个体差异，服药量难以精确计量。因此，在大批给药前应先做小量试验，以保证用药安全。

2. 口服给药 用开口器将兔的口腔打开，将药物放在其舌后，并让兔咽下（图 9-1）。

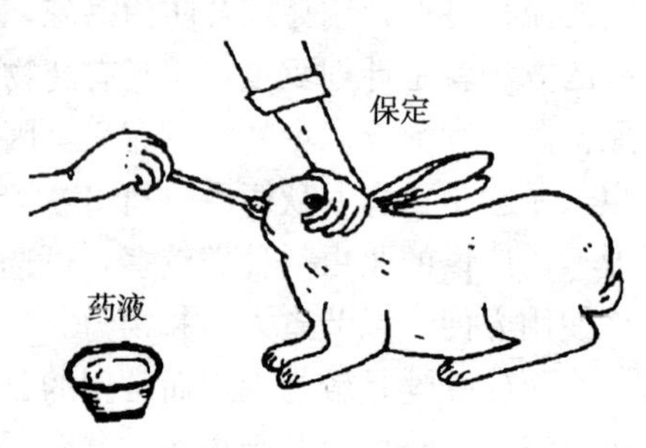

图 9-1 兔口服给药

3. 饮水给药 将药物溶于水中，任兔自由饮用。多用于兔群疫病预防。如药物有腐蚀性，可用陶、搪瓷器皿，而不用金属饮水器。

（二）注射给药

此种给药的优点是药物吸收较快、较完全、显效快，但对注射液要求也较严格。常用的注射给药法有以下几种。

1. 肌内注射 选择肉兔的颈侧或大腿外侧肌肉丰满、无大血管和神经之处，局部经剪毛消毒后，一手按紧肉兔皮肤，另一手持注射器，中指压住针头连接部，将针头垂直刺入。刺入的深度视局部肌肉厚度而定，但不应将针头全部刺入。待药物被全部注入、针头拔出后进行局部消毒。如一次注射的量超过10毫升时，应分点注射（图9-2）。

2. 皮下注射　选择腹中线两侧或腹股沟附近为注射部位，剪毛消毒后，用左手拇指和食指将皮肤提起，右手将针头刺进提起的皮下约1.5厘米，左手松开皮肤，右手将药液注入。注意，针头不能垂直刺入，以防止药液进入腹腔（图9-3）。

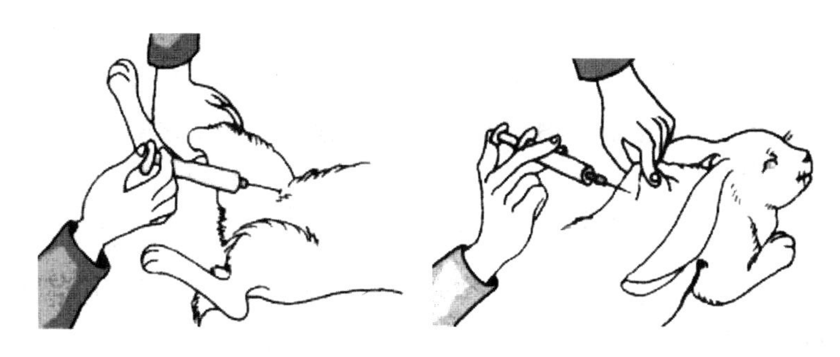

图9-2　兔肌内注射给药　　　　图9-3　兔皮下注射给药

3. 耳静脉注射　选择肉兔两耳外缘的耳静脉为注射部位，由助手固定肉兔，剪去或拔去局部的耳毛，用酒精消毒过后即可注射。如注射大量药物时，在气温低时应将注射液加温到37℃左右再行注射。具体方法是：用一手拇指和中指执住耳的尖部，同时用食指在耳下作支持，另一手持注射器，将针头平行刺入耳静脉内，轻轻抽回注射栓。如有回血即表明已正确进入静脉内，再慢慢注入。注射时若发现耳壳皮下隆起小泡，或感觉注射有阻力，即表示未注入血管内，应拔出重新注射。注射完拔出针头后，即用酒精棉按住注射部位，防止血液流出（图9-4）。

4. 直肠灌服给药　有时为了排出肠道内的粪便，消除其中有毒内容物，可以对兔进行灌肠。方法是将肉兔保定，手持橡皮管或导尿管，前端涂上凡士林或食用油，缓缓插入肛门，直到所需深度即可，然后在后端连上注射器，缓缓注入药物(图 9-5)。

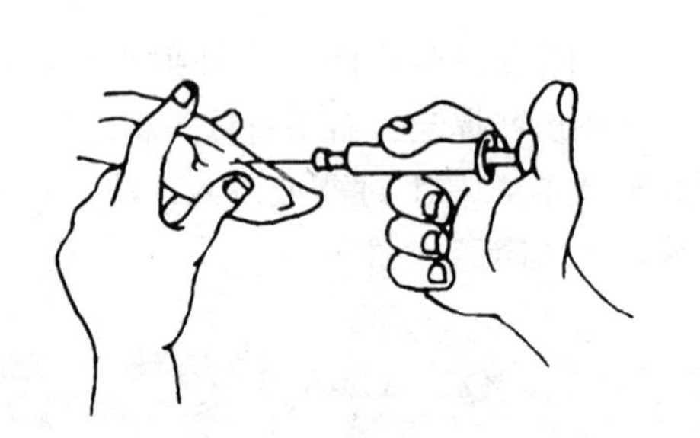
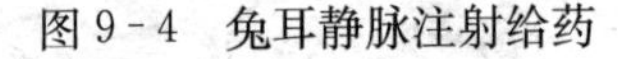
图 9-4　兔耳静脉注射给药

图 9-5　兔直肠灌服给药

(三) 外用给药

外用给药主要用于体表消毒和杀灭体表寄生虫。常用以下两种方式。

1. 洗涤　用配好药物溶液清洗局部皮肤或鼻、眼、口腔及创伤等部位。

2. 涂擦　将药物做成软膏或适宜剂型涂擦于皮肤或黏膜的表面。

四、兔场常用消毒药

1. 来苏儿(煤酚皂溶液)　来苏儿含50%的煤酚，红褐色半透明的液体。煤酚为原浆毒，能沉淀蛋白质，杀菌力强，但对芽孢无效。2%的溶液可用于工作人员的手和皮肤的消毒，3%可用于治疗疥癣、虱等，5%溶液可用于兔舍的喷雾消毒和洗涤栖架、用具、排泄物、器械等。

2. 克辽林(煤焦油皂溶液、臭药水)　克辽林为黑褐色液体，是一种含煤酚的粗制剂，含总酚量约10%。一般用3%～

5%溶液为兔舍、器具和排泄物消毒。

3. 福尔马林（甲醛溶液）　福尔马林为带有刺激性和挥发性的液体，内含40%的甲醛。它能与蛋白质中的氨基结合，而使蛋白质变性。有强大的杀菌力，能杀死细菌、芽孢、霉菌和病毒。对皮肤和黏膜有刺激性。蒸发较快，只有表面消毒作用。5%～10%的溶液可用于兔舍和用具的消毒。对关闭严密的兔舍和孵化箱，可按每立方米14毫升的用量，加水14毫升，加热蒸发消毒，或加高锰酸钾7克进行熏蒸消毒4小时。本品做成油膏，可治疗皮肤霉菌感染（黄癣）。配制方法是：将凡士林加热熔化，加5%福尔马林振摇至半固化为止。杀死芽孢采用10%～20%的溶液。溶液配好后立即使用，否则因其蒸发快而会降低效力。

4. 火碱（氢氧化钠、苛性钠）　火碱为白色固体，在空气中容易潮解。有强烈的腐蚀性，能杀死细菌、病毒和芽孢。2%～5%溶液可作兔舍和运输车、船以及饲养管理用具的消毒。但对动物机体有腐蚀性，且能损坏纺织品和金属制品。

5. 漂白粉（含氯石灰）　漂白粉为白色颗粒状粉末，是氯化钙、次氯酸钙和消石灰的混合物，其主要成分是次氯酸钙。次氯酸钙在水中分解，产生的新生氧和氯都具有杀菌作用。5%漂白粉乳剂能在5分钟内杀死大多数细菌，10%～20%乳剂可在短时间内杀死细菌的芽孢。漂白粉适用于畜舍、土壤、粪便、脏水等的消毒。消毒前先配成悬浊液，密闭放置一昼夜，再取上清液作喷雾消毒用，沉淀物可用作水沟和地面的消毒。不过，一般对粪水和其他液体物质消毒时多采用粉剂。漂白粉对皮肤、金属物品和衣物有腐蚀性，消毒时要注意。漂白粉和空气接触时容易分解，因此应密封保存于干燥、阴暗、凉爽的地方。

6. 氧化钙（生石灰）　氯化钙为白色或灰色块状物，易吸收空气中的二氧化碳和水，渐渐变成碳酸钙而失效。生石灰加水后会放出大量的热，变成氢氧化钙。10%～20%的石灰乳剂，可供兔运动场消毒用。兔舍地面（潮湿或先洒水），可用生石灰粉撒布消毒。生石灰粉消毒作用可保持6小时。石灰乳剂需在临用前现配。直接将生石灰粉撒布在干燥地面上，不起消毒作用。

7. 硼酸 硼酸为白色片状结晶或粉末，能溶于水，易溶于甘油及醇。抑菌作用较弱，对组织无刺激性。常用2%～4%水溶液作为兔鼻炎和眼结膜炎的冲洗剂。10%软膏既可用于烧伤、擦伤的防腐，也可与氧化锌、滑石粉等量混合制成撒布剂外用。

8. 高锰酸钾（灰锰氧） 高锰酸钾为深紫色结晶，有金属光泽，溶于水。高锰酸钾粉遇甘油即剧烈燃烧，与活性炭研磨可发生爆炸。0.05%～0.2%溶液可冲洗创面或体腔黏膜。0.01%溶液可作为兔的饮水，以预防兔的某些传染病。用4%～5%溶液可治疗皮炎和烧伤。本品对成年兔的中毒致死量为2克。溶液需现用现配。

9. 双氧水（过氧化氢溶液） 双氧水为无色透明液体，含3%的过氧化氢。杀菌力较弱，但与破损组织接触时能放出大量气泡，有松软组织的脓块、血块及坏死组织的作用，可用以洗涤污秽及伴有坏死组织的陈旧伤口。本品遇光、热、振摇或放置过久而会分解失效。

10. 酒精（乙醇） 酒精为无色透明的挥发性液体，易燃烧，能与水、挥发性油等任意混合。应在阴暗处避光保存。常作为消毒药。它能使蛋白质脱水，故一般微生物接触酒精之后，即脱水，导致菌体蛋白质凝固而死亡。70%的溶液杀菌力最强，浓度过高（95%）消毒作用反而减弱。这是因为菌体周围蛋白质被凝固，阻碍了酒精向深处菌体蛋白质渗透的缘故。常用75%或70%乙醇消毒皮肤和器械。本品对芽孢无作用。70%酒精配制法：取95%的酒精70毫升，加水到95毫升即可。

11. 碘酊 兽医常用的碘酊有3%和5%两种，均为棕赤色酒精溶液，杀菌力强，可用于涂抹皮肤患部。

12. 碘甘油 碘甘油可用于口腔黏膜炎症或兔白喉的防腐消

毒。优点是刺激性较小而作用时间较长。配制方法：取碘化钾100克，加蒸馏水100毫升，溶解后，加碘片50克、甘油200毫升，搅拌使其溶解，再加适量蒸馏水至1 000毫升即成。

13. 新洁尔灭（溴化苄烷胺）　新洁尔灭为无色澄清液体，易溶于水。本品有较强的除污和消毒作用，可在几分钟内杀死多数细菌。0.1%溶液用作洗刷饲养管理和孵化育雏用具，以及手臂、器械的消毒，也可进行喷雾。本品为阳离子消毒剂，应用时忌与肥皂、氢氧化钠等配合。如先用过肥皂、氢氧化钠等，则应在清水充分洗净后，再用新洁尔灭消毒。

14. 过氧乙酸　20%的过氧乙酸溶液，为强氧化剂，对细菌、芽孢和病毒均有较好的杀灭作用。为高效、广谱消毒剂。可用于消毒畜禽活体或尸体污染的地面、用具。0.3%～0.5%带兔消毒，0.1%饮水消毒，4%～5%熏蒸消毒。避免用金属器皿盛放。

15. 抗毒威　抗毒威对多数细菌和病毒，如兔新城疫病毒、传染性法氏囊病毒、巴氏杆菌、沙门氏菌、大肠杆菌等均有杀灭作用，为一种广谱消毒剂。1∶400浸泡、喷雾消毒，1∶5 000饮水消毒，1∶1 000拌料消毒。在接种疫苗或菌苗前后2天不能使用抗毒威进行消毒。

16. 威力碘（络合碘溶液）　威力碘对各种细菌、病毒菌，如兔新城疫病毒、传染性法氏囊炎病毒、沙门氏菌、巴氏杆菌、大肠杆菌等均有效，是一种广谱消毒剂。1∶40～200带兔喷雾消毒，1∶200～400饮水消毒，1∶200浸泡种蛋消毒，1∶100器具消毒。

五、肉兔常用的疫苗

（一）兔瘟灭活疫苗

用量1毫升、免疫期6个月；保存期1年（2～8℃、阴暗处)。用于预防兔瘟和紧急预防接种45日龄幼兔。初免时2毫升、60日龄加强免疫1毫升，紧急预防时剂量加倍。

(二)兔瘟蜂胶灭活疫苗

用量1毫升、免疫期6个月，保存期1年(2～8℃、阴暗处)。用于紧急预防接种以及45日龄幼兔和60日龄幼兔的二免。

(三)兔多杀性巴氏杆菌病灭活疫苗

用量1毫升、免疫期6个月，保存期1年(2～15℃、阴暗处)。用于预防兔巴氏杆菌病、仔兔断奶免疫、母兔皮下注射1毫升。

(四)兔波氏杆菌病灭活疫苗

用量2毫升、免疫期6个月，保存期1年(2～15℃、阴暗处)。用于预防兔支气管败血波氏杆菌病及18日龄首免，皮下注射1毫升。1周后加强免疫，皮下注射2毫升。

(五)兔产气荚梭菌病(A型)灭活苗

即兔魏氏梭菌病(A型)灭活疫苗，用量2毫升、免疫期6个月；保存期1年(2～8℃、阴暗处)。用于预防兔魏氏梭菌病(A型)，仔兔断奶后皮下注射2毫升。

(六)兔大肠杆菌病多价灭活疫苗

用量2毫升、免疫期6个月，保存期1年(2～15℃、阴暗处)。用于预防兔6个血清型的大肠杆菌引起的腹泻及20日龄首免，皮下注射1毫升。断奶后再免疫1次，注射2毫升。

(七)兔克雷伯氏菌病灭活疫苗

用量2毫升、免疫期6个月，保存期1年(2～15℃、阴暗处）。用于预防幼兔和青年兔因克雷伯氏菌引腹泻。用法同大肠杆菌苗。

（八）兔葡萄球菌病灭活疫苗

用量2毫升、免疫期6个月，保存期1年（2～15℃、阴暗处）。用于预防哺乳母兔因葡萄球菌引起的乳房炎及母兔配种时皮下接种2毫升。

（九）兔瘟巴氏杆菌病二联灭活苗

用量1毫升、免疫期6个月，保存期1年（2～15℃、阴暗处）。用于预防兔瘟和兔巴氏杆菌病。按说明书使用。

（十）兔巴氏杆菌病魏氏梭菌病三联灭活疫苗

用量2毫升、免疫期6个月，保存期1年（2～8℃、阴暗处）。用于预防兔瘟、巴氏杆菌病和魏氏梭菌病（A型）。按说明书使用。

（十一）兔瘟巴氏杆菌病波氏杆菌病三联灭活疫菌

用量2毫升、免疫期6个月，保存期1年（2～8℃、阴暗处）。用于预防兔瘟、巴氏杆菌病和波氏杆菌病。按说明书使用。

六、肉兔的免疫程序

针对预防兔传染病的疫（菌）苗，制订合理的初次免疫日龄、免疫间隔时间，称为免疫程序。常用的疫（菌）苗免疫程序如下。

（一）兔瘟组织灭活疫苗（兔病毒性出血症疫苗）

预防兔病毒性出血症（俗称兔瘟）。30～35日龄兔初次免疫，每隔半年免疫1次。

（二）兔巴氏杆菌灭活菌苗

预防兔巴氏杆菌病。40～45日龄兔初次免疫，每隔半年免疫1次。

（三）兔魏氏梭菌氢氧化铝菌苗（或称兔魏氏梭菌性肠炎灭活菌苗）

预防兔魏氏梭菌病。35～40日龄兔初次免疫，每隔半年免疫1次。

（四）支气管败血波氏杆菌灭活菌苗

预防兔支气管败血波氏杆菌病。妊娠兔产前2～3周免疫1次。25～30日龄仔兔初次免疫，每隔半年免疫1次。

（五）兔巴氏杆菌兔支气管败血波氏杆菌灭活二联菌苗

预防兔巴氏杆菌、支气管败血波氏杆菌引起的呼吸道疾病。兔妊娠1周后免疫1次。25～30日龄仔兔，间隔半年免疫1次。

另外，还可使用下面几种疫苗。

（六）兔瘟兔巴氏杆菌二联苗

预防兔病毒性出血症（兔瘟）、兔巴氏杆菌病。35～40日龄兔初次免疫，每隔半年免疫1次。或者按照疫苗的使用说明书进行。

（七）兔瘟兔巴氏杆菌兔魏氏梭菌三联苗

预防兔病毒性出血症（兔瘟）、兔巴氏杆菌病、兔魏氏梭菌病。35～40日龄兔初次免疫，每隔半年免疫1次，或者按照疫苗的使用说明书进行。

也可结合本地特点自制或购买其他疫苗，可根据说明书进行或进行小范围试验后再大面积应用。

七、使用兔用疫（菌）苗应注意的事项

1. 购买的疫（菌）苗必须来自国家定点或指定的生物制品厂或相应的销售机构，清楚地标明疫（菌）苗的名称、生产日期、生产批号、保存及使用方法、生产厂家并且附有合格证。

2. 疫（菌）苗应妥善保存。一般应在 18℃以下、4℃以上避光保存。没有冰箱时可储存于地窖或水井水面的上部，切勿高温和冰冻保存（如疫苗注明可冰冻保存的除外）。保存时间一般在 6 个月以内。

3. 疫（菌）苗使用前要认真检查，凡有下列情况之一者不应使用。

无标签或标签不清又不确知的疫（菌）苗，过期失效的疫（菌）苗；质量有问题的疫（菌）苗（如发霉、色变、沉淀结絮、有异物等）；瓶壁破裂或瓶塞脱落、瓶壁渗漏的疫（菌）苗；未按要求保存的疫（菌）苗等。

4. 所有注射器和针头等应严格消毒，每只兔使用 1 支针头。

5. 疫（菌）苗使用前必须摇匀，一瓶疫（菌）苗应一次用完。若没有用完而又准备在短期内使用，应抽出瓶内空气，针孔处应该用石蜡密封。

6. 注射部位应先消毒，注射剂量要准确。注射完毕拔出针头时，要用棉球闭塞针孔并轻轻挤压，以防疫苗从针孔处外流。

7. 疫（菌）苗注射后应立即做好记录。

8. 如果使用的是合格疫苗，在使用了二联或三联苗进行免疫接种后一般不必再注射单联疫苗，除非确信此次免疫失败。

八、兔疫苗接种失败的原因

由于规模化养兔发展迅速，兔疫苗的接种技术普及工作滞后，常出现疫苗接种失败的情况；其中，最明显的是兔瘟、巴氏、波氏3种疫苗接种失败的较多。现举例分析原因并提出改进措施。

（一）使用联苗不当

当前常见的联苗有瘟、巴、波、魏四联疫苗，瘟、巴、魏三联疫苗和巴、波二联疫苗。多数专家认为，除巴、波二联苗之外，凡多联疫苗和兔瘟疫苗与其他相联的疫苗，成分都较复杂，兔瘟疫苗的含量不够，预防效果差。

改进措施：预防兔瘟必须使用兔瘟疫苗；预防巴氏、波氏杆菌病，必须使用巴、波二联疫苗。应当注意，兔疫苗不是联的越多越好，也不是打一针就能同时预防几种病。

（二）预防接种的时间不当

因为对3种疾病的疫苗预防程序不了解，接种疫苗的时间不当，致使预防失败。例如，有的场（户）在仔兔开食时就给其注射兔瘟疫苗或巴、波二联疫苗，也有的场（户）在幼兔90日龄时注射兔瘟疫苗，还有的认为巴、波疫苗与兔瘟疫苗的免疫期一样，甚至将兔瘟疫与巴、波疫苗混合接种。

改进措施：仔兔断乳后40～45日龄注射1次兔瘟疫苗，为初免；55～60日龄注射巴、波二联疫苗；70日龄再注射兔瘟疫苗，为加强免疫。此后4个月注射1次巴、波二联疫苗，6个月注射1次兔瘟疫苗。兔瘟单苗不可与巴、波二联疫苗混合注射，必须在注射1种疫苗后，经过7天取得免疫，到第8天时再注射另1种疫苗。巴、波疫苗的免疫期限为4个月，兔瘟疫苗的季节性免疫期限为6个月，接种不能逾期。

（三）接种的剂量不足

有的疫苗无瓶签，有的瓶签模糊，有的瓶签印错了剂量，有的场（户）使用疫苗不看瓶签规定的剂量等，都可造成剂量不足而使接种失败。例如，有的兔场注射兔瘟疫苗每只兔0.2毫升，注射巴、波二联疫苗每只兔1毫升。

改进措施：兔瘟疫苗初免时每只兔1毫升，加强免疫每只兔1.5毫升，季节性免疫每只兔1.5～2.0毫升；巴、波二联疫苗每只兔2毫升。

（四）接种的途径不当

十多年前，疫苗瓶签上注明接种的途径为“肌内或皮下注射”2种。长期的预防接种实践证明，虽然肌内注射对疫苗吸收快，但免疫效果不到位，故后来的疫苗瓶签都注明“皮下注射”。但现在仍有人进行肌内注射，或因注射技术水平差，把皮下注射打成了肌内注射。

改进措施：所有兔病防预疫苗都进行皮下注射，部位应选在脖颈后的皮下，注射时朝尾部方向插针。不会进行皮下注射的人，应掌握好技术再注射。

（五）接种的操作技术不合格

有的疫苗接种人员，对无菌操作意识差。曾出现这样的情况：疫苗瓶里缺少空气，不容易吸取疫苗时，有人把疫苗倒进茶杯或饭碗里；兔多疫苗少时，有人往疫苗里掺水，或用清水涮瓶子等，这都会给接种带来不良后果。

改进措施：在疫苗的瓶盖上插进1只注射器针头，使空气进入瓶里，就方便吸取疫苗了。严格掌握注射剂量，疫苗不足时购买后补打，坚决不可掺水或减量。

第三节　肉兔常见的传染病

一、兔瘟

本病又叫兔病毒性出血症或兔出血热。本病发病迅速、传播快、流行广，死亡率高达95%以上，是危害养兔业最严重的疾病之一。死后主要病变为呼吸器官及实质器官出血等。

（一）病原

病原为兔出血热病毒，形态似球形，为二十面体对称结构。能凝集人的O型、A型、B型和AB型红细胞。该病毒存在于病兔的全身组织器官中，但以肝脏含毒量最高，其次是肺、脾、肾、肠道及淋巴结。该病毒对磺胺类药物和抗生素不敏感，常用消毒药为1%～3%氢氧化钠溶液和20%石灰乳。

（二）流行特点

传染途径是通过呼吸道、消化道、伤口和黏膜。传播方式是易感兔与病兔以及排泄物、分泌物、毛皮、血液、内脏等接触传染，或与病毒污染过的饲料、饮水、用具、兔笼以及带毒兔等接触传染。3月龄以上的青年兔和成年兔易感性最高，哺乳仔兔有一定的抵抗力而不易感。一年四季均可发生，但多流行于冬、春季节。

（三）症状和病变

1. 最急性型　自然感染的潜伏期为36～96小时，人工感染的潜伏期为12～72小时。多见于流行初期，病兔无症状而突然死亡。有时于死前尖叫一声，向前一跳，倒地蹬腿、伸颈，于数分钟内死亡。少数病兔从鼻腔中流出泡沫状血液。

2. 急性型　精神沉郁，少食或不食，体温40.5～41.5℃，全身颤抖，呈喘息状，倒地抽搐而死。病程半天至2天。有的死亡兔从鼻孔中流出泡沫状血液，大多数发生于青年兔和成年兔。临死前肛门松弛，粪球外包有一层淡黄色胶冻样分泌物。

3. 慢性型　多见于流行后期或断奶不久的幼年兔，体温40～41℃，精神沉郁，少食，迅速消瘦。病程2天以上的多可恢复，但仍可排毒感染其他兔。

病变为喉头、气管黏膜严重出血，似红布状；气管及支气管内有泡沫状血液，肺水肿、膨胀、严重出血，或有数量不等的鲜红色及紫红色出血斑，切开肺部可见有大量红色泡沫状液体流出。肝淤血肿大，肝小叶间质增宽，肝表面有淡黄色或灰白色条纹，切开后流出大量凝固不良的紫红色血液。胆囊肿大，充满黏稠胆汁。肾脏淤血肿大，呈暗紫色，表面有针尖大小的出血点，并有白色坏死区，使肾脏表面呈花斑样。心腔及附属大血管淤血，心冠状动脉有血栓，心耳出血，心肌有灰白色坏死区。脾脏淤血肿大，呈蓝紫色。胸腺水肿，并有出血点。胃内充满食糜，胃黏膜脱落，胃壁变薄易破，有少量溃疡。脑和脑膜血管淤血，有的毛细血管内形成血栓，尤其是有神经症状的兔更为明显。子宫淤血，并有数量不等的出血斑。膀胱充满尿液，膀胱黏膜有出血点或出血斑。胸膜水肿，有散在针尖大小的出血点，有的出现出血斑。性腺、输卵管淤血或出血。子宫黏膜增厚、淤血或有出血斑点。睾丸肿胀、淤血。

（四）诊断

根据临床症状和病变可以作出初步诊断。确诊须经试验诊断，多用红细胞凝集试验和红细胞凝集抑制试验，亦可通过中和试验或接种肉兔人工发病作出诊断。

（五）防治

严禁从疫区引进种兔，防止外来人员进入兔舍。做好环境卫生，严格消毒，病死兔作无害化处理。兔舍、兔笼、用具及周围环境加强消毒，每天消毒2次。对饲养管理用具、污染的环境、粪便等用3%的烧碱水消毒，对被污染的饲料进行高温等无害化处理，兔毛和兔皮用福尔马林熏蒸消毒。及时隔离病兔，封锁疫点，将病死兔焚烧深埋，以切断污染源。

做好免疫接种工作，给兔群定期注射兔瘟疫苗或兔瘟与巴氏杆菌病二联苗，或兔瘟、魏氏梭菌病和巴氏杆菌病三联苗（兔三联苗）。每只兔均肌内注射1毫升，5～7天后产生坚强的免疫力，免疫期可达6个月。由于本病流行有趋幼龄化倾向，仔兔宜在20～25日龄时初免，60日龄进行二免。对于发病严重的兔场，最好采用兔瘟灭活疫苗单苗在20～25日龄和60日龄进行2次免疫，效果更好。

本病目前尚无良好的治疗方法，对于发病兔要及时隔离，对病兔立即注射兔瘟高免血清。每只3毫升，10天后再注射兔瘟疫苗配合药物疗法：对所有存栏兔全部用板蓝根注射液1～2毫升、盐酸吗啉双胍注射液1～2毫升混合肌内注射，每天1次，连用3天。必要时用兔瘟组织灭活疫苗对未发病的兔进行紧急免疫接种。也可制备自家组织灭活疫苗，进行免疫预防。其过程如下：无菌取出剖检症状明显的病兔的肝、肾、脾、肺脏，分别剔除结缔组织后，用生理盐水清洗，于每100克含毒组织中加入事先预热的含1.2%甲醛的无菌生理盐水溶液450毫升，置于高速的组织捣碎机（10 000～20 000转/分钟）中捣碎4～5分钟；将匀浆液取出后以3层灭菌纱布过滤于玻璃容器中，于37℃恒温培养箱中灭活48小时，每天上、下午各均匀摆动2次，取出后再加等量不含甲醛的无菌生理盐水，摇匀后分装于灭菌的玻璃瓶中，再于每500毫升中加入青霉素、链霉素各100万单位，摇匀。45日龄以上兔每只皮下注射1毫升，45日龄以下兔每只皮下注射0.5毫升，21天后加强免疫1次。

二、兔巴氏杆菌病

兔巴氏杆菌病是由多杀性巴氏杆菌所引起的各种兔病的总称，又称兔出血性败血症。肉兔对巴氏杆菌十分敏感，不分品种和年龄均易感，常会引起大批发病和死亡。由于巴氏杆菌的毒力、感染途径以及病程长短不同，其临床症状和病理变化也各不相同。在临床诊断上主要有几种类型：全身性败血症、传染性鼻炎、地方性肺炎、中耳炎、结膜炎、子宫积脓、睾丸炎和脓肿等。本病临床症状常常在应激时出现，由于健康兔鼻内菌丛中也有巴氏杆菌存在，因此本病预防更显重要。

（一）病原

病原为兔巴氏杆菌属多杀性巴氏杆菌。用美蓝染色呈两极染色，无芽孢及鞭毛。对外界环境因素的抵抗力不强，一般常用消毒药都能将其杀死。对抗菌素和磺胺类药物敏感。

（二）流行特点

本病多发于春、秋两季，常呈散发或地方性流行。由于很多肉兔的鼻腔黏膜（一般占35%～75%）带有巴氏杆菌，而不表现临床症状。因此，引进新兔时可能带入多杀性巴氏杆菌并迅速致病，这常是引起流行的主要原因。长途运输、过分拥挤、饲养不当，或通风卫生条件不良等应激因素的作用，使兔体抵抗力下降，存在于上呼吸道黏膜和扁桃体内的巴氏杆菌则大量繁殖，引起发病。病菌随着病兔的口水、鼻涕、粪便以及尿液等排出，从而导致新的感染以至流行。病菌经呼吸道、消化道或皮肤、黏膜伤口而感染。

（三）症状和病变

急性兔巴氏杆菌病一般没有任何症状而突然死亡，病程稍长的一般几小时至几天或更长。主要症状有以下几种。

1. 全身性败血症 急性型病兔精神委顿，对外界刺激无反应，停食，呼吸急促，体温升高至41℃以上，鼻腔流出脓性分泌物。临死前体温下降，四肢抽搐。病程短者24小时内死亡，较长者1～3天死亡。该病在流行开始时，常有不明显症状而突然倒地死亡。剖检可见鼻黏膜充血，鼻腔有许多黏性、脓性分泌物。喉黏膜充血、出血，并有多量红色泡沫。肺严重出血、充血，常呈水肿。心内外膜有出血斑点，肝脏变性，并有许多坏死小点，脾、淋巴结肿大和出血，肠道黏膜充血和出血，胸腔和腹腔均有淡黄色积液。

2. 传染性鼻炎 这是兔场常发的一种慢性巴氏杆菌病。发病初期表现为上呼吸道卡他性炎症，流鼻涕，以后转为黏性以至脓性鼻漏。病兔常打喷嚏、咳嗽。由于分泌物刺激，病兔常以爪擦鼻，将病菌带至其他部位，因而引起化脓性结膜炎、中耳炎、皮下脓肿、乳房炎等症。发病后期兔精神不振，营养不良，消瘦衰竭而死亡。

3. 地方性肺炎 发病初期精神沉郁，食欲不振，体温升高，但呼吸困难和肺炎症状多不明显，死亡迅速，病程1～2天。病理变化主要为纤维素性肺炎和胸膜炎。此外，尚可见到兔巴氏杆菌病的其他类型症状，如中耳炎、结膜炎、脓肿及生殖器炎症等。

4. 中耳炎（斜颈病） 在兔群中常有斜颈（歪头）病兔，这是因为巴氏杆菌感染并扩散到内耳或脑部所致。单纯中耳炎可不出现临床症状。严重时，兔向一侧滚转，直至撞到障碍物为止。病兔不能吃饱饮足，体重减轻，出现脱水现象。如果感染扩散到脑膜或脑组织，还会出现运动失调等神经症状。

5. 结膜炎 幼年兔和成年兔均可发生，以幼年兔发病率较高。主要表现为眼睑肿胀，有大量分泌物（从浆液性到黏液性，最后是脓性）。常将眼睑粘住，结膜发红。炎症可转为慢性，红肿消退，但流泪经久不止，有的甚至失去视力。

（四）诊断

根据临床症状、病理变化和细菌学检查不难诊断本病。用心血、脾、肝或体腔渗出液等病料做细菌学检查。患鼻炎病例可从呼吸道分泌物中分离病原菌。对鼻炎病例和健康带菌的兔可采取血清学方法（凝集法）进行诊断。

（五）防治

保持兔舍内空气流通，及时打扫卫生，使舍内臭味减少到最低程度。控制饲养密度，避免应激因素，可大大减少本病的发生。为达到净化目的，可通过定期进行细菌学检查，及时隔离阳性兔，以及对兔舍、用具等进行消毒。此外，兔场应坚持自繁自养，新引进的兔必须隔离1个月，健康者方可混群。平时加强管理，兔场严禁其他畜禽出入，以杜绝或减少传染来源。对兔群必须经常进行检查，将脓性结膜炎、中耳炎、流鼻涕、打喷嚏、鼻毛潮湿蓬乱的兔及时检出并隔离饲养和治疗，最好是淘汰。预防注射疫苗可用本场自制的兔巴氏杆菌灭活苗，每只兔肌肉或皮下注射1毫升，7天可产生免疫力，免疫期为4～6个月。由于本病有近200种菌型，因此，用外源疫苗预防往往不能做到“对型下苗”，导致效果不理想。

治疗可用链霉素肌内注射，每千克体重20毫克，每天3次，连续3～5天。同时，配合肌内注射青霉素钾（或钠），每千克体重4万～5万单位效果更好。复方新诺明每千克体重0.1～0.2克口服，配合等量的小苏打片服用，连用5天。也可用四环素、土霉素、磺胺二甲基嘧啶、长效磺胺等。必要时可用分离到的巴氏杆菌做药敏试验，选择最有效的药物治疗。

患巴氏杆菌病时，75日龄以内的幼兔往往容易并发球虫病和大肠杆菌病，青壮年兔有时并发兔瘟，老年兔容易并发伪结核病和囊尾蚴病。因此，除了治疗巴氏杆菌病以外，还要对并发症进行治疗。例如，并发兔瘟时尚无特效药物治疗，只有进行紧急免疫和严密消毒，有条件的兔场可采用高免血清进行治疗；对得了兔巴氏杆菌并发症的老年兔最好作淘汰处理。

兔群注射巴氏杆菌疫苗后，在相对稳定的环境中，对急性和亚急性巴氏杆菌病有一定的免疫效果。但遇到外界环境突然变化（如气候突变、饲料突变、长途运输等）和来自疫区的强毒攻击导致免疫力下降时，仍然可以发生此病。巴氏杆菌疫苗对慢性巴氏杆菌病，如鼻炎、结膜炎、中耳炎等无免疫效果。

三、兔魏氏梭菌性肠炎

兔魏氏梭菌性肠炎又称兔魏氏梭菌病。本病多发生于断乳后至成年的肉兔。是由 A 型或 E 型魏氏梭菌引起的一种暴发性、发病率和致死率较高的肠毒血症。病程短，排黑色水样或带血胶冻样粪便，以盲肠浆膜出血斑和胃黏膜出血、溃疡为主要特征。

（一）病原

病原为魏氏梭菌，又称产气荚膜杆菌。本菌能产生多种强烈的毒素。一般魏氏梭菌可分为 A、B、C、D、E、F 6 个型，引起肉兔的魏氏梭菌病多为 A 型，少数为 E 型。本菌广泛存在于土壤、污水、动物和人类的肠道中，芽孢抵抗力较强，在外界环境中可长期存活，一般消毒药不易将其杀死，福尔马林效果较好。

（二）流行特点

本病一年四季均可发生，而冬、春季节发病较多。各种年龄和不同性别都有易感性，但主要发生于断乳后的仔兔、青年兔和成年兔。传染途径主要是经过消化道或伤口，粪便污染在病原传播方面起主要作用。病兔和带菌兔及其排泄物，以及含有本菌的土壤和水源是本病的主要传染源。

（三）症状和病变

除少数病兔突然死亡外，临床症状多数表现为腹泻。体温一般不升高，但精神沉郁，拒食。病初，排稀软粪便，很快粪便变成带血的胶冻样稀粪，或黑褐色水样，并有腥臭味。多于一至数天内死亡。此外，也有兔群暴发水样腹泻而突然死亡，死亡率为20％～90％。死亡快的病兔胃内积有食物和气体，一般胃黏膜有出血和溃疡。空肠和回肠充满胶冻样液和气体，肠系膜淋巴结水肿，肠内容物为黑色或褐色水样粪便并混有气体。盲肠浆膜出血，黏膜有出血斑点，瓣膜水肿。脾肿大。胆囊充盈胆汁。

（四）诊断

根据临床症状和病变可作出初步诊断。确诊必须经试验诊断，但比较复杂，并需要有一定的条件和设备。一般取肠内容物作涂片镜检、细菌分离与鉴定、魏氏梭菌毒素检查和抗毒素中和试验等。

（五）防治

防止饲喂过多谷物饲料和含蛋白质过多的饲料，用低能量的饲料饲养，可大大降低腹泻死亡率。平时要做好防疫和清洁卫生工作。一旦发病，应立即进行隔离和消毒。对有可能暴发该病的兔场，可定期接种魏氏梭菌性肠炎灭活苗。由于本病发病急、病程短，发病后药物治疗效果不佳，严重的最好尽快淘汰。轻症者可用抗血清治疗，每千克体重可皮下、肌内或耳静脉注射2～3毫升；同时，配合磺胺类、黄连素、喹乙醇等药物及收敛、补液等疗法，有一定效果。患病的兔群，可全群应用“恩宝（恩诺沙星）”拌料（每百千克饲料用量100克），连用5天。或者全群兔饮水中加入阿米卡星可溶性粉（每百千克饲料用量400克）混匀，自由饮用；同时，在饲料中添加甲硝唑片（2～3片/只），连用5天作为紧急药物预防，并随即进行疫苗注射。

四、兔副伤寒

本病又叫兔沙门氏菌病。特点是腹泻，母兔从阴道和子宫中流出黏液、脓性分泌物，母兔不孕和孕兔发生流产。

（一）病原

病原主要是沙门氏菌属中的鼠伤寒沙门氏菌和肠炎沙门氏菌。本菌在干燥环境中能活1个月以上，常用消毒药都能将其杀死。此类细菌对多种动物都能致病，可引起人类的食物中毒。

（二）流行特点

本菌在自然界广泛存在，常寄生于多种动物的消化道中，特别是鼠等啮齿类的粪便中。传染途径主要是经过消化道。饲养管理不好，卫生条件差，有鼠类存在的兔场易发生本病。幼兔和孕兔的发病率和死亡率都较高。有带菌兔存在时，可因抵抗力减弱或饲养管理不良而诱发本病。

（三）症状和病变

本病潜伏期3～5天，除极少数突然死亡外，其余临床症状一般都表现为腹泻和流产。病兔体温升高，厌食，精神沉郁。腹泻如发生于幼年兔，多为急性过程，症状严重，很快死亡；而成年兔，则可能长期腹泻，最后因极度消瘦、贫血而死亡；母兔阴道黏膜红肿，并不断流出脓样分泌物；孕兔常发生流产、死胎或干胎，有较高的死亡率，康复者也不易受胎。病变主要发生在肠道和子宫。在盲肠和结肠、尤其是蚓突部有许多粟粒样结节和溃疡，肝脏有坏死点。孕兔子宫壁增厚，黏膜上有糠麸样黄白色纤维素附着物，子宫内有死胎或干胎。

（四）诊断

根据临床症状和病变可作出初步诊断，确诊必须做细菌学和血清学鉴定。

（五）防治

控制本病，主要应防止易感兔与传染源接触。平时要做好兔场的卫生消毒工作，彻底消灭老鼠。一旦发病，应立即将病兔隔离治疗或淘汰，兔舍、兔笼、用具等彻底消毒。病兔尸体须作深埋或烧毁，不得食用。接触过病兔的人也要做好自身的消毒工作。治疗本病，注射药物可用硫酸庆大霉素，每千克体重 10 毫克，每天 2 次，连用数天；硫酸卡那霉素，每千克体重 20 毫克，每天 1 次。口服药物可用琥磺噻唑和肽磺噻唑，每天每千克体重 0.1～0.3 克，分 2～3 次内服。

五、兔大肠杆菌病

本病是由致病性大肠杆菌及其毒素引起的一种暴发性、死亡率很高的仔兔肠道传染病。主要特征为水样或胶样腹泻和严重脱水，最后死亡。

（一）病原

病原为大肠埃希氏菌。本菌在自然界分布很广，是人类和动物肠道中的常在菌。但有些血清型如 O128、O85、O86、O119、O18、O26 等常引起仔兔发病，故称为致病性大肠杆菌，它们可产生毒素引起发病。本菌抵抗力不强，一般消毒药均可将其杀灭。

（二）流行特点

本病一年四季均可发生，以春、冬季节多发。传染途径是消化道。本病多发于初生仔兔和未断奶仔兔，也常发生于4月龄以下的幼年兔。本病的发生多与饲养管理不良、饲料和气候突变有关。肠道球虫和其他微生物常为诱因，并可加重病情。兔群中一旦发生本病，常因场地和兔笼的污染引起大流行，致使仔兔大批死亡。

（三）症状和病变

最急性病例可表现为突然死亡而无任何症状。初生仔兔常呈急性过程，腹泻不明显或排黄白色水样粪便，腹部膨胀，1～2天死亡。未断乳的兔和幼年兔可发生剧烈腹泻，排出淡黄色水样粪便，内含黏液和两端尖的粪球。病兔迅速消瘦，精神沉郁，拒食，有时腹部膨胀，体温一般正常或稍低，多于1周内死亡。病变表现为胃膨大、充满液体和气体（在仔兔则为充满白色凝乳物）；小肠内容物为气体、黏液和胶冻样液体；回肠内常有两头尖、细长的粪球，外面包有黏液或白色胶冻样分泌物；结肠扩张，有透明胶样液，结肠和盲肠浆膜及黏膜充血或出血；胆囊扩张，黏膜水肿。

（四）诊断

根据临床症状和病变可作出初步诊断，确诊须作细菌学检查。

（五）防治

肉兔大肠杆菌的发生与多种诱发因素有关，因此对无病兔群，要加强饲养管理，减少应激，防止饲料突变、受凉等各种应激因素的刺激。肉兔发病后应隔离和消毒。对于常发此病的兔场，可用本场分离的大肠杆菌，制成灭活菌苗，一般对20～30日龄的仔兔肌内注射1毫升，具有较强的保护力。

对于病兔，可选择敏感药物进行治疗。经证明，庆大霉素、卡那霉素、头孢菌素等都是有效的抗菌药物，并配合补液、收敛等药物防止脱水，减轻症状。

六、兔葡萄球菌病

本病是由金黄色葡萄球菌引起的，特点是在兔体表部位形成脓肿，严重时可转移到内脏器官引起脓毒败血症而死亡。临床上常见的类型有脓肿、脚皮炎、乳房炎、仔兔黄尿病等。

（一）病原

病原为金黄色葡萄球菌。该病菌抵抗力较强，在干燥脓汁中可存活2～3个月。该病菌对肉兔的致病力特别强大，能产生多种毒素而引起兔发病和死亡。本菌在自然界分布很广，空气、饲料、饮水、兔毛皮、兔舍等处均有存在。

（二）流行特点

除兔易感外，本病还可使多种畜禽和人发病。其传染途径主要是经皮肤和黏膜传染，尤其是在外伤时最易发生。哺乳母兔因乳房、乳头皮肤的损伤或从乳头口进入乳房而致病。哺乳仔兔因吮吸患有乳房炎母兔的乳汁可经消化道传染发病。本病无明显的季节性。外界环境不卫生，尤其是兔舍、兔笼、用具等长期不消毒，垫草不清洁；还有兔笼结构不良，如内壁不光滑、有尖锐物、兔笼底板不平整或缝隙过大等，容易造成外伤，引起发病。

（三）症状和病变

1. 脓肿　在体表形成一至数个大小不一的脓肿，多发生于头、颈、背、腿等处。脓肿被结缔组织形成的外膜所包围，故触摸时柔软而有弹性。体表发生脓肿的一般无全身症状。

2. 脚皮炎 如果本菌侵入脚掌的底面，则引起脚底皮下炎症。最初是脱毛，继而脚掌皮肤发红、发热，出现脓肿，破溃后形成溃疡而经久不愈。

3. 乳房炎 多由乳房或乳头外伤而感染本菌，初期乳房皮肤局部红肿，皮肤敏感，温度升高。继而患部皮肤呈蓝紫色，并迅速蔓延至所有乳区和腹部皮肤。此时病兔体温升高至40℃以上，精神委顿，食欲下降或停食，饮水量增加，急性时一般于发病后2～3天死于败血症。

4. 仔兔黄尿病 由于仔兔吃了患葡萄球菌病母兔的乳汁而引起葡萄球菌性肠炎，仔兔肛门四周被毛潮湿、腥臭，昏睡而体弱，病程2～3天，死亡率高。病变主要是在病兔的体表和内脏器官可看到大小不一、数量不等的脓肿。患脚皮炎时，脚掌肿大，并有出血和溃疡；患乳房炎时，病兔乳房受损，仔兔黄尿病则表现肠道卡他性出血性炎症。

（四）诊断

根据临床症状和死后变化，主要是体表和内脏器官形成脓肿，可作出初步诊断。必要时，可进行细菌学检查。

（五）防治

为预防本病，平时注意兔笼和器具清洁卫生，要经常打扫和消毒。应尽量避免使兔遭受外伤，如出现外伤应立即涂擦紫药水碘酊。如兔场多发此病，可用葡萄球菌制成的菌苗对兔群进行预防注射，并根据不同的症状选用下列方法治疗：①可按兔每千克体重肌内注射4万单位青霉素，每天2～3次，连用3天；②可按每只兔肌注4万单位庆大霉素（仔兔酌减），每天2次，连用

3天；③每只兔内服0.5克磺胺二甲基嘧啶片，每天2次，连用3天；④对脓肿炎症可先用3%过氧化氢冲洗，然后涂消炎药水或紫药水；⑤仔兔黄尿病可滴用呋喃西林或磺胺混糖涂于母兔乳头或仔兔口角内。

七、兔支气管败血波氏杆菌病

本病是由波氏杆菌引起的一种最常见的和广泛传播的传染病。以慢性鼻炎、咽炎和支气管肺炎为特征。本病常与巴氏杆菌、葡萄球菌混合感染。成年兔多为散发性支气管肺炎型，仔兔与青年兔多为急性支气管败血型。

（一）病原

病原为支气管败血波氏杆菌。本菌的抵抗力不强，一般消毒药物均可将其杀灭。

（二）流行特点

本菌常寄生在肉兔呼吸道、病兔的鼻腔和分泌物中，以及病变器官中。本菌除兔易感外，还可引起豚鼠、犬、猫、猪等发病。传染途径主要是通过呼吸道。本病常发生于气候易变的春、秋季节。因本菌常寄生在肉兔的呼吸道中，故在感冒、运输、尤其是通风不良时兔的抵抗力降低，可诱发本病。

（三）症状和病变

1. 鼻炎型　该型最常见。多呈地方流行性。从鼻孔流出浆液性或黏液性鼻漏，鼻腔黏膜充血，并附有浆液和黏液，病程较短，易康复。

2. 支气管肺炎型　呈慢性散发。病兔鼻孔流出黏液和脓性分泌物，长期不愈。鼻孔如形成堵塞性痂皮，则可引起呼吸困难。病兔食欲不好，逐渐消瘦，经 1～2 个月死亡。病变是气管和支气管黏膜充血，含泡沫状黏液或少量稀脓液。肺部有大小不一、数量不等的脓肿，脓肿内为黏稠脓汁，外有厚而有弹性的包膜。个别病兔肝脏表面有散在的脓疱，脓疱内积有黏稠奶油样的白色脓汁。此外，还可发生心包炎、胸膜炎等。

（四）诊断

根据临床症状和死后变化，特别是肺脏的脓肿可作出初步诊断。细菌学检查：取肺脓肿的脓液直接涂片，革兰氏染色，革兰氏阴性两端钝圆的小杆菌，大多分散，有的成对存在。必要时进行细菌培养、生化反应、动物接种。

（五）防治

平时保持兔舍适宜的温度、湿度和通风等。最好能自繁自养。如引进种兔时，需隔离观察 1 个月。发现流鼻涕等应立即检出可疑兔，并给予治疗或淘汰。对于鼻炎型病兔，可用磺胺类药物和抗生素治疗。对于支气管肺炎型（特别是肺部已形成脓肿时）病兔，因疗效不显著，应及时淘汰，并做好消毒等工作。

八、兔肺炎球菌病和溶血性链球菌病

由肺炎双球菌和溶血性链球菌所引起的两种呼吸道传染病，在临床症状和病变以及防治等方面十分相似，较难区别。因此，将这两种病放在一起介绍。

（一）病原

病原为肺炎双球菌（或称肺炎链球菌）和溶血性链球菌，

均属于链球菌属。本菌抵抗力不强，一般消毒药均可将其杀死。

（二）流行特点

本病除兔易感外，人和多种动物也可感染此病，可通过消化道传染。该病菌在自然界广泛存在，并常寄生在兔和其他动物的呼吸道内。当拥挤、受凉、长途运输或通风不良时，可引起兔机体抵抗力下降，均可诱发本病。

（三）症状和病变

病兔体温升高，精神沉郁，厌食，呼吸困难，咳嗽，流涕，结膜发绀，有时发生腹泻，多于1～4天内死亡。病变是肺部有水肿、出血、炎症；胸膜和心包有纤维素性渗出物，并常与肺发生粘连；肝、肾肿大，有脂肪变性；脾肿大；有时有出血性肠炎；死于急性败血症者还可见到皮下组织浆膜性、出血性浸润等。

（四）诊断

根据临床症状和病变作出初步诊断，再经细菌学检查进行确诊。

（五）防治

平时注意防止病原菌的传入和受凉感冒等发病诱因的发生。发现病兔要迅速隔离、消毒。治疗可用磺胺类药物和抗生素。

九、兔泰泽氏病

本病是一种以严重腹泻、脱水和迅速死亡为特征的急性传染病，发病率和死亡率都较高。

（一）病原

病原为毛样芽孢杆菌，细长，多形态，革兰氏阴性，有运动性，能形成芽孢。不能在普通培养基上生长，仅能在活细胞和鸡胚卵黄囊内生长繁殖。

（二）流行特点

本病除兔易感外，大、小鼠、仓鼠、犬、猫等多种动物均可感染。传染途径主要是通过消化道。1～3 月龄的兔最易发病，但断奶前的仔兔和成年兔也可发病。过热、拥挤、营养不良等能降低兔的抵抗力，可引起本病的发生和流行。

（三）症状和病变

病兔突然发生剧烈水样腹泻，后肢粘有粪便，精神沉郁，不吃饲料，迅速脱水，于 1～2 天死亡。少数耐过急性期的病兔，表现食欲不振，生长停滞。病变为尸体脱水，盲肠和结肠的浆膜面有出血，肠壁水肿增厚，肠内容物呈褐色，水样有恶臭，盲肠黏膜充血、坏死或有由坏死组织形成的颗粒状斑块，外面覆以由饲料、坏死碎屑和纤维、蛋白组成的假膜；在一些慢性病例，有些肠管可因纤维化而发生狭窄，肝脏有灰白色坏死灶，心肌有条纹状或点状坏死灶。

（四）诊断

根据本病特征可作出初步诊断。取病料进行细菌学检验可确诊。

（五）防治

目前，对本病尚无有效治疗方法，只能采取一般性的防疫措施。注意做好饲养管理、清洁卫生，并消除一些应激因素。兔在发生应激后，应及时使用抗生素，防止病菌扩散。

十、兔传染性水疱性口炎

本病为一种病毒性、急性传染病。其特征为口腔黏膜发生水疱和伴有大量流涎，故又称“流涎病”。其发病率和死亡率都较高。

（一）病原

病原为传染性水疱性口炎病毒，主要存在于病兔口腔黏膜坏死组织和唾液中。病毒对低温的抵抗力强，在4℃可存活30天；但对热敏感，在60℃下以及阳光直射下会很快死亡。

（二）流行特点

主要是兔采食被本病毒污染的饲草料和饮水时，兔可通过口腔黏膜、舌和唇而感染该病原。另外，吸血昆虫的叮咬也可传播本病。本病主要危害1～3月龄的幼年兔，特别是断奶后1～2周龄的仔兔，多发生于春、秋两季。当饲养管理不当，给予粗硬、芒刺过多、霉烂不洁的饲料而引起机体抵抗力下降和口腔黏膜损伤时，更易感染本病。

（三）症状和病变

发病初期，口腔黏膜呈现潮红、充血，随后在嘴唇、舌和口腔其他部位的黏膜上出现粟粒至扁豆大的水疱，内充满液体，水疱破溃后常继发细菌感染，形成烂斑和小溃疡。病兔因口腔病变物的刺激，不断有大量唾液从口角流出，致使嘴、脸、颈、胸等处被毛和前爪被唾液沾湿。由于大量唾液的流失使病兔严重失水。口腔病变可引起采食困难，消化不良，腹泻。病兔日渐瘦弱，经5～10天死亡，死亡率可达50%以上。病兔尸体常十分消瘦，口腔、舌、唇等处黏膜有水疱、糜烂和溃疡，咽和喉头有泡沫样口水聚集，唾液腺红肿。胃内常有黏液。肠黏膜有卡他性炎症，尤以小肠黏膜为甚。

（四）诊断

根据临床症状和病变一般可作出诊断。用水疱液和水疱皮接种易感仔兔，可出现口腔病变，接种鸡胚或组织细胞可引起鸡胚死亡或细胞病变。

（五）防治

平时要防止口腔发生外伤，给肉兔饲喂柔软易消化的饲料。发现病兔要立即隔离饲养，并进行环境、用具消毒。口腔等处的病变，可用一般防腐消毒药，如2%硼酸溶液、0.1%高锰酸钾盐水等冲洗口腔，然后涂以碘甘油或磺胺软膏等。为防止口腔黏膜继发细菌感染，特别是体温升高的病兔可用磺胺类和抗生素治疗。

十一、兔传染性鼻炎

兔传染性鼻炎是巴氏杆菌和波氏杆菌等多种病原混合感染而引起的一种接触性传染病。该病为一种发病率高和复发率高的慢性疾病，以流浆液性、黏液性或黏脓性鼻液为特征。

（一）预防

1. 加强饲养管理　保证兔舍光线充足、空气新鲜。兔舍四周应建通风良好的网栏，舍间间隔应保持在4～6米。冬季寒冷时要设置通风换气设施；炎热季节要及时清除粪便，减少有害气体的产生。同时，要定期消毒，降低病原菌和尘埃数量。

2. 注意观察 饲养时，要注意观察兔群的变化，如有异常，要早发现、早隔离、早治疗。病情严重者或久治不愈者应坚决淘汰。

3. 不滥用药物 兔的饲料中不宜长期使用抗生素或磺胺类药物。治疗兔病的药物应严格按照说明书使用，不能随意加大剂量，以免兔体产生耐药性。

（二）治疗

用剪刀剪去病兔鼻腔周围的被毛及两前肢内侧的不洁被毛，以医用酒精消毒后，用棉签蘸抗生素药水（青霉素和链霉素各80万单位，用纯化水10毫升稀释）或鼻炎净将病兔鼻腔分泌物洗净，最后用该药水滴鼻。每侧鼻孔滴3～4滴，每天3次，连用3～5天。

肌内注射氧氟沙星每千克体重4毫克，或乳酸环内沙星每千克体重3毫克，每日2次，连续3～5天。在症状减轻后用兔巴氏杆菌波氏杆菌病二联灭活疫苗或波氏杆菌灭活疫苗免疫注射，每只兔皮下注射2毫升。

十二、兔轮状病毒病

（一）病原

病原为兔轮状病毒。该病毒在体外具有较强的抵抗力，是幼兔腹泻的主要病原之一。

（二）流行特点

主要发生于2～6周龄的仔兔，尤其是刚断奶的仔兔，症状也较严重，发病率和死亡率最高。成年兔一般呈隐性感染而带毒。自然感染途径主要为消化道。病兔或带毒兔的排泄物含有大量病毒，健康兔可因食入被污染的饲料、饮水或哺乳而被感染。在兔群中常呈突然暴发，传播迅速。

（三）症状和病变

突然发病，水样腹泻，粪便呈淡黄色含黏液。病兔昏睡，食欲大减，或拒食。兔的会阴和后肢的被毛都粘有粪便。发病后72小时内死亡，死亡率可达60%～80%。小肠有充血，有的肠黏膜有大小不等的出血斑。盲肠扩张，内含大量液体内容物。

（四）诊断

采取病兔小肠后段的肠内容物磨碎以1∶4稀释，经离心后取上清液，经过滤并作为分离病毒的材料。将被检材料悬液经超速离心，其沉淀物经负染色后进行电镜观察。用病料感染兔肾原代上皮细胞，也可应用接种无本病流行的初生仔兔，或进行酶联免疫吸附试验等。

（五）防治

本病目前尚无疫苗进行预防。健康兔群防止本病时，主要应该严禁从有本病流行的兔场引种。一旦发生本病，应立即隔离消毒。病死兔和排泄物及污物经消毒后作深埋处理。

第四节　常见的肉兔寄生虫病

一、兔球虫病

兔球虫病是常见而对兔危害严重的一种疾病。病兔极易继发其他传染病。幼龄病兔生长发育受阻，严重时死亡率高达80%左右。依据球虫种类和寄生部位的不同，兔球虫病可分为肝球虫病和肠球虫病两种，但以混合感染最为常见。

（一）流行特点

各品种、各年龄兔都有易感性。成年兔对球虫的感染强度较低，往往不表现症状，但可成为传染源。幼年兔、尤其是断乳至2月龄的幼年兔最易受到感染，死亡率也高。成年兔、尤其是母兔对传播幼年兔的球虫病关系很大。被兔粪污染的饲料、饮水、兔笼等都可成为传染源。鼠类和蝇类也可因携带卵囊而散播病原。兔由于经口吞食成熟卵囊而引起感染。当受到应激时，如断奶、变换饲料、营养不良、环境卫生差等，常引起本病的发生和传播。温暖、潮湿、多雨的季节（尤其是梅雨季节）易流行。兔球虫卵囊在相对湿度55%～90%、温度20～30℃（在此合适的温、湿度内，温、湿度越高，卵囊成熟越快）、氧分充足的外界环境中，经1～3天可发育成熟并具有感染性。卵囊对化学药品和低温的抵抗力较强。大多数卵囊可在室外越冬，但在干燥和高温条件下易死亡，如在80℃热水中经10秒钟或在沸水中均被杀死。紫外线对各个发育阶段的球虫都有很强的杀灭作用。

（二）症状和病变

按病程长短和强度可分为以下几种类型：①最急性型。病程3～6天，肉兔常死亡。②急性型。病程1～3周。③慢性型。病程1～3个月。

患病初期，肉兔常出现食欲减退，以后废绝，精神沉郁，伏卧不动，生长停滞，眼、鼻分泌物增多，体温略上升，贫血，腹泻，排尿频繁或常做排尿姿势，尿液黄色、混浊，腹围增大。肠型大多数呈急性，发病时突然侧身倒下，颈背及两后放强直痉挛，头向后仰，发出惨叫，迅速死亡。耐过不死的病兔可转为隐性，表现食欲不振，腹部胀满，臌气，腹泻，肛门周围粘有稀粪。患肝型球虫病时，可能出现肝脏肿大，肝区触诊疼痛，有腹水，黏膜黄染。发病后期的幼年兔往往出现神经症状，四肢痉挛、麻痹，多数由于极度衰竭而死亡，死亡率很高。病程可由数天至数周不等。病愈后长期消瘦，生长发育不良。

本病的病变分两种。患肝型球虫病时，肝脏肿大，表面和实质内有白色或淡黄色的结节性病灶，日久变成粉粒样钙化物。患肠型球虫病时，肠壁充血，黏膜发生炎症，小肠内充满大量气体和黏液。慢性型的病变是肠黏膜呈灰色，尤其是盲肠蚓突部有许多小而硬的白色结节，内含卵囊，有时可见到化脓性坏死病灶。混合型球虫病，可见上述两种病变，且较为严重。

（三）诊断

根据流行病学、临床症状、病变和粪便检查结果可进行确诊。检查粪便中的球虫卵囊，可用饱和盐水漂浮法或以肠黏膜刮取物、肝脏病灶部刮取物以及胆汁等制作涂片，镜检可发现大量的卵囊、裂殖体和裂殖子等。

（四）防治

预防可采取下列措施。

（1）兔场及兔舍要保持清洁干燥。

（2）建立卫生消毒制度，定期对笼具消毒，病死兔应作深埋或烧毁处理，饲料和饮水应未被污染。

（3）新引进的种兔要隔离饲养，检查确无球虫病后方可混群；留作种用的兔也应经检查未患有球虫病。

（4）因为幼年兔很容易感染，所以应将幼年兔和成年兔分笼饲养，断乳后的仔兔要与母兔隔离。

（5）注意饲料的全价性，增强抵抗力。

（6）药物预防，每千克饲料中加氯苯胍 150 毫克喂服，连喂 45 天可以预防本病的发生。平时还可喂些韭菜、大蒜、球葱等，亦可起到一定的预防作用。由于球虫对药物易产生抗药性，治疗球虫病需将下列几种药物交替或联合使用，这样效果较好：①氯苯胍，每天每千克饲料中加入 300 毫克，连续口服 7 天。②敌菌净，每天每千克体重 30 毫克，连用 3～7 天。③兔球灵，每天每千克饲料中加入 360 毫克，让兔自由采食，连喂 2～3 周。

二、兔螨病

本病是由螨寄生在皮肤而引起的一种接触性传染的慢性皮肤病。特征是患病部位剧痒、脱毛、结痂。本病传播迅速，如不及时隔离治疗，会蔓延至整个兔群，病兔会慢慢消瘦、虚弱而死。即使不死，对毛皮质量也有很大影响。

（一）病原

常见的螨有 4 种：疥螨科中的兔疥螨和兔背肛螨，痒螨科中的兔痒螨和兔足螨。

（二）生活史

兔疥螨和兔背肛螨咬破表皮，钻至皮下挖掘隧道，吞食细胞和体液。雌、雄螨交配后产卵，一只雌螨可产卵 20～40 个，从卵至成虫的全部发育时间为 14～21 天。雌虫产卵后生存 21～35 天，雄虫生存 35～42 天，交配后死亡。兔痒螨寄生于皮肤表面，雌、雄螨交配后产卵，一只雌螨产卵约 60 个，从卵至成虫全部发育时间为 17～20 天。兔足螨多寄生于兔皮肤上，采食脱落的上皮细胞，全部发育时间为 90～100 天。

（三）流行特点

该寄生虫可以直接或间接接触方式感染兔，具有高度的传染性，对兔危害严重。在秋、冬季节的多雨天气，笼舍阴暗潮湿，兔体绒毛增生，气温下降，湿度增高时，有利于螨繁殖、蔓延，使本病加重。

（四）症状

兔疥螨和兔背肛螨寄生于头部和掌部无毛或毛较短的部位，如嘴、上唇、鼻孔及眼睛周围，在这些部位的真皮层挖掘隧道，吸食体液。其代谢产生的许多有毒物质，可刺激神经末梢引起痒感。病兔擦痒可使皮肤发炎，以致皮肤表面发生疱疹、结痂、脱毛，皮肤增厚、龟裂等一系列病变。此外，螨的毒素可引起代谢紊乱，使病兔消瘦、贫血，甚至死亡。兔痒螨主要侵害耳。起先耳根部发红肿胀，后蔓延到外耳道，引起外耳道炎。耳内渗出物干燥成黄色痂皮，如纸卷塞满耳道，兔耳变重下垂，发痒或化脓。兔足螨常在头部皮肤、外耳道及脚掌下面寄生，传播较慢，易于治疗。

（五）诊断

根据临床症状即可作出初步诊断。确诊需进一步找到病原，刮取病料，用放大镜或显微镜观察有无虫体。

（六）防治

预防本病首先要保持笼舍清洁卫生，定期消毒。其次要控制传染源，引进兔时要严格检查，在兔群中发现病兔要立即隔离治疗或淘汰。治疗本病，要先去掉痂皮，用1%～2%敌百虫溶液擦洗或浸泡患部，每天1次，连用2天，隔7～10天再用一次；同时，用2%敌百虫溶液消毒兔笼。药物可用灭虫丁（伊维菌素），每千克体重0.1～0.2毫升，一次皮下注射，隔1周后重复注射1次，效果较好。治疗兔螨病的方法很多，无论用什么方法，必须持之以恒；同时，采取综合措施才能收效。

三、兔皮肤霉菌病

本病是由致病性皮肤霉菌引起的一种皮肤传染病。特点是在病兔体表、特别是头部、颈部和腿部的皮肤可发生炎症和脱毛。

（一）病原

病原主要是须发癣菌和许兰氏发癣菌，由菌丝和孢子两部分组成。最适培养温度为25～28℃，通常是在沙堡弱培养基加入抗生素培养。本菌抵抗力较强，于干燥环境中可存活3～4年，煮沸1小时方可被杀死。常用的消毒药品为5%碱水及3%福尔马林溶液。

（二）流行特点

主要通过与病兔直接接触，以及通过被病兔污染的笼具、饮水和饲料等而感染本病。以散发为主，偶尔有群发。幼年兔较成年兔易发，且症状重。多发生在饲养管理差和卫生条件不好的兔场。本病的易感动物除兔外，还可感染牛、猪、马等家畜和人。

（三）症状

由须发癣菌致病的潜伏期为8～14天。常引起嘴、眼周围及颈部、脚部的皮肤病变，也可发生于其他部位。患部首先脱毛和被毛的断折脱落而出现秃斑，以后在秃斑处出现小泡，破溃后形成灰白色痂皮。病兔通常不出现全身症状，但严重时逐渐消瘦，病程很长。由许兰氏发癣菌致病的潜伏期为3～12天。多发生在，如耳壳、鼻子、眼周围、爪等皮肤毛少处。起初生成灰色小泡，以后小泡呈灰白色。随着病灶的扩大，逐渐形成直径约1厘米、边缘突起的盘状硬痂，绒毛脱落。去掉痂皮后，可见充血而湿润的乳头层。该病病程缓慢，数天或更长，病兔常可自愈。

（四）诊断

根据临床症状可作出初步诊断。确诊需找到病菌。用钝刀刮取皮肤患处，刮到真皮，取其碎屑，置载玻片上，滴加1～2滴

10%氢氧化钾溶液，置酒精灯上微加热，加盖玻片，于显微镜下观察，可看到霉菌孢子和菌丝体。

（五）防治

发现病兔要立即隔离或淘汰，谨防病原扩散和传染给人。兔舍、兔笼及用具要彻底消毒。治疗时，先以消毒药水冲洗患部。去掉痂皮后，给予10%碘酊或来苏儿涂擦，也可涂以灰黄霉素软膏。口服灰黄霉素每天每千克体重25毫克，分3～4次服用，连用1～2周。

第五节　肉兔普通病

一、兔中暑

在炎热的夏季，防暑降温工作没做到位常会引起兔中暑。

（一）病因

兔舍潮湿，不通风，天气闷热，笼小过于拥挤，产热多，散热慢，最易使兔发病。暑天运兔，路长，阳光直射，笼小拥挤也会引起兔中暑。

（二）症状

脑部充血，使呼吸系统机能发生障碍。妊娠后期的母兔对此病特别敏感。发病后，口腔、鼻腔和眼结膜充血、潮红，体温升高，心跳加快，呼吸急促，停止采食；严重时，呼吸困难，黏膜发绀，从口、鼻中流出血色液体。病兔常伸腿伏卧，尽量散热，四肢呈间歇性震颤或抽搐直到死亡为止。有的发病比较急，突然虚脱、昏倒，发生全身性痉挛，随后尖叫几声，迅速死亡。

（三）防治

认真做好夏季防暑降温工作。用冷水喷洒兔舍，加强通风，降低饲养密度，供给充足清洁的饮水等。避免在夏季白天长途运输。对已发生中暑的肉兔，要及早抢救，即迅速降温，使兔体散热，兴奋呼吸中枢和运动中枢。具体的方法如下。

（1）立即将病兔置于阴凉通风处，用冷水浸湿的纱布或冰袋敷头；同时，给其灌服冷的生理盐水。

（2）从耳静脉适量放血，减轻脑部和肺部充血现象；同时，从耳静脉补进适量的葡萄糖生理盐水。

（3）十滴水 2～3 滴加适量温水灌服，或口服 2～3 粒人丹。

（4）静脉注射樟脑磺酸钠注射液或樟脑水注射液。

二、兔毛球病

（一）病因

①饲养管理不当，如兔笼狭小、拥挤，引起食毛癖，或是脱落的兔毛混入饲料中被误食。②饲料中缺乏钙、磷等矿物质元素以及维生素等，可引起兔互相咬毛皮和吃毛。③当患有皮炎和疥癣时，肉兔因发痒啃咬自身的毛而引起毛球病。

（二）症状

消化不良，食欲不振，喜伏卧，饮水多，便秘。当毛球过大阻塞肠管时，可引起剧烈疼痛。给兔饲喂发酵的饲料时，可引起胃臌胀。从胃部可以摸到毛球。如不能及时排出毛球，会引起病兔死亡。

（三）防治

平时加强饲养管理，及时清除脱落兔毛。满足兔对矿物质和维生素的需要量。群养时应避免拥挤。如兔胃内已形成毛球，可一次口服植物油20～30毫升，或以温肥皂水深部灌肠。当排出毛球后，应给其饲喂易消化的饲料和健胃药物。如毛球过大过硬时，应用手术从胃内取出毛球。

三、肉兔有机磷农药中毒

有机磷农药是我国目前使用最广泛的一种杀虫剂，包括敌敌畏、敌百虫、乐果等。肉兔误食喷过有机磷农药的蔬菜、禾苗、青草等，都可引起中毒。

（一）症状和病变

中毒兔精神沉郁，不吃，流泪，流涎，口吐白沫，瞳孔缩小，心搏增快，呼吸急促，尿频，腹泻，排黄色黏液性粪便，体温不高，肌肉抽搐，间或兴奋不安，发生痉挛，最后多因精神麻痹、窒息而死。剖检时，气管和支气管内积有黏液，肺充血、水肿，心肌淤血，肝脏、脾脏肿大，黏膜充血、出血，胃内容物有大蒜味。

（二）防治

应严格控制青饲料来源，刚打过农药的饲料切勿用以喂兔。用敌百虫治疗内外寄生虫应准确计算剂量。对已发生中毒的兔应立即抢救。其方法是：

（1）使用解磷定等恢复胆碱酯酶活性。成年兔用解磷定0.5克，维生素C 2毫升，加5%葡萄糖生理盐水40毫升，静脉注射。

（2）使用阿托品解除乙酰胆碱积聚引起的临床症状。阿托品0.5～1.0毫升，一次肌内或皮下注射，隔1～2小时再重复一次。症状缓解后，剂量减半，再用1～2次。

四、兔感冒

(一) 病因和症状

兔体内有积热，外感风寒时极易引起本病。天气突变，冷热不均，受贼风和穿堂风侵袭时发病增多。病兔咳嗽，打喷嚏。流鼻涕，初为浆液性，后变成黏液脓性。精神不振，食欲减少，眼无神，呈水汪汪状。重者体温升高达 40℃以上，呼吸困难，极易继发气管炎或肺炎。

(二) 防治

注意冬、春季节兔舍的通风保暖。治疗用复方氨基比林注射液 2～4 毫升、青霉素 10～20 万国际单位混合，肌内注射，效果良好。也可用柴胡注射液肌内注射，每次 2 毫升，每天 1～2 次；病轻者内服克感敏片或复方阿司匹林（APC）片，每天 3 次，成年兔每次 0.5～1 片，幼年兔酌减。中成药银翘解毒片或桑菊感冒片也可酌情选用。感冒若带有流行性者，应迅速隔离病兔，以防蔓延。

(三) 感冒和鼻炎病的区分

感冒是由病毒引起的上呼吸道传染病，病兔出现频繁打喷嚏，鼻孔内流出清水样分泌物，体温升至 40℃左右，用氨基比林和青霉素肌内注射效果显著，抵抗力强的兔子，即使不治疗，7 天后也能自愈。鼻炎病是由巴氏杆菌引起的慢性呼吸道传染病，体温正常，其病程较长，治愈后容易复发，鼻孔内分泌物呈黏稠状或脓性。如不治疗，病情日渐严重，最后因呼吸困难，衰竭死亡。

五、兔腹泻病

兔腹泻病是指以腹泻为主要症状的一类疾病的统称。是目前危害肉兔的重要疾病之一，发病率和死亡率较高，尤其是对幼兔危害最大。引起腹泻病的因素很多，与饲料、应激、气候、原虫、细菌、病毒等有关。要想明确单一的某种原因颇为困难，该病往往是多种因素综合作用的结果。对于病因明确的腹泻，如球虫病、泰泽氏病、魏氏梭菌病、轮状病毒病等，已在前面介绍，不再重复。这里重点要介绍的是由于饲料和饲养不当而引起的腹泻病。

（一）病因

临床病例及研究结果表明，引起腹泻病的各种诱发因素主要与饲料有关。饲料似乎是原发性关系，细菌的作用似乎是继发感染的结果。饲料、特别是高能量、低粗纤维饲料能直接或间接引发本病。

1. 由高能量、低粗纤维饲料引起。日粮中适宜的粗纤维（CF）含量能刺激胃肠道黏膜，增强其活力，防止细菌黏附，呈现保护作用，并能维持胃肠肌肉系统的紧张性，对消化物的运动、稀释及粪便的形成具有重要作用。日粮中粗纤维含量低于5%时，则死亡率大大增加；高能量（高淀粉）饲料含大量可溶性碳水化合物，极易引起盲肠、结肠碳水化合物过度负荷。

2. 断奶不久的仔兔常因贪食过多饲料而发生肠臌气，并引起腹泻。

3. 兔吃食不洁的饲料、腐败饲料、有毒植物、被农药污染的饲料等，往往引起腹泻。

4. 饲草水分过多，特别是青嫩饲料过多，兔采食后也易引起腹泻。

（二）病理过程

1. 盲肠、结肠碳水化合物过度负荷　如果饲料中含大量淀粉，小肠难以完全消化时，未经消化的淀粉即到达盲肠、结肠，使可溶性碳水化合物积聚过多，并在此分解发酵，最终出现下列情况。

（1）产生大量挥发性脂肪酸，如醋酸、丙酸、丁酸等。这些脂肪酸增加了后肠液体的渗透压，将水分由血液吸至肠内。

（2）细菌大量增殖，产生毒素，损伤盲肠、结肠黏膜，改变其通透性，使电解质和水分渗到肠内。

（3）毒素被吸收，会损害神经系统，引起急性肠原性毒血症。已知的毒素有型产气荚膜梭菌的Iota毒素和顽固梭菌、螺形梭菌、魏氏梭菌及大肠杆菌的毒素等。以上病理过程，最终引起病兔腹泻脱水、中毒而死。

2. 肠道菌群失调　肠道菌群依赖于宿主条件、饲料、药物及菌群与宿主之间的相互关系。正常菌群如果受到各种因素的干扰，与宿主之间的平衡关系遭到破坏而发生质和量的变化时，就会产生菌群失调，主要表现在以下方面。

（1）比例失调　正常肠道厌氧菌与需氧菌的比例为1 000∶1，革兰氏阴性菌（G^-）与阳性菌（G^+）的比例为1∶3。失调时其比例发生重大改变，经常是常住菌的某一成员极度过盛繁殖或有时是外袭菌大量增殖。如正常盲肠中大肠杆菌含量为每克粪便10^6个，腹泻时G^-性菌大量增加，G^+性菌极少甚至绝迹。不仅是比例的失调，而且肠道致病菌数量也大为增加。

（2）自身感染　如大肠杆菌的自身感染。

（3）定位转移　微生物在肠道内有一定的区系分布，这是由于环境的理化特性，如含氧情况、pH、氧化还原电势、营养源及其性质、黏膜面的分泌和组织学特性等的不同，在长期进化过程中形成的。失调时，肠道菌的定位会发生很大变化，如前段小肠很少有大肠杆菌，而发生肠炎时则可大量出现，甚至可转移到呼吸道或泌尿道中。

（4）代谢产物的作用　微生物所形成的内外毒素，能引发肠源性毒血症。

3. 定植耐性的降低 正常肠道的厌氧菌对潜在的病原菌、需氧菌的定植有生物拮抗作用或屏障作用，能使机体抵抗力提高，这种作用称定植耐性。此定植耐性决定于耐性因子厌氧菌。所以，保护厌氧菌的绝对优势是提高拮抗作用的必要条件。当其失调时，这种颉颃作用降低，致病菌大量增殖。

（三）症状

发病初期，胃肠黏膜浅层轻度炎症，仅表现食欲减退，消化不良和粪便带黏液。随着炎症的加剧，胃肠道内容物的停滞，病兔拒食，精神迟钝。有时先短时间便秘，后拉稀；有时肠管臌气，肠音响亮，拉稀糊状的恶臭粪便，并混有黏液，且肛门周围玷污稀粪；有时出现严重的腹泻，病兔脱水，眼球下陷，面部呆板，迅速消瘦，体温升高而在短期内降至正常以下，并很快死亡。

（四）防治

1. 日粮中保持适宜的粗纤维水平，避免喂高能量低纤维的日粮，一般日粮中粗纤维的适宜含量为：哺乳仔兔 8%～10%，幼兔 11%～12%，青、成年兔 14%～16%。日粮中蛋白质的适宜含量为：哺乳仔兔 18%～20%，幼兔 16%～18%，青、成年兔 14%～16%。日粮中消化能的适宜含量为 10.0～13.0 兆焦/千克。加强饲养管理，严禁饲喂腐败变质的饲料。根据气候情况，合理饲喂多汁青绿饲料，保持兔舍清洁干燥。对断奶不久的幼兔，要控制青料的喂量和定量给予优质的精料。

2. 病情严重时，用药物治疗效果不佳，但发病初期、病轻时用抗生素和补液治疗有一定效果。在兔群发生腹泻时，应停喂青绿多汁饲料和精饲料，改喂干草，可有效地控制发病。待兔康复后，再给其饲喂正常饲料。

六、兔难产

（一）病因

1. 夏季繁殖不注意防暑　为了加快母兔的繁殖，许多养殖户在夏季安排母兔的繁殖。因不注意防暑，使种母兔分娩能力减弱，导致难产。

2. 妊娠母兔不限喂精饲料　由于仔兔价格高，母兔的经济效益显著，不少养兔户任其自由采食。由于母兔摄取过多能量而造成肥胖症，其腹部、臀部、胸部，特别是盆腔脂肪积存过多，形成产道狭窄，出现难产。

3. 母兔妊娠后期继续加喂精饲料　妊娠半月后，胎儿逐渐发育成型，对营养吸收随之加强，特别是临产3～4天胎儿对营养的吸取特别旺盛。若母兔摄取过多高能量饲料，营养供应充足，胎儿体重会迅速增加。母兔易因胎儿过大，出现难产。

4. 产仔数低，胎儿体重过大　母兔因配种不当，仅产仔1～2只；孕期31天以上，胎儿初生重可达80克，个别达150克，可造成母兔难产。

5. 杂交组合不当　选用大品种公兔与小品种母兔杂交，由于杂种优势的存在，胎儿发育过大，超出母兔产道的承受能力，出现难产。

6. 幼龄母兔早配　目前不少养兔户为了追求经济效益，4月龄母兔初次发情时就被配种繁殖，而此时母兔尚未达到体成熟，因而出现初生性难产。

（二）症状

病兔不吃、不喝，伏于产箱内。有的轻声呻吟，常作分娩动作，抬尾，不见仔兔产出，一般持续1～2天，长的甚至几天；有的胎儿死于母兔体内。

（三）难产的处置

1. 难产初期，皮下注射脑垂体后叶素1毫升。
2. 用胶管将肥皂水导入子宫内，压迫腹部帮助母兔分娩。
3. 有条件的可剖宫产。手术时，母兔倒卧，用绳缚住，肋骨的后边肷部为手术部位。剪掉或剃掉手术部位的毛，用酒精和碘酒消毒，再沿预定切口部位注射0.5%盐酸普鲁卡因溶液10～20毫升，局部麻醉。切开皮肤、腹肌、腹膜，打开腹腔。找到子宫角，把子宫引出创口，切开子宫壁，取出胎儿，止血。用灭菌的线缝合子宫后再缝合腹膜、腹肌和皮肤。术后注射青霉素等抗生素，防止感染。手术越早，效果越好。

七、兔乳房炎

兔乳房炎是兔的常见病、多发病之一，如不及时发现和治疗，仔兔吮乳后会中毒死亡，母兔病情加重，乳腺管破裂，全身感染死亡，给养兔业造成巨大的经济损失。

（一）病因

1. 生物因素　由于外伤引起链球菌、葡萄球菌、化脓棒状杆菌、大肠杆菌、绿脓杆菌等病原微生物的侵入感染。

2. 外伤因素　笼舍内的锐利物损伤乳房，或因泌乳不足、仔兔饥饿，吮乳时咬破乳头而致伤。

3. 饲养管理因素　母兔分娩前后饲喂过多精饲料，使母兔乳汁过多，浓稠的乳汁堵塞乳腺管，致乳汁不易被吮出而发炎；或有些母兔母性差，拒绝给仔兔哺乳，造成乳汁在乳房内长时间过量蓄积而引起乳房炎。

（二）临床症状

发病初期，母兔乳房局部出现不同程度的红色肿胀、增大、变硬、皮肤紧张，继之肿块呈红色或蓝紫色。1～2 天后硬肿块逐渐增大，发红发热，疼痛明显，触之敏感，病兔躲避。随病程的延长，病情加重，脓汁形成，肿块变软，有波动感，疼痛减轻。当乳房肿块出现白色凹陷时，乳房变成蓝紫色，母兔体温升高到 40～41℃，精神沉郁，呼吸加快，食欲减少或废绝，拒绝哺乳，喜饮冷水。病情加重时，乳腺管破裂可引起全身感染，最后导致败血症而死亡。

（三）诊断

本病诊断简单，根据母兔乳腺肿胀、发热、疼痛、敏感，继之患部皮肤发红，或变成蓝紫色（俗称蓝乳房病），病兔行走困难，拒绝仔兔吮乳，局部可化脓或形成脓肿，或感染扩散引起败血症，体温可达到 40℃以上，精神不振，食欲减退等临床症状可作出诊断。

（四）预防

加强待产母兔的饲养管理，母兔临产前 3～5 天停喂高蛋白质饲料，产后 2～4 天多喂优质青绿饲料，少喂精饲料。在产前、产后及时适当调整母兔精饲料与青饲料的比例，以防乳汁过多、过浓或不足。

定期消毒兔舍，保持兔笼、兔舍的清洁卫生，清除玻璃碴、木屑、铁丝挂刺等尖锐利物，尤其是兔笼、兔箱出入口处要平滑，以防乳房外伤引起感染。

经常发生乳房炎的母兔，应于分娩前后给予适当的药物预防，可降低本病的发生率。

及时观察，每天观察母兔产后乳房的变化，做到早发现、早治疗。

（五）治疗

1. 隔离仔兔 仔兔由其他母兔代哺或人工喂养。轻症可采用按摩法，用手在母兔乳房周围按摩，每次15～20分钟，轻轻挤出乳汁，局部涂以消炎软膏，如氧化锌、10%樟脑、碘软膏等。配合服用四环素片，每次0.5克，每天2次。

2. 封闭疗法 用2%的普鲁卡因2毫升，注射用生理盐水10毫升，青霉素20万单位，局部封闭注射。操作时针头平贴腹壁刺入乳房基部。隔天1次，连用2～3次即可治愈。

3. 热敷法 在乳房肿胀的中后期，用50～60℃的热毛巾敷于患处，并不断翻动毛巾，防止烫伤，然后涂鱼石脂软膏。隔天1次，2～3次即可痊愈。

4. 手术 发生化脓时应行脓肿切开术，母兔乳房局部被剪毛消毒后选择脓肿波动最明显处，行施纵行切开，排净脓汁，然后用3%过氧化氢、生理盐水等冲洗干净，在手术部位放入消炎药等。

5. 中药疗法 仙人掌去刺皮捣烂、用酒调外敷患部；同时，肌内注射大黄藤素或钱腥草注射液2～4毫升，每2天1次，连用2～3次即可治愈。

八、肉兔脚皮炎

（一）病因

脚皮炎是肉兔养殖场的常见病、多发病之一，主要是因为肉兔的足部踩在笼底铁丝网上，引起皮肤损伤、伤口感染金黄色葡萄球菌所致。以致死性败血症或化脓性炎症为特征。

（二）症状

脚皮炎发生在兔的四脚底部，尤其是后脚多发。开始时出现充血，轻微肿胀，脱毛，在皮肤上可见覆盖有干燥硬痂的大小不等的局部溃疡。随后局部出血，疼痛，病兔站立时四脚交替频繁，拒食，日渐消瘦，最终死亡。解剖时，症状较轻者，跖骨下面肉内可见呈白色沙粒状的葡萄球菌脓团块，仅见于底部。症状较重时，其外观表现肿胀严重，脚跖骨上面肉内白色沙粒状物密布，此时较难治愈。最后会出现严重肿胀，化脓，经久不愈，不治而亡。

（三）防治

1. 保证笼底平整，无尖锐物体，不能用铁丝网底，消除脚病生发隐患。最好采用竹条笼底。

2. 做好兔舍卫生，喂草要设草架，杜绝笼底板上堆积草料、粪尿，防止笼底板上的污物尿液浸渍兔脚而致病。

3. 要做到早发现、早治疗。此病早治，几天即可痊愈；晚治，费时费药，较难治愈。脚皮炎较轻时，可涂抹5%龙胆紫溶液，连续数天即可痊愈，也可用红霉素软膏或3%的土霉素软膏涂擦。溃烂时，按常规方法清理创口后，先用云南白药涂于创面，外敷红霉素软膏密封，再用纱布包扎。化脓而未溃烂时，先清理外部，洗净消毒，剖口排脓，用过氧化氢冲洗伤口，然后敷药包扎，笼底铺垫软干草。伤势特别严重者，结合用青霉素按每千克体重10万单位肌内注射，每天1次，效果甚好。

附　录

附录一　NY 5130—2002　无公害食品　肉兔饲养兽药使用准则

1　范围

本标准规定了生产无公害食品的肉兔饲养过程中允许使用的兽药名称、作用与用途、剂型、用法与用量、休药期及其使用准则。

本标准适用于无公害食品的肉兔饲养过程中的生产、管理和认证。

2　规范性引用文件

下列文件中的条款通过本标准的引用而成为本标准的条款。凡是注日期的引用文件，其随后所有的修改单（不包括勘误的内容）或修订版均不适用于本标准，然而，鼓励根据本标准达成协议的各方研究是否可使用这些文件的最新版本。凡是不注日期的引用文件，其最新版本适用于本标准。

NY/T 388　畜禽场环境质量标准

NY 5027　无公害食品　畜禽饮用水水质

NY 5131　无公害食品　肉兔饲养兽医防疫准则

NY 5132　无公害食品　肉兔饲养饲料使用准则

NY/T 5133　无公害食品　肉兔饲养管理准则

中华人民共和国兽药典（2000 年版）

中华人民共和国兽用生物制品质量标准（2001）

兽药管理条例

中华人民共和国动物防疫法

中华人民共和国兽药规范（1992）

饲料和饲料添加剂管理条例

兽药质量标准（中华人民共和国农业部农牧发［1999］16号）

进口兽药质量标准（中华人民共和国农业部农牧发［1999］2号）

饲料药物添加剂使用规范（中华人民共和国农业部农牧发［2001］20号）

食品动物禁用的兽药及其他化合物清单（中华人民共和国农业部第193号）

3 术语和定义

下列术语和定义适用于本标准。

3.1 兽药 veterinary drug

指用于预防、治疗和诊断畜禽等动物疾病，有目的地调节其生理机能并规定作用、用途、用法、用量的物质（含饲料药物添加剂），包括血清、菌（疫）苗、诊断液等生物制品；兽用的中药材、中成药、化学原料及其制剂；抗生素、生化药品、放射性药品。

3.1.1 疫苗 vaccine 由特定细菌、病毒等微生物以及寄生虫制成的主动免疫制品。

3.1.2 抗菌药 antibacterial drug

能够抑制或杀灭病原菌的药物，其中包括中药材、中成药、化学药品、抗生素及其制剂。

3.1.3 抗寄生虫药 antiparasitic drug

指能够杀灭或驱除动物体内、体外寄生虫的药物，其中包括中药材、中成药、化学药品、抗生素及其制剂。

3.1.4　消毒防腐剂 disinfectant and preservative

用于杀灭环境中的有害微生物、防止疾病发生和传染的药物。

3.2　休药期 withdrawal period

食品动物从停止给药到许可屠宰或他们的产品许可上市的间隔时间。

4　使用准则

肉兔饲养场的饲养环境应符合 NY/T 388 的规定。肉兔饲养者应供给肉兔充足的营养，所有饲料、饲料添加剂和饮用水应符合《饲料和饲料添加剂管理条例》、NY 5132 和 NY 5027 的规定。应按照 NY 5133 加强饲养管理，采取各种措施以减少应激，增强动物自身的免疫力。应严格按照《中华人民共和国动物防疫法》和 NY 5131 的规定进行预防，建立严格的生物安全体系，防止肉兔发病和死亡，及时淘汰病兔，最大限度地减少化学药品和抗生素的使用。必须使用兽药进行肉兔疾病的预防和治疗时，应在兽医指导下进行，并经诊断确诊疾病和致病菌的种类后，再选择对症药品，避免滥用药物。所用兽药应符合《中华人民共和国兽药典》、《中华人民共和国兽药规范》、《兽药质量标准》、《进口兽药质量标准》和《兽用生物制品质量标准》的相关规定。所用兽药应产自具有《兽药生产许可证》和产品批准文号的生产企业，来自具有《兽药经营许可证》和《进口兽药许可证》的供应商。所有兽药的标签应符合《兽药管理条例》的规定。

4.1　优先使用疫苗预防肉兔疾病，所有疫苗应符合《中华人民共和国兽用生物制品质量标准》的规定。

4.2　允许使用消毒防腐剂对饲养环境、兔舍和器具进行消毒，应符合 NY 5133 的规定。

4.3　允许使用符合《中华人民共和国兽药典》二部和《中华人民共和国兽药规范》二部中收载的适用于肉兔疾病预防和治疗的

中药材和中药成方制剂。

4.4 允许使用符合《中华人民共和国兽药典》、《中华人民共和国兽药规范》、《兽药质量标准》和《进口兽药质量标准》规定的钙、磷、硒、钾等补充药，酸碱平衡药，体液补充药，电解质补充药，营养药、血容量补充药，抗贫血药，维生素类药，吸附药，泻药，润滑剂，酸化剂，局部止血药，收敛药和助消化药。

4.5 允许使用国家畜牧兽医行政管理部门批准的微生态制剂。

4.6 允许使用附录A中的所列药物，使用中应注意以下几点。

4.6.1 使用附录A中的所列药物，应严格遵守规定的作用与用途、用法用量。

4.6.2 休药期应严格遵守附录A中规定的时间。

4.7 建立并妥善保存肉兔的免疫程序、患病与治疗记录，包括患病肉兔的畜号或其他标志、发病时间及症状，所有疫苗的品种、剂量和生产厂家，治疗用药的名称（商品名及有效成分）、治疗经过、治疗时间、疗程及停药时间等。

4.8 禁止使用未经国家畜牧兽医行政管理部门批准的兽药或已经淘汰的兽药。

4.9 禁止使用《食品动物禁用的兽药及其他化合物清单》中的药物及其他化合物。

附录A（规范性附录）

肉兔饲养允许使用的抗菌药、抗寄生虫药及使用规定。

表A.1 肉兔饲养允许使用的抗菌药、抗寄生虫药及使用规定

药品名称	作用与用途	用法与用量（用量以有效成分计）	休药期（天）
注射用氨苄西林钠 ampicillin sodium for injection	抗生素类药，用于治疗青霉素敏感的革兰氏阳性菌和革兰氏阴性菌感染	皮下注射，25毫克/千克体重，2次/天	不少于14

（续）

药品名称	作用与用途	用法与用量（用量以有效成分计）	休药期（天）
注射用盐酸土霉素 oxytetracycline hydrochloride for injection	抗生素类药，用于革兰氏阳性、阴性细菌和支原体感染	肌内注射，15毫克/千克体重，2次/天	不少于14
注射用硫酸链霉素 streptomycin sulfate for injection	抗生素类药，用于革兰氏阴性菌和结核杆菌感染	肌内注射，50毫克/千克体重，1次/天	不少于14
硫酸庆大霉素注射液 gentamycin sulfate injection	抗生素类药，用于革兰氏阴性和阳性细菌感染	肌内注射，4毫克/千克体重，1次/天	不少于14
硫酸新霉素可溶性粉 neomycin sulfate soluble powder	抗生素类药，用于革兰氏阴性菌所致的胃肠道感染	饮水，200～800毫克/升	不少于14
注射用硫酸卡那霉素 kanamycin sulfate for injection	抗生素类药，用于败血症和泌尿道、呼吸道感染	肌内注射，一次量，15毫克/千克体重，2次/天	不少于14
恩诺沙星注射液 enrofloxacin injection	抗菌药，用于防治兔的细菌性疾病	肌内注射，一次量，2.5毫克/千克体重，1～2次/天，连用2～3天	不少于14
替米考星注射液 tilmicosin injection	抗菌药，用于兔呼吸道疾病	皮下注射，一次量，10毫克/千克体重	不少于14
黄霉素预混剂 flavomycin premix	抗生素类药，用于促进兔生长	混饲，2～4毫克/千克饲料	0
盐酸氯苯胍片 robenidine hydrochloride tablets	抗寄生虫药，用于预防兔球虫病	内服，一次量，10～15毫克/千克体重	7
盐酸氯苯胍预混剂 robenidine hydrochloride premix	抗寄生虫药，用于预防兔球虫病	混饲，100～250毫克/千克饲料	7

（续）

药品名称	作用与用途	用法与用量 （用量以有效成分计）	休药期 （天）
拉沙洛西钠预混剂 lasalocid sodium premix	抗生素类药，用于预防兔球虫病	混饲，113 毫克/千克饲料	不少于 14
伊维菌素注射液 ivermectin injection	抗生素类药，对线虫、昆虫和螨均有驱杀作用，用于治疗兔胃肠道各种寄生虫病和兔螨病	皮下注射，200～400 克/千克体重	28
地克珠利预混剂 diclazuril premix	抗寄生虫药，用于预防兔球虫病	混饲，2～5 毫克/千克饲料	不少于 14

附录二　NY 5131—2002　无公害食品 肉兔饲养兽医防疫准则

1　范围

本标准规定了生产无公害食品的肉兔饲养场在疫病预防、监测、控制、产地检疫及扑灭方面的兽医防疫准则。

本标准适用于生产无公害食品的肉兔饲养场的兽医防疫。

2　规范性引用文件

下列文件中的条款通过本标准的引用而成为本标准的条款。凡是注日期的引用文件，其随后所有的修改单（不包括勘误的内容）或修订版均不适用于本标准。然而，鼓励根据本标准达成协议的各方研究是否可使用这些文件的最新版本。凡是不注日期的引用文件，其最新版本适用于本标准。

GB 16548　畜禽病害肉尸及其产品无害化处理规程

GB 16549　畜禽产地检疫规范

NY/T 388　畜禽场环境质量标准

NY 5027　无公害食品　畜禽饮用水水质

NY 5130　无公害食品　肉兔饲养兽药使用准则

NY 5132　无公害食品　肉兔饲养饲料使用准则

NY/T 5133　无公害食品　肉兔饲养管理准则

中华人民共和国动物防疫法

3　术语和定义

下列术语和定义适用于本标准。

3.1　动物疫病 animal epidemic disease

动物的传染病和寄生虫病。

3.2 病原体 pathogen

能引起疾病的生物体，包括寄生虫和致病微生物。

3.3 动物防疫 animal epidemic prevention

动物疫病的预防、控制、扑灭的动物、动物产品的检疫。

4 疫病预防

4.1 环境卫生条件

4.1.1 肉兔饲养场的环境卫生质量应符合 NY/T 388 的要求，污水、污物处理应符合国家环保要求，防止污染环境。

4.1.2 肉兔饲养场的选址、建筑布局、设施及设备应符合 NY/T 5133 的要求。

4.2 饲养管理

4.2.1 饲养管理按 NY/T 5133 的要求执行。

4.2.2 饲料使用按 NY 5132 的要求执行。

4.2.3 具有清洁、无污染的水源，水质应符合 NY 5027 规定的要求。

4.2.4 兽药使用按 NY 5130 的要求执行。

4.2.5 工作人员进入生产区必须消毒，并更换衣鞋。工作服应保持清洁，定期消毒。非生产人员未经批准，不应进入生产区。特殊情况下，非生产人员经严格消毒，更换防护服后方可入场，并遵守场内的一切防疫制度。

4.3 日常消毒

定期对兔舍、器具及兔场周围环境进行消毒。肉兔出栏后必须对兔舍及用具进行清洗、并彻底消毒。消毒方法和消毒药物的使用等按 NY/T 5133 的规定执行。

4.4 引进兔只

4.4.1 肉兔饲养场坚持自繁自养的原则。

4.4.2 必须引进兔只时，应从健康种兔场引进，在引种时应经产地检疫，并持有动物检疫合格证明。
4.4.3 兔只在起运前，车辆在运兔笼具要彻底清洗消毒，并持有动物及动物产品运载工具消毒证明。
4.4.4 引进兔只后，要及时报告动物防疫监督机构进行检疫、并隔离30天，确认兔体健康方可合群饲养。自繁自养的兔场。父母代兔要进行定期的检疫。

4.5 免疫接种

畜牧兽医行政管理部门应根据《中华人民共和国动物防疫法》及其配套法规的要求，结合当地实际情况，制定肉兔饲养场疫病的预防接种规划，肉兔饲养场根据规划制订免疫程序，并认真实施。对兔出血病等疫病要进行免疫，要注意选择和使用适宜的疫苗、免疫程序和免疫方法。

5 疫病控制和扑灭

肉兔饲养场发生疫病或怀疑发生疫病时，应依据《中华人民共和国动物防疫法》及时采取以下措施：

5.1 先通过本场兽医或动物防疫监督机构进行临床和实验室诊断。当发生二类疫病兔出血病、兔黏液瘤病、野兔热时要对兔群实行严格的隔离、扑杀及销毁措施；立即采取治疗、紧急免疫；对兔群实施清群和净化措施；全场进行彻底的清洗消毒，病死或淘汰兔的尸体按GB 16548规定进行无害化处理。

5.2 消毒及用药按NY/T 5133的规定执行。

6 产地检疫

产地检疫按GB 16549和国家有关规定执行。

7 疫病监测

7.1 当地畜牧兽医行政管理部门必须依照《中华人民共和国动物防疫法》及其配套法规的要求，结合当地实际情况，制定疫病监测方案，由动物防疫监督机构实施，肉兔饲养场应积极予以配合。

7.2 要求肉兔饲养场和动物防疫监督机构监测的疫病有兔出血病、兔黏液瘤病、野兔热等。监测方法按常规诊断方法中的血清学方法或病原诊断法进行。

7.3 根据当地实际情况，动物防疫监督机构要定期或不定期对肉兔饲养场进行必要的疫病监测监督抽查，并反馈肉兔饲养场。

8 记录

每群肉兔都应有相关的资料记录。其内容包括 兔只来源地，饲料消耗情况，发病率、死亡率及发病死亡原因，消毒情况，无害化处理情况，实验室检查及其结果，用药及免疫接种情况，兔只发往目的地等。所有记录必须妥善保存。

附录三 NY 5132—2002 无公害食品 肉兔饲养饲料使用准则

1 范围

本标准规定了生产无公害肉兔所需的配合饲料、浓缩饲料、精料补充料、添加剂预混合饲料、饲料原料、饲料添加剂、饲料加工过程的要求、检验方法、检验规则、判定规则、标签、包装、贮存、运输的规范。本标准适用于生产无公害肉兔所需的商品配合饲料、浓缩饲料、精料补充料、预混合饲料和生产无公害肉兔的养殖场自配饲料。

出口饲料产品的质量，应按双方签订的合同进行。

2 规范性引用文件

下列文件中的条款通过本标准的引用而成为本标准的条款。凡是注日期的引用文件，其随后所有的修改单（不包括勘误的内容）或修订版均不适用于本标准，然而，鼓励根据本标准达成协议的各方研究是否可使用这些文件的最新版本。凡是不注日期的引用文件，其最新版本适用于本标准。

GB 4285 农药安全使用标准

GB/T 6432 饲料中粗蛋白测定方法

GB/T 6435 饲料中水分测定方法

GB/T 6436 饲料中钙的测定方法

GB/T 6437 饲料中总磷的测定方法光度法

GB/T 10647 饲料工业通用术语

GB 10648 饲料标签

GB 13078 饲料卫生标准

GB/T 13079　饲料中总砷的测定
GB/T 13080　饲料中铅的测定方法
GB/T 13081　饲料中汞的测定方法
GB/T 13082　饲料中镉的测定方法
GB/T 13083　饲料中氟的测定方法
GB/T 13084　饲料中氰化物的测定方法
GB/T 13086　饲料中游离棉酚的测定方法
GB/T 13087　饲料中异硫氰酸酯的测定方法
GB/T 13090　饲料中六六六、滴滴涕的测定
GB/T 13091　饲料中沙门氏菌的检验方法
GB/T 13092　饲料中霉菌检验方法
GB/T 14699　饲料采样方法
GB/T 16764　配合饲料企业卫生规范
GB/T 16765　颗粒饲料通用技术条件
GB/T 17480　饲料中黄曲霉毒素 B1 的测定　酶联免疫吸附法

饲料和饲料添加剂管理条例

饲料药物添加剂使用规范（中华人民共和国农业部公告第 168 号）

禁止在饲料和动物饮水中使用的药物品种目录（农业部公告第 176 号）

农业转基因生物安全管理条例

3　术语和定义

GB/T 10647　中确立的以及下列术语和定义适用于本标准。

3.1　饲料 feed

经工业化加工、制作的供动物食用的饲料，包括单一饲料、添加剂预混合饲料、浓缩饲料、配合饲料和精料补充料。

3.2　饲料原料（单一饲料）feedstuff，singlefeed

以一种动物、植物、微生物或矿物质为来源的饲料。

3.3　能量饲料 energy feed　干物质中粗纤维含量低于18%，粗蛋白含量低于20%的饲料。

3.4　粗饲料 roughage feed

天然水分含量在60%以下，干物质中粗纤维含量等于或高于18%的饲料。

3.5　饲料添加剂 feed additive　指在饲料加工、制作、使用过程中添加的少量或者微量物质，包括营养性饲料添加剂和一般饲料添加剂。

3.6　营养性饲料添加剂 nutritive feed additive　用于补充饲料营养成分的少量或者微量物质，包括饲料级氨基酸、维生素、矿物质微量元素、酶制剂、非蛋白氮等。

3.7　一般饲料添加剂 general feed additive　为保证或者改善饲料品质、提高饲料利用率而掺入饲料中的少量或者微量物质。

3.8　添加剂预混合饲料 additive premix　由一种或多种饲料添加剂与载体或稀释剂按一定比例配制的均匀混合物。

3.9　浓缩饲料 concentrate　由蛋白质饲料、矿物质饲料和添加剂预混料按一定比例配制的均匀混合物。

3.10　配合饲料 formula feed　根据饲养动物的营养需要，将多种饲料原料按饲料配方经工业生产的饲料。

3.11　精料补充料 concentrate supplement　为补充以粗饲料、青饲料、青贮饲料为基础的食草饲养动物的营养，而用多种饲料原料按一定比例配制的饲料。

4　要求

4.1　饲料原料

4.1.1　感官指标：具有该品种应有的色、嗅、味和形态特征，无发霉、变质、结块及异味、异臭。

4.1.2 青绿饲料、干粗饲料不应发霉、结块、结冰、变质。

4.1.3 鲜喂的青绿饲料应晾干，表面无水分。

4.1.4 有毒有害物质及微生物允许量应符合 GB 13078 和附录 A 的规定。

4.1.5 肉兔饲料中禁用各种抗生素滤渣。

4.2 饲料添加剂

4.2.1 感官指标：具有该品种应有的色、嗅、味和形态特征，无发霉、变质、结块。

4.2.2 饲料中使用的营养性饲料添加剂和一般饲料添加剂产品应是农业部允许使用的饲料添加剂品种目录中所规定的品种和取得产品批准文号的新饲料添加剂品种。

4.2.3 饲料中使用的饲料添加剂产品应是取得饲料添加剂产品生产许可证企业生产的、具有产品批准文号的产品。

4.2.4 有毒有害物质应符合 GB 13078 和附录 A 的规定。

4.3 药物饲料添加剂

4.3.1 药物饲料添加剂的使用应按照中华人民共和国农业部发布的《饲料药物添加剂使用规范》执行。

4.3.2 使用药物饲料添加剂应严格执行休药期规定。

4.4 配合饲料、浓缩饲料和添加剂预混合饲料

4.4.1 感官指标无霉变、结块及异味、异臭。

4.4.2 有毒有害物质及微生物允许量应符合 GB 13078 和附录 A 的规定。

4.4.3 肉兔颗粒饲料应符合 GB/T 16765 的规定。

4.4.4 肉兔配合饲料、浓缩饲料、精料补充料和添加剂预混合饲料中不应使用违禁药物。

4.4.5 肉兔配合饲料、浓缩饲料、精料补充料和添加剂预混合饲料使用药物饲料添加剂应符合表 1 的规定。

表1　允许用于肉兔饲料药物添加剂的品种和使用规定

（摘自农业部168号公告）

名　称	含量规格（%）	用法与用量（1 000千克配合饲料中添加本品）（g）	作用与用途	休药期（天）
盐酸氯苯胍	10	1 000～1 500	用于防治兔球虫病	7
氯羟吡啶	25	800	用于防治兔球虫病	5

4.5　饲料加工过程

4.5.1　饲料企业的工厂设计与设施卫生、工厂卫生管理和生产过程的卫生应符合GB/T 16764的要求。

4.5.2　配料

4.5.2.1　定期对计量设备进行检验和正常维护，以确保其精确性和稳定性。

4.5.2.2　微量组分应进行预稀释，并且应在专门的配料室内进行。

4.5.2.3　配料室应有专人管理，保持卫生整洁。

4.5.3　混合

4.5.3.1　按设备性能规定的时间进行混合。

4.5.3.2　混合工序投料应按先大量、后小量的原则进行。投入的微量组分应将其稀释到配料秤最大量程的5%以上。

4.5.3.3　生产含有药物饲料添加剂的饲料时，应根据药物类型，先生产药物含量低的饲料，再依次生产药物含量高的饲料。

4.5.3.4　同一班次应先生产不添加药物饲料添加剂的饲料，然后生产添加药物饲料添加剂的饲料。为防止加入药物饲料添加剂的饲料产品生产过程中的交叉污染，在生产加入不同药物添加剂的饲料产品时，对所用的生产设备、工具、容器应进行彻底清理。

4.5.4　留样

4.5.4.1　新接收的饲料原料和各个批次生产的饲料产品均应保

留样品。样品密封后置于专用样品室或样品柜内保存。样品室和样品柜应保持阴凉、干燥。采样方法按 GB/T14699 执行。

4.5.4.2 留样应设标签，标明饲料品种、生产日期、批次、生产负责人和采样人等事项，并建立档案由专人负责保管。

4.5.4.3 样品应保留到该批产品保质期满后 3 个月。

5 检验方法

5.1 粗蛋白：按 GB/T 6432 执行。

5.2 水分：按 GB/T 6435 执行。

5.3 钙：按 GB/T 6436 执行。

5.4 总磷：按 GB/T 6437 执行。

5.5 总砷：按 GB/T 13079 执行。

5.6 铅：按 GB/T 13080 执行。

5.7 汞：按 GB/T 13081 执行。

5.8 镉：按 GB/T 13082 执行。

5.9 氟：按 GB/T 13083 执行。

5.10 氰化物：按 GB/T 13084 执行。

5.11 游离棉酚：按 GB/T 13086 执行。

5.12 异硫氰酸酯：按 GB/T 13087 执行。

5.13 六六六、滴滴涕：按 GB/T 13090 执行。

5.14 沙门氏菌：按 GB/T 13091 执行。

5.15 霉菌：按 GB/T 13092 执行。

5.16 黄曲霉毒素 B1：按 GB/T 17480 执行。

6 检验规则

6.1 感官指标、水分、粗蛋白质、钙和总磷含量为出厂检验项目，其余为形式检验项目。

6.2 在保证产品质量的前提下，生产厂可根据工艺、设备、配方、原料等的变化情况，自行确定出厂检验的批量。

6.3 试验测定值的双试验相对偏差按相应标准规定执行。

6.4 检测与仲裁判定各项指标合格与否时，应考虑允许误差。

6.5 判定规则：卫生指标、限用药物和违禁药物等为判定指标。如检验中有一项指标不符合标准，应重新取样进行复检，复检结果中有一项不合格即判定为不合格。

7 标签、包装、贮存和运输

7.1 标签

商品饲料应在包装物上附有饲料标签，标签应符合 GB 10648 中的有关规定。

7.2 包装

7.2.1 饲料包装应完整、无污染和异味。

7.2.2 包装材料应符合 GB/T 16764 的要求。

7.2.3 包装印刷油墨无毒，不应向内容物渗漏。

7.2.4 包装物不应重复使用。生产方和使用方有约定的除外。

7.3 贮存

7.3.1 饲料贮存应符合 GB/T 16764 的要求。

7.3.2 不合格和变质饲料应作无害化处理，不应存放在饲料贮存场所内。

7.3.3 饲料贮存场地不应使用化学灭鼠药和杀鸟剂。

7.4 运输

7.4.1 运输工具应符合 GB/T 16764 的要求。

7.4.2 运输作业应防止污染，保持包装的完整。

7.4.3 不应使用运输畜禽等动物的车辆运输饲料产品。

7.4.4 饲料运输工具和装卸场地应定期清洗和消毒。

8 其他有关使用饲料和饲料添加剂的原则和规定

8.1 严格执行《农业转基因生物安全管理条例》有关规定。

8.2 严格执行《饲料和饲料添加剂管理条例》有关规定。

8.3 栽培饲料作物的农药使用按 GB 4285 规定执行。

附录 A（规范性附录）饲料安全卫生指标限量

表 A.1 饲料安全卫生指标限量

安全卫生指标项目	原料名称	指标限量	备注
砷（以总砷计）的允许量（每千克产品）	磷酸盐	≤20	
	沸石粉、膨润土、麦饭石、氧化锌	≤10	
	硫酸铜、硫酸锰、硫酸锌、碘化钾、碘酸钙、氯化钴	≤5	
	硫酸亚铁、硫酸镁、石粉	≤2	
铅（以 Pb 计）的允许量（每千克产品中）(mg)	磷酸盐	≤30	
	石粉	≤10	
氟（以 F 计）的允许量（每千克产品中）(mg)	石粉	≤2 000	
	磷酸盐	≤1 800	
汞（以 Hg 计）允许量（每千克产品中）(mg)	石粉	≤0.1	
镉（以 Cd 计）的允许量（每千克产品中）(mg)	米糠	≤1	
	石粉	≤0.75	
氰化物（以 HCN 计）的允许量（每千克产品中）(mg)	胡麻饼（粕）	≤350	
	木薯干	≤100	
游离棉酚的允许量（每千克产品中）(mg)	棉子饼（粕）	≤1 200	
异硫氰酸酯（以丙烯基异硫氰酸酯计）的允许量（每千克产品中）(mg)	菜子饼（粕）	≤4 000	
六六六的允许量（每千克产品中）(mg)	米糠、小麦麸、大豆饼（粕）	≤0.05	
滴滴涕的允许量（每千克产品中）(mg)	米糠、小麦麸、大豆饼（粕）	≤0.02	

（续）

安全卫生指标项目	原料名称	指标限量	备注
沙门氏菌	饲料	不得检出	
霉菌的允许量（每克产品中）（霉菌总数×10^3个）	玉米	＜40	限量饲用：40～100 禁用：＞100
	小麦麸、米糠	＜40	限量饲用：40～80 禁用：＞80
	豆饼（粕）、棉子饼（粕）、菜子饼（粕）	＜50	限量饲用：50～100 禁用：＞100
黄曲霉毒素 B_1 的允许量（每千克产品中）（mg）	玉米、花生饼（粕）、棉子饼（粕）、菜子饼（粕）	≤50	
	豆粕	≤30	

注1：摘自 GB 13078—2001《饲料卫生标准》。

2：所列允许量均为以干物质含量为88％的饲料为基础计算。

附录四　NY/T 5133—2002　无公害食品肉兔饲养管理准则

1　范围

本标准规定了无公害肉兔生产过程中引种、兔场环境、兔舍设施、投入品、饲养管理、卫生消毒、废弃物处理、生产记录应遵循的准则。

本标准适用于生产无公害肉兔的种兔场和商品兔场的饲养与管理。

2　规范性引用文件

下列文件中的条款通过本标准的引用而成为本标准的条款。凡是注日期的引用文件，其随后所有的修改单（不包括勘误的内容）或修订版均不适用于本标准，然而，鼓励根据本标准达成协议的各方研究是否可使用这些文件的最新版本。凡是不注日期的引用文件，其最新版本适用于本标准。

GB 16548　畜禽病害肉尸及其产品无害化处理规程

NY/T 388　畜禽场环境质量标准

NY 5027　无公害食品　畜禽饮用水水质

NY 5130　无公害食品　肉兔饲养兽药使用准则

NY 5131　无公害食品　肉兔饲养兽医防疫准则

NY 5132　无公害食品　肉兔饲养饲料使用准则

种畜禽管理条例

饲料和饲料添加剂管理条例

3 术语和定义

3.1 肉兔 meat rabbit

在经济或体形结构上用于生产兔肉的品种（系）。

3.2 投入品 input

饲养过程中投入的饲料、饲料添加剂、水、疫苗、兽药等物品。

3.3 兔场废弃物 rabbit farm waste

包括兔粪尿，病、死兔，垫料，产仔污染物，过期兽药、疫苗和污水等。

4 引种

4.1 生产商品肉兔的种兔应来自有种兔生产经营许可证的种兔场，种兔应生长发育正常，健康无病。

4.2 引进的种兔应隔离饲养30～40天，经观察无病后，方可引入生产区进行饲养。

4.3 不应从疫区引进种兔。

5 兔场环境

5.1 兔场应建在干燥，通风良好，采光充足，易于排水的地方。

5.2 兔场周围1千米无大型化工厂、采矿场、皮革厂、肉品加工厂、屠宰场或其他畜牧场污染源。

5.3 兔场应距离干线公路、铁路、居民区和公共场所0.5千米以上，兔场周围应有围墙。

5.4 生产区要保持安静并与生活区、管理区分区。

5.5 兔场应设有病兔隔离舍，避免传染健康兔。

5.6 兔场应设有焚尸坑及废弃物储存设施，防止渗漏、溢流、恶臭等污染。

5.7 兔场内不应饲养其他动物。

6　兔舍设施

6.1　兔舍建筑应符合卫生要求，内墙表面光滑平整，地面和墙壁便于清洗，并耐酸、碱等消毒液，兔舍建筑能保温隔热。

6.2　兔舍内通风良好，舍温适宜，舍内空气质量应符合 NY/T 388 的要求。

6.3　按兔体型大小和使用目的配置不同型号的饲养笼。

6.4　兔笼底网设计应防止脚皮炎发生。

7　投入品

7.1　饲料

7.1.1　饲料、饲料原料和饲料添加剂应符合 NY 5132 的要求。

7.1.2　青饲料应清洁、无污染、无毒，晾干表面水分后饲喂。

7.1.3　根据兔的不同生长阶段，按照营养要求配制不同的饲料。

7.1.4　不使用冰冻饲料或被农药、黄曲霉毒素等污染的饲料。禁用肉骨粉。

7.1.5　使用药物饲料添加剂时，应执行休药期规定。

7.2　兽药使用

7.2.1　饮水或拌料方式添加的兽药应符合 NY 5130 的规定。

7.2.2　育肥后期的商品兔，使用兽药时，应执行休药期规定。

7.3　防疫

7.3.1　防疫应符合 NY 5131。

7.3.2　防疫器械在防疫前后应消毒处理。

8　卫生消毒

8.1　消毒剂

应选择对人和兔安全，对设备没有破坏性，没有残留毒性的消毒剂，所有消毒剂应符合 NY 5131 的规定。

8.2　消毒制度

8.2.1 环境消毒

每2～3周对周围环境消毒1次。每月对场内污水池、堆粪坑，下水道出口消毒1次。兔场、兔舍入口处的消毒池使用2%的火碱或煤酚皂等溶液。

8.2.2 人员消毒

工作人员进入生产区，要更衣、换鞋，踩踏消毒池，接受5分钟紫外光照射。

8.2.3 兔舍消毒

进兔前应将兔舍打扫干净并彻底清洗消毒。

8.2.4 兔笼消毒

用火焰喷灯对兔笼及相关部件依次瞬间喷射。

8.2.5 用具消毒

定期对料槽、产仔箱、喂料器等用具进行消毒。

8.2.6 带兔消毒

用消毒液喷洒兔体本身及周围笼具。

9 饲养管理

9.1 饲养员

应身体健康，无人畜共患病，并定期进行健康检查，有传染病者不得从事养殖工作。

9.2 喂料

9.2.1 青绿饲料不应直接放在笼底网上饲喂。

9.2.2 保持料槽、饮水器、产仔箱等器具的清洁。

9.3 饮水

9.3.1 水质应符合NY 5027的要求。

9.3.2 饮水设备应定期维修，保持清洁卫生。

9.4 日常清洁卫生

及时清扫兔笼粪便，保持兔舍卫生。

9.5 防鼠害 兔舍应有防鼠的措施，及时清除死鼠。

10 废弃物处理

10.1 兔场废弃物处理应实行减量化、无害化、资源化原则。

10.2 兔粪及产仔箱垫料应经过堆肥发酵后，方可作为肥料。

10.3 兔舍污水应经发酵、沉淀后才能作为液体肥使用。

11 病、死兔处理

11.1 传染病致死的兔尸或因病扑杀的死兔应按 GB16548 要求进行无害化处理。

11.2 兔场不应出售病兔、死兔。

11.3 病兔应隔离饲养，由兽医进行诊治。

12 生产记录

12.1 所有记录应准确、可靠、完整。

12.2 生产记录，包括配种日期、产仔日期、产仔数、断奶日期、断奶数、出栏数等。

12.3 种兔系谱、生产性能记录。

12.4 各阶段使用的饲料配方及添加剂成分记录。

12.5 免疫、用药、发病和治疗记录。

12.6 资料应最少保留 3 年。

参考文献

陈树林，孙志宏．2005．肉兔养殖新技术．杨凌：西北农林科技大学出版社．
范光勤．2001．工厂化养兔新技术．北京：中国农业出版社．
胡薛英，蔡双双．2006．实用兔病诊疗新技术．北京：中国农业出版社．
马新武，陈树林，2000．肉兔生产技术手册．北京：中国农业出版社．
单永利，张宝庆，王双同．2004．现代养兔新技术．北京：中国农业出版社．
孙慈云，杨秀女．2010．科学养兔指南（第2版）．北京：中国农业大学出版社．
向前．2005．优质獭兔饲养技术．郑州：河南科学技术出版社．
熊家军，梅俊，张庆德．2006．养兔必读．武汉：湖北科学技术出版社．
徐立德，蔡流灵．2001．养兔法（第3版）．北京：中国农业出版社．
杨正，1999．现代养兔．北京：中国农业出版社．
张宝庆．2004．养兔与兔病防治（第2版）．北京：中国农业大学出版社．
张恒业，等．2010．兔健康高产养殖手册．郑州：河南科学技术出版社．
张振华，王启明．1999．养兔生产关键技术．南京：江苏科学技术出版社．